Autonome Shuttlebusse im ÖPNV

Andreas Riener • Alexandra Appel • Wolfgang Dorner • Thomas Huber • Jan Christopher Kolb • Harry Wagner
Hrsg.

Autonome Shuttlebusse im ÖPNV

Analysen und Bewertungen zum Fallbeispiel Bad Birnbach aus technischer, gesellschaftlicher und planerischer Sicht

Hrsg.
Andreas Riener
TH Ingolstadt
Ingolstadt, Deutschland

Wolfgang Dorner
TH Deggendorf
Freyung, Deutschland

Jan Christopher Kolb
TH Ingolstadt
Ingolstadt, Deutschland

Alexandra Appel
Julius- Maximilians-Universität Würzburg
Würzburg, Deutschland

Thomas Huber
DB Regio Bus, Region Bayern
Ingolstadt, Deutschland

Harry Wagner
TH Ingolstadt
Ingolstadt, Deutschland

Die Publikation entstand in Kooperation der Projektpartner CARISSMA Forschungszentrum für Fahrzeugsicherheit, DB Regio Bus, FMS Future Mobility Solutions GmbH, Julius Maximilians-Universität Würzburg, Technische Hochschule Deggendorf, Technische Hochschule Ingolstadt.

ISBN 978-3-662-59405-6 ISBN 978-3-662-59406-3 (eBook)
https://doi.org/10.1007/978-3-662-59406-3

Die Deutsche Nationalbibliothek verzeichnet diese Publikation in der Deutschen Nationalbibliografie; detaillierte bibliografische Daten sind im Internet über http://dnb.d-nb.de abrufbar.

Springer Vieweg

Verantwortlich im Verlag: Markus Braun

Springer Vieweg ist ein Imprint der eingetragenen Gesellschaft Springer-Verlag GmbH, DE und ist ein Teil von Springer Nature.
Die Anschrift der Gesellschaft ist: Heidelberger Platz 3, 14197 Berlin, Germany

Autonome Shuttlebusse als Erweiterung des ÖPNV-Angebots eines Mobilitätsdienstleisters – Innovationen vor dem Hintergrund von Sicherheit, Zuverlässigkeit und Kundenorientierung

Die Einführung des ersten autonomen bzw. hochautomatisierten Busses im öffentlichen Raum als integrierter Bestandteil des öffentlichen Personennahverkehrs (ÖPNV) in Bad Birnbach ist ein wichtiger Meilenstein auf dem Weg in eine zukünftige öffentliche Mobilität. Der seit Oktober 2017[1] erfolgreiche Regelbetrieb zeigt aus unserer Sicht vor allem beispielhaft, wie auch in scheinbar kleinen Anwendungsfällen sinnvolle Entwicklungen angestoßen werden können, die gleichzeitig mit Anforderungen an eine sichere und zuverlässige Mobilität vereinbar sind.

Als größter Busbetreiber in Deutschland sind wir darauf bedacht, zukunftsweisende Innovationen zu entwickeln, anzuwenden und durch diese Impulse dazu beizutragen, die öffentliche Mobilität in nachhaltiger Form weiterzuentwickeln. Deshalb gilt es, die Balance zwischen dem Fokus auf ein stabiles, wettbewerbsfähiges und attraktives Angebot auf dem aktuellen ÖPNV-Markt auf der einen Seite und der Reaktion auf technologische und gesellschaftliche Entwicklungen auf der anderen Seite zu finden.

Autonome Shuttle vereinen in sich die sich überlagernden Entwicklungen der E-Mobilität, Digitalisierung und der Automatisierung. Die genauen Einsatzgebiete und -szenarien für die zukünftigen technologischen Entwicklungen in diesem Bereich sind im Moment noch nicht final abschätzbar. In welcher Form bestehende Linienverkehre zukünftig automatisiert ablaufen können, ist beispielsweise eine noch ungeklärte Fragestellung. Allerdings können die bereits heute verfügbaren hochautomatisierten Shuttle in bestimmten Einsatzgebieten als sinnvolle Ergänzung des ÖPNV-Systems fungieren. Einen echten verkehrlichen Nutzen gestiftet zu haben bei gleichzeitiger Pilotwirkung für weitere Anwendungsfälle ist vor diesem Hintergrund der wesentliche Erfolg des Pilotbetriebs in Bad Birnbach.

Dabei stehen natürlich Sicherheit, Verlässlichkeit und Kundenorientierung im Vordergrund jeder Innovation. Daher sind wir nicht nur im Fall des autonomen Busses in Bad Birnbach darauf bedacht, keine einmaligen Marketingeffekte durch Einzelprojekte zu generieren, sondern eine konsequente Weiterentwicklung des Nahverkehrs im Sinne der öffentlichen Aufgabenträger und vor allem unserer Kunden zu schaffen. Diese Zielsetzungen im Blick können wir ein äußerst erfreuliches Zwischenfazit ziehen.

---

[1] Die Betriebsaufnahme des autonomen Shuttles erfolgte im Oktober 2017. Zum Zeitpunkt der vorliegenden Veröffentlichung war das autonome Shuttle somit bereits seit 1 Jahr und 5 Monate in Bad Birnbach in Betrieb.

Die Sicherheit der Fahrgäste, Passanten und anderen Verkehrsteilnehmer ist gerade bei der Automatisierung der Fahraufgabe die entscheidende Fragestellung. Deshalb lag bei Vorbereitung des Betriebsstarts Ende 2017 hier der größte Fokus der Genehmigungsbehörden, des technischen Prüfdienstes und der weiteren beteiligten Akteure. Auch für uns als verantwortlicher Betreiber der Linie war ein für alle sicherer Ablauf die Grundvoraussetzung für die Betriebsaufnahme. Nach nunmehr über 14.000 km und über 25.000 Fahrgästen ohne einen sicherheitsrelevanten Zwischenfall und ohne, dass ein Eingreifen der Begleitpersonen aus Sicherheitsgründen notwendig gewesen wäre, sehen wir uns in der vorgelagerten Arbeit aller Kooperationspartner bestätigt und freuen uns, dass gerade dieser zentrale Anforderungsaspekt durch den autonomen Shuttle erfüllt wird.

Auch hinsichtlich der Zuverlässigkeit sind wir einem hohen Maß an Betriebsbereitschaft und -stabilität verpflichtet. Als genehmigter öffentlicher Linienverkehr stehen wir für unsere Fahrgäste in der Pflicht, ein funktionierendes Element des ÖPNV-Gesamtsystems zu gewährleisten. Mit dem genehmigten Fahrplan des Busses, der Montag bis Sonntag von morgens bis abends alle 20 Minuten fährt, haben wir uns für eine bewusst umfassende Leistung entschieden. Die relativ geringen Ausfall- oder Verzögerungsfälle zeigen, dass auch in diesem Aspekt die Anforderungen erfüllt werden. Erfreulich ist auch, dass die Stabilität über den gesamten Zeitraum stets zugenommen hat und jeder Ausfall für die Weiterentwicklung des Systems erfolgreich ausgewertet werden konnte.

Zuletzt ist bei der Einführung von Innovationen in der öffentlichen Mobilität aber auch entscheidend, dass sie nicht um ihrer selbst Willen oder nur aufgrund von Partikularinteressen eingeführt werden. Vielmehr muss das Kundenbedürfnis im Mittelpunkt stehen. Innovationen müssen zusammen mit und für den Nutzer entwickelt und zum Einsatz gebracht werden. Deshalb war es uns im Vorfeld der Einführung in Bad Birnbach wichtig, in einzelnen Testfeldern und Untersuchungen sicherzustellen, dass die Anforderungen und Bedürfnisse der Nutzer mit einem solchen Betrieb berücksichtigt werden. Die hohe Nutzerzahl in den vergangenen Monaten sowie die uns gegenüber geäußerten Rückmeldungen der bisherigen Fahrgäste in Bad Birnbach unterstützen dies.

Neben unseren subjektiven Erfahrungen sind wir froh, dass auch durch die Förderung des Freistaats Bayern eine umfangreiche Begleitforschung für den Pilotbetrieb in Bad Birnbach angelegt werden konnte. Dadurch war es möglich, die unterschiedlichen Aspekte und Elemente, die für eine ganzheitliche Betrachtung notwendig sind, mit kompetenten Partnern gemeinsam über mehrere Monate hinweg zu untersuchen. Die in diesem Band zusammengestellten Arbeiten sind das Ergebnis einer intensiven und für uns erkenntnisreichen Zusammenarbeit, für die wir uns bei allen Partnern herzlich bedanken.

Es freut uns als DB-Busgruppe, dass durch diese Begleitforschung die Erkenntnisse aus dem Betrieb des ersten autonomen bzw. hochautomatisierten Busses auf öffentlichen Straßen im ÖPNV eine weite Verbreitung finden können und damit ein Beitrag für die weitere Entwicklung in diesem Bereich geleistet werden kann.

Klaus Müller
Vorstand DB Regio Bus

Inhaltsverzeichnis

Teil IV   Teilaspekt: Gesellschaft und Akzeptanz

6   Mensch oder Maschine? Direktvergleich von automatisiert und manuell gesteuertem Nahverkehr 95

Philipp Wintersberger, Anna-Katharina Frison, Isabella Thang und
Andreas Riener

7   Evaluierung von Benutzeranforderungen für die Kommunikation zwischen automatisierten Fahrzeugen und ungeschützten Verkehrsteilnehmern 115

Philipp Wintersberger, Andreas Löcken, Anna-Katharina Frison und
Andreas Riener

Teil V   Teilaspekt: Gesellschaftliche Akteure

Teil VI   Teilaspekt: Übertragbarkeit

Teil VII   Schlussbetrachtungen

Teil I

Einleitung

Entwicklungen im ÖPNV

Markus Derer und Fabienne Geis

In Deutschland stellt der Öffentliche Personennahverkehr (ÖPNV) das Rückgrat für die Mobilität der Bevölkerung dar. Mit voranschreitenden Megatrends, wie der zunehmenden Urbanisierung und einer steigenden Nachfrage nach nachhaltiger Mobilität, ergeben sich für den ÖPNV sowohl Chancen als auch Risiken. In diesem Kontext steht die Technologie des autonomen Fahrens in einem besonderen Fokus. Welche Möglichkeiten ergeben sich? Welchen Herausforderungen muss sich der ÖPNV stellen? Das folgende Kapitel stellt die Entwicklungen im ÖPNV in Deutschland in aller Kürze vor und gibt eine thematische Einführung in diese Fragestellungen.

1.1 Der ÖPNV in Deutschland

Mit rund 5,8 Milliarden beförderten Fahrgästen und 77,5 Milliarden Personen-Kilometern allein in der ersten Hälfte des Jahres 2018 verzeichnete der öffentliche Personennahverkehr (ÖPNV) in Deutschland einen absoluten Fahrgast-Rekord (Statistisches Bundesamt 2018). Im Vergleich zum Vorjahr 2017 stieg die Zahl der Fahrgäste – bezogen auf das ganze Jahr – auf 10,38 Milliarden respektive um 0,6 Prozent. Um diese Leistung erbringen zu können, waren 2017 täglich über 35.000 Linienbusse und 16.000 Eisenbahnzüge im Einsatz. Die entsprechenden Einnahmen in Höhe von 12,8 Milliarden Euro sind mit dem jährlichen Gesamtumsatz der deutschen Textilindustrie vergleichbar, welche zu den zehn wichtigsten Industriebranchen der Bundesrepublik zählt. Als Arbeitgeber trägt er dementsprechend zum Wohlstand bei. Insgesamt sind 236.000 Arbeitnehmer direkt bei Verkehrsunternehmen sowie 157.000 indirekt bei zuliefernden Dienstleistern beschäftigt. Im

M. Derer (✉) · F. Geis
Technische Hochschule Ingolstadt, Ingolstadt, Deutschland
E-Mail: markus.derer@thi.de; fabienne.geis@thi.de

© Der/die Herausgeber bzw. der/die Autor(en) 2020
A. Riener et al. (Hrsg.), *Autonome Shuttlebusse im ÖPNV*,
https://doi.org/10.1007/978-3-662-59406-3_1

Gegensatz zu vielen anderen Branchen sind diese Arbeitsplätze zu großen Teilen fest in Deutschland verankert und können nicht in andere Länder verlagert werden (Verband deutscher Verkehrsunternehmen 2018).

Die Bedeutung des öffentlichen Personennahverkehrs als Mobilitätsgarant geht weit über quantitative Kennzahlen hinaus. Mobilität ist eine wesentliche Lebensgrundlage für eine gut funktionierende Gesellschaft. Sie ermöglicht beispielsweise den Zugang zu Arbeit und Bildung und damit eine sozioökonomische Entwicklung. Neben der gesetzlichen Verpflichtung zur Daseinsvorsorge der Bevölkerung durch die öffentliche Hand, lohnt sich ein leistungsstarker ÖPNV zudem in mehrfacher Hinsicht (Daubitz 2011). Gerade im Nahverkehr ergibt sich die Attraktivität des öffentlichen Mobilitätsangebots mitunter durch Erreichbarkeit, Reisezeit und Komfort. Erreichen die Mobilitätsnachfrager ihre Zielpunkte mit den öffentlichen Verkehrsmitteln regelmäßig schneller und kostengünstiger als mit dem Privatfahrzeug, ist eine große Nachfrage eine logische Konsequenz (Koch 2018). Ein attraktiver ÖPNV kann folglich eine nachhaltige Änderung des lokalen Mobilitätsverhaltens bewirken: Weniger individuelle Mobilität und mehr öffentliche Mobilität (Maertins 2006). Das wiederum hat eine verminderte Umweltverschmutzung und geringere Lärmbelastungen zur Folge, da weniger mobile Personen auf das Privatfahrzeug zurückgreifen. Im Vergleich zum motorisierten Individualverkehr weist der ÖPNV demnach eine bessere Umweltbilanz auf. Auf den einzelnen Fahrgast gerechnet verbrauchen öffentliche Verkehrsmittel fast 50 % weniger Energie. Die durch ihren Betrieb verursachte Umweltverschmutzung ist dementsprechend geringer (Verband deutscher Verkehrsunternehmen 2018).

Des Weiteren sind weitaus weniger versiegelte Flächen notwendig, die für die Standzeit der Privatfahrzeuge als Parkplatz dienen. Hierbei muss erwähnt werden, dass diese Standzeit durchschnittlich 23 von 24 Stunden bzw. 96 % eines Tages ausmachen (Knie et al. 2016).

Werden diese Gesichtspunkte berücksichtigt, kann durchaus von einem gewinnbringenden Gesamtsystem gesprochen werden. Dennoch wird das Verhältnis zwischen monetärem Ertrag und Kosten in der öffentlichen Mobilität gegenwärtig und in der Zukunft ein Spannungsfeld bleiben. Deutschlandweit weist der ÖPNV einen defizitären Kostendeckungsgrad auf. So wird im Durchschnitt lediglich die Hälfte der tatsächlich verursachten Kosten auf den einzelnen Nutzer umgelegt. Mit länderspezifischen Förderungen beträgt der durchschnittliche Kostendeckungsgrad 76,3 %. Laut dem Verband deutscher Verkehrsunternehmen (VDV), welcher über 90 % der deutschen ÖPNV-Branche vertritt, beläuft sich der jährliche Investitionsbedarf auf 1,7 Milliarden Euro (Verband deutscher Verkehrsunternehmen 2018).

Eine systemische Herausforderung stellt die strukturelle Kleinteiligkeit des öffentlichen Personenverkehrs in Deutschland dar. Mit über 100 Tarif- und Verkehrsverbünden gleicht die ÖPNV-Landkarte einem Flickenteppich. In diesen Verkehrsverbünden kooperieren öffentliche Verkehrsgesellschaften sowie privatwirtschaftliche Verkehrsunternehmen. Dabei sind beispielsweise das Liniennetz, die Taktung und die Kapazitäten an die lokalen Anforderungen angepasst (Monheim und Monheim-Dandorfer 1991). Auf der einen Seite hat dieser Umstand durchaus eine plausible Rechtfertigung. Die Kleinteiligkeit ermöglicht überhaupt eine zielführende Anpassung an die lokalen Gegebenheiten. Auf der anderen Seite steht sie in Konflikt mit der Zielstellung, dem Mobilitätsnachfrager ein nahtloses Mobilitätsangebot zur Verfügung stellen zu können. Im Vergleich zu anderen Ländern ist die Komplexität des ÖPNV-Angebots überdurchschnittlich hoch. Der Mobilitätsnachfrager muss sich beispielsweise nicht nur Gedanken machen, welche Linien er nehmen muss, um an sein gewünschtes Ziel zu kommen. Er muss sich auch Gedanken darüber machen, in welcher Tarifzone sich sein Ziel befindet. Liegt es möglicherweise sogar in einem anderen Verkehrsverbund, muss er nicht selten zwei Tickets für eine Fahrt bzw. einen signifikant höheren Beförderungspreis bezahlen.

Es gilt, den ÖPNV zeitgemäß aber auch zukunftsgerichtet weiterzuentwickeln. Darunter können eine effizientere Verzahnung der Verkehrsmodi, neue technologische Lösungen, aber auch innovative und kooperative Mobilitätskonzepte verstanden werden. Dieser Handlungsbedarf birgt Potenziale, die einer nachhaltigen und gesellschaftlichen Entwicklung zuträglich sind.

Aufgrund aktueller technologischer und gesellschaftlicher Umwälzungsprozesse, die auch als Megatrends bezeichnet werden, eröffnen sich gerade in diesen Entwicklungsströmen für die ÖPNV-Branche sowohl Chancen als auch Risiken.

In der Gesellschaft zeichnen sich ein nachhaltiger demografischer Wandel und eine zunehmende Urbanisierung ab. In diesem Kontext sind die Herausforderungen ebenso vielseitig wie die Menschen, die Mobilität nachfragen. Beispielsweise sind die Einwohnerzahlen in ländlichen Regionen seit Jahren rückläufig. Auf der Suche nach Arbeit verorten junge Menschen und Familien ihren Lebensmittelpunkt in urbanisierte Regionen, während die ältere Gesellschaft überwiegend in ländlich geprägten und mitunter strukturschwachen Gebieten zurückbleibt. Neben dem beruflich verursachten Pendlerverkehr ist auch der Schülerverkehr, das Standbein für ländliche öffentliche Mobilität, in vielen Regionen Deutschlands rückläufig. Mit zunehmender Urbanisierung sinkt die Mobilitätsnachfrage in ländlichen Regionen und mit ihr die Nutzerfinanzierung des lokalen öffentlichen Mobilitätsangebots (Neu 2015).

Um dieser Entwicklung entgegenzuwirken, müssten die Fahrpreise erhöht oder das Mobilitätsangebot eingeschränkt werden. Beide Maßnahmen könnten sinkende Nachfragezahlen zur Folge haben. Dieses auch als Abwärtsspirale bekannte Phänomen muss durch neue systemische Ansätze und Lösungen revidiert werden, um den bisherigen gesellschaftlichen und wirtschaftlichen Aufschwung in Deutschland auch in Zukunft flächendeckend gewährleisten zu können.

Im Bereich der Digitalisierung hat sich das Bundesministerium für Verkehr und digitale Infrastruktur (BMVI) im Rahmen eines strategischen Fahrplans der Möglichkeiten moderner Informations- und Kommunikationstechnologien angenommen. Die durch den Bund geförderte Digital Roadmap fokussiert in dieser Initiative multimodale Verkehrswegeketten, vereinfachte Tarifierung und Zahlungsmodalitäten sowie in Echtzeit verfügbare mobilitätsbezogene Informationen für Fahrgäste und Kunden (BMVI 2016). Automatisiertes Fahren ist im schienengebundenen Bereich eine alltäglich eingesetzte Technologie. Vollautomatisierte S- und U-Bahn-Systeme kommen bereits seit über 30 Jahren im Serienbetrieb zum Einsatz.

Mittlerweile werden in 15 europäischen Städten jährlich eine Milliarde Fahrgäste befördert. Im Jahre 2016 wurde die bislang längste automatisierte U-Bahn-Linie in der spanischen Metropole Barcelona eröffnet. Auf einer Streckenlänge von 30,6 Kilometern verbindet die U-Bahn den Flughafen „El Prat de Llobregat" mit dem innerstädtischen Messegelände und befördert jährlich bis zu 130 Millionen Fahrgäste (UITP 2016).

Auf der Straße – d. h. schienenungebunden und im Mischverkehr mit anderen Verkehrsteilnehmern wie Auto- und Fahrradfahrern oder Fußgängern – steckt sie noch in den Kinderschuhen. Die Potenziale werden aber bereits heute als signifikant für die Zukunft nachhaltiger Mobilität eingeschätzt. Hier wird sich die ÖPNV-Branche sowohl als Profiteur als auch als Unterstützer positionieren.

1.2 Entwicklung des ÖPNV zum automatisierten Fahren

Die DB Regio Bus hat unter dem Ansatz „Attraktiver ÖPNV im ländlichen Raum" ein umfassendes Zielsystem definiert, um Mobilitätsangebote nachhaltig und zielführend entwickeln zu können.

Die besondere Herausforderung ist dabei, die in Abb. 1.1 dargestellten Ziele in Einklang zueinander zu bringen. Je mehr diese miteinander konkurrieren, desto schwieriger

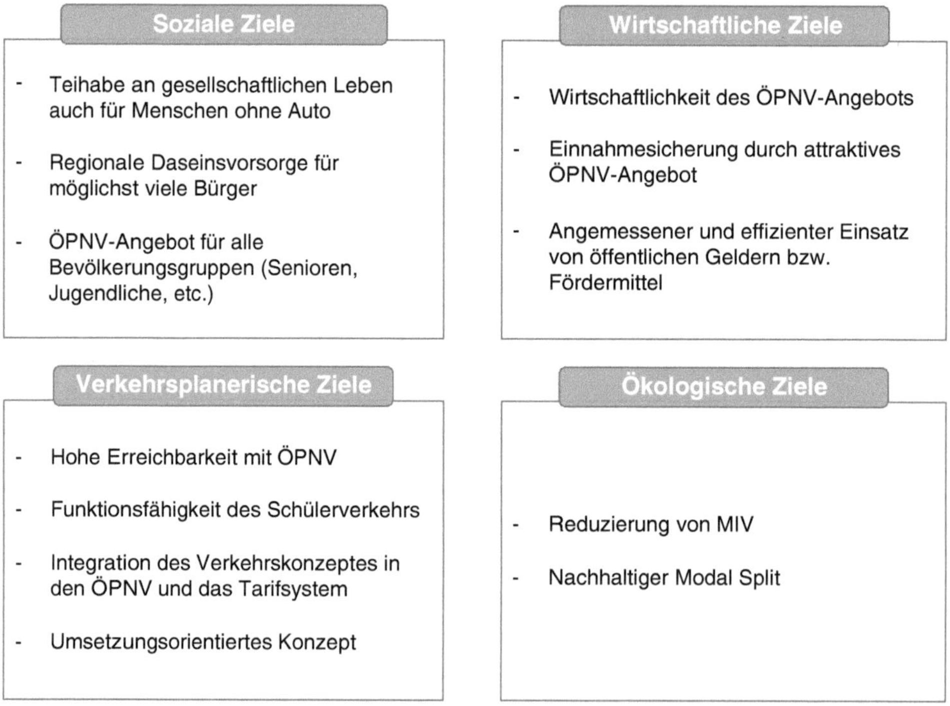

Soziale Ziele

- Teihabe an gesellschaftlichen Leben auch für Menschen ohne Auto
- Regionale Daseinsvorsorge für möglichst viele Bürger
- ÖPNV-Angebot für alle Bevölkerungsgruppen (Senioren, Jugendliche, etc.)

Wirtschaftliche Ziele

- Wirtschaftlichkeit des ÖPNV-Angebots
- Einnahmesicherung durch attraktives ÖPNV-Angebot
- Angemessener und effizienter Einsatz von öffentlichen Geldern bzw. Fördermittel

Verkehrsplanerische Ziele

- Hohe Erreichbarkeit mit ÖPNV
- Funktionsfähigkeit des Schülerverkehrs
- Integration des Verkehrskonzeptes in den ÖPNV und das Tarifsystem
- Umsetzungsorientiertes Konzept

Ökologische Ziele

- Reduzierung von MIV
- Nachhaltiger Modal Split

Abb. 1.1 Attraktiver ÖPNV im ländlichen Raum. (Quelle: DB Regio Bus 2014)

wird es, eine für alle Beteiligte gewinnbringende Entwicklung und Integration neuer Mobilitätsangebote in das bereits bestehende Mobilitätskonzept zu erreichen.

Gerade im Kontext automatisierter Verkehrsmittel im ÖPNV stellt sich nicht nur die technologische Frage hinsichtlich Effizienz und Effektivität, sondern gleichermaßen nach den Möglichkeiten einer grundlegenden Erweiterung bzw. vernünftigen Ergänzung des bisherigen öffentlichen Mobilitätsangebots.[1] Mit Blick auf die momentan weltweit aufgesetzten Projekte kann vermutet werden, dass mehrheitlich kein unmittelbarer Ersatz bereits bestehender Verkehrsmodi, wie Busse oder Straßenbahnen, angestrebt wird. Vielmehr wird im automatisierten Shuttlebus das Potenzial gesehen, die öffentliche Mobilität bedarfsorientierter zu gestalten.

Der Neubau einer U-Bahn-Linie setzt in der Regel weitreichende Infrastrukturprojekte mit langfristigen Planungshorizonten voraus. Im Vergleich dazu könnte ein automatisierter Shuttlebus schnell und mit vergleichsweise kleinen Einschnitten in die Umwelt und in das Mobilitätsangebot integriert werden. So kann beispielsweise ein etablierter und funktionstüchtiger Sternbetrieb durch automatisierte Shuttlebusse ergänzt werden, die bedarfsorientiert als Tangentialverbindungen und Zubringer fungieren. Diese würden dann die stark frequentierten Stammstrecken entlasten, da Verbindungen effizienter gewählt werden können. Der Mobilitätsnachfrager müsste zudem nicht mehr erst bis ins Zentrum einer Stadt oder zu einem großen Verkehrsknotenpunkt fahren, um dort in die seinem Ziel naheliegend verlaufende Stammstrecke umzusteigen.

Grundsätzlich sind mehrere Anwendungsfelder eines automatisierten Shuttlebusses im Öffentlichen Personennahverkehr denkbar. Dabei können aus marginal anmutenden Optimierungen einzelner Punkte oder Teilstrecken drastische Effekte auf das Gesamtsystem oder sogar auf die lokale Attraktivität eines Mobilitätsangebots resultieren (Verband deutscher Verkehrsunternehmen 2015).

Weitläufige Wohn- und Gewerbegebiete könnten durch den Einsatz automatisierter Shuttlebusse effizient erschlossen und besser angebunden werden. Halb öffentliche Gelände, wie großräumige Krankenhauszentren oder Universitäts- und Forschungscampus, gewinnen durch eine umweltfreundliche und bedarfsorientierte Fortbewegungsmöglichkeit an Attraktivität.

Ein weiterer Baustein für einen zukunftssicheren ÖPNV ist die Steigerung der räumlichen und zeitlichen Verfügbarkeit. Geringer nachgefragte Quell-Ziel-Verkehre erfordern einen bedarfsorientierten und effizienten ÖPNV-Betrieb. Gerade in ländlichen Räumen und außerhalb der hoch frequentierten Betriebszeiten ist es schwierig, öffentliche Mobilität flexibel und kostengünstig anbieten zu können. Hier kann der automatisierte Shuttlebus als kosteneffiziente Lösung fungieren. Des Weiteren hat sein Einsatz das Potenzial, den ÖPNV zu individualisieren und so für ein zeitgemäßes Reiseerlebnis zu sorgen (UITP 2017).

---

[1] i. A.: Übergeordnete, forschungsleitende Fragestellung der DB Regio Bus hinsichtlich des Pilotbetriebs eines automatisierten Shuttlebusses in Bad Birnbach.

1.2.1 Entwicklungspfade des autonomen Fahrens

Auf technologischer Ebene ist das automatisierte Fahren – so wie es oftmals dargestellt wird – bislang noch nicht serienreif. Die potenziellen Umwälzungsprozesse, die von dieser Technologie ausgehen könnten, sind immens bis noch nicht absehbar. Ebenso groß sind auch die gesetzlichen, technischen, technologischen, gesellschaftlichen und wirtschaftlichen Herausforderungen (Maurer et al. 2015).

Für die Zukunft können zusammenfassend zwei unterschiedliche Entwicklungspfade als wahrscheinlich bzw. unwahrscheinlich angesehen werden (Abb. 1.2). Aus heutiger Sicht ist es sinnvoll, dabei das Verhältnis zwischen dem Automatisierungsgrad und der Komplexität verschiedener Fahrsituationen zu betrachten:

- Der disruptive Pfad beschreibt eine Technologiedurchdringung mit großem Automatisierungsgrad bei hoher Komplexität der jeweiligen Fahrsituation.
- Der inkrementelle Pfad beschreibt eine sukzessiv fortschreitende Technologiedurchdringung, die in einzeln definierten Systemgrenzen erprobt und daraufhin weiterentwickelt wird. Die Systemgrenzen weiten sich über Jahre hinweg weiter aus, bis der Automatisierungsgrad bei 100 Prozent liegt und von der Komplexität der jeweiligen Fahrsituation unabhängig ist (International Transport Forum 2015).

In diesem Kontext muss angemerkt werden, dass der mögliche Entwicklungspfad ein Produkt aus technischer und technologischer Machbarkeit, gesellschaftlicher Akzeptanz und wirtschaftlicher Sinnhaftigkeit darstellt. Allein aus technologischer Sicht ist beispielsweise ein 5G-Mobilfunknetz eine maßgebliche, wenn auch nicht zwingende Voraussetzung für das automatisierte Fahren. Die erforderliche Rechenleistung der Hardware variiert direkt mit der Komplexität der Fahrsituation. Der schwedische Automobilhersteller Volvo hat für sein Projekt zum autonomen Fahren bereits im Jahre 2016 mit acht Terraflops gerechnet. Diese Einheit stellt die durch die CPU-Kerne in einer Sekunde durchführbaren

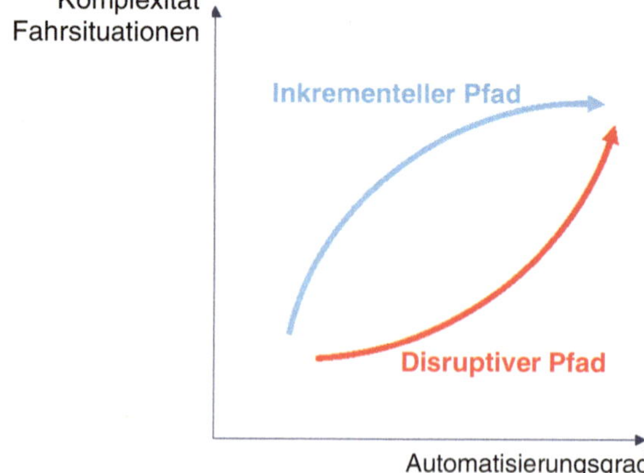

Abb. 1.2 Entwicklungspfade der Technologie „Autonomes Fahren". (Quelle: Verband deutscher Verkehrsunternehmen 2015)

Operationen dar. Im Falle von Volvo wären 150 MacBook Pros der Firma Apple notwendig, um diese Leistung in einem einzigen Fahrzeug zu erzielen. Selbst die Hälfte ist weit mehr, als ein umweltfreundliches Vehikel aus Gewichts- und Platzgründen aufnehmen kann. Eine Lösung ist das Verorten der Rechenleistung in eine performante Cloud-Architektur. Die Basis hierfür könnte wiederum das besagte 5G-Mobilfunknetz darstellen, das unter anderem die erforderliche Datenübertragungsgeschwindigkeit gewährleisten kann (Harl 2016). Prinzipiell hängt die Technologie des autonomen Fahrens nicht direkt mit der des neuen Mobilfunkstandards zusammen. Letzteres kann die Durchdringung der Autonomie-Level aber auf sicherheitskritischer Ebene unterstützen und daher beschleunigen.

Anhand aktueller und medienwirksamer Diskussionen hinsichtlich der Verfügbarkeit dieses Netzstandards ist ersichtlich, dass für den Einsatz automatisierter Shuttlebusse erst noch Voraussetzungen geschaffen werden müssen.

Nichtsdestotrotz unternehmen Mobilitätsdienstleister – darunter auch die DB Regio Bus – wichtige Schritte, um zielführende Einsatzgebiete und zur Verbesserung von Mobilitätskonzepten geeignete Anwendungsfelder zu identifizieren. Der Serienbetrieb eines automatisierten Shuttlebusses im ÖPNV zeigt dabei, dass der Kontext „Autonomes Fahren im ÖPNV" weitergehende intensive Pionierarbeit erfordert.

In diesem Kontext kann der Pilotbetrieb des Shuttlebusses in Bad Birnbach als ein Schritt entlang des inkrementellen Pfads bezeichnet werden. Das Testfeld ist klar abgetrennt und teilt sich in zwei Teile, wobei der erste und flächenmäßig kleinere Teil die Basis für die anfängliche Testphase bildet. Erst im Zuge eines zuverlässigen Betriebs des Shuttlebusses wird das zweite, das Einsatzfeld vergrößernde, Teilstück freigegeben. Durch die definierten Systemgrenzen wird die große Bandbreite an möglichen Herausforderungen begrenzt. Mit dieser Vorgehensweise ist eine risikoarme und tief greifende Erforschung und Entwicklung des autonomen Fahrens als Technologie gewährleistet.

1.2.2 Meilensteine neuartiger Technologien im ÖPNV

Der Erfolg innovativer Technologien hängt maßgeblich von einer Vielzahl von Umweltfaktoren ab. Die in diesem Sammelband vorgestellte Begleitforschung des Leuchtturmprojekts in Bad Birnbach zeigt die Bereiche auf, die über den Erfolg oder Misserfolg einer neuen Technologie als entscheidende Hebel im Kontext neuer Mobilitätsangebote untersucht werden müssen. Mit einem Blick in die Vergangenheit können hier durchaus Parallelen und Präzedenzfälle entdeckt werden.

Bereits im Jahre 1808 wählte der britische Ingenieur Richard Trevithick einen vergleichbaren Ansatz. Mit der „Catch me who can", der weltweit ersten kommerziell betriebenen Dampflokomotive, wollte der Erfinder die Bevölkerung durch ihre eigenen Erfahrungen von seinem Werk überzeugen. Hierfür baute er auf dem Torrington Square in London einen abgeschirmten Parcours in Form eines Kreises auf und lud Passanten ein, auf seinem Gefährt für einen Schilling mitzufahren (Abb. 1.3). Mit der Geschwindigkeit

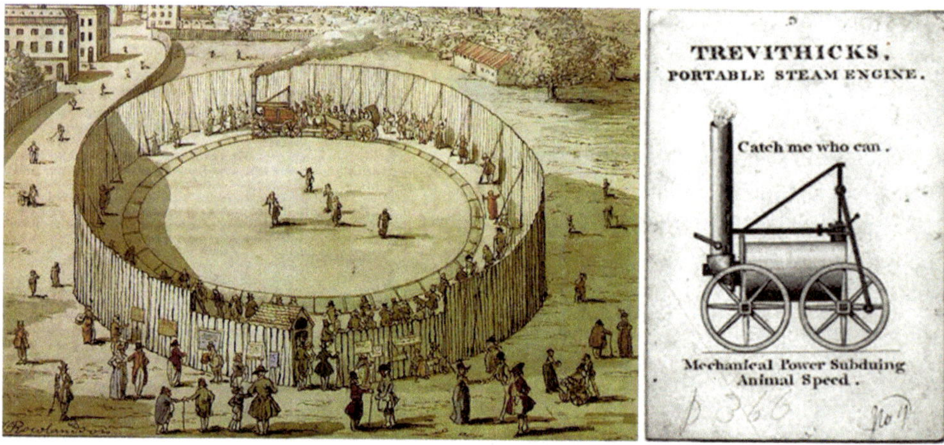

Abb. 1.3 Die „Catch me who can" von Richard Trevithick und Eintrittskarte. (Quelle: European Route of Industrial Heritage 2019)

von 19 km/h gehörte die Lokomotive für damalige Verhältnisse bereits zu den schnelleren Fortbewegungsmitteln. Nach zwei Betriebsmonaten wurde das Projekt eingestellt, da die Schienen nicht für das acht Tonnen schwere Unikat ausgelegt waren. Nichtsdestotrotz haben sowohl die Lokomotive als auch die Antriebstechnologie „Dampfmaschine" einen Pfad geebnet, der zuvor undenkbar gewesen war. Mit diesen zwei Schlüsselinnovationen wurde die Industrialisierung der Erdkugel überhaupt erst möglich (European Route of Industrial Heritage 2019).

Ein weiteres Beispiel aus jüngerer Geschichte ist im Hochgeschwindigkeitszug Transrapid zu sehen. Die aus einer Kooperation zwischen der Siemens AG und der Thyssen-Krupp Transrapid GmbH resultierende Entwicklung ist eine für Hochgeschwindigkeit ausgelegte Magnetschwebebahn. Mit einer Entwicklungszeit von circa 22 Jahren glich das Mammutprojekt damit in etwa dem zeitlichen Aufwand für die Entwicklung des europäischen Kampfflugzeugs Eurofighter Typhoon.

Im Unterschied zur konventionellen Eisenbahn berührt der Transrapid nicht seinen Verkehrsträger. Magnete sorgen hier für eine berührungslose Verbindung zwischen Bahn und „Schiene" (Abb. 1.4). Durch diese Technologie konnte die Reibung derart reduziert werden, dass der Transrapid unabhängig von Auslastung und Gewicht über 500 km/h schnell sein konnte. Aus fahrphysikalischer Sicht wies er kurzum weitaus bessere Kennzahlen auf als alles Vergleichbare.

Trotzdem entfachte sich eine kontroverse Diskussion über mögliche Einsatzfelder im Öffentlichen Personenverkehr. Beispielsweise war man sich über den Ressourcen- und Energieverbrauch uneins. Besonders im Vergleich zum ICE, dem größten innerdeutschen Konkurrenzprodukt, konnte man sich nicht auf einen gemeinsamen Konsens einigen. Des Weiteren war die erforderliche Versiegelung der Landschaft ein großes Manko an der notwendigen Bahninfrastruktur, um den Transrapid überhaupt betreiben zu können. Die auf

Abb. 1.4 Transrapid TR09 als künftige Konferenzzone in Notrup. (Quelle: www.industriedenkmal.de)

Stelzen geplante Magnetschwebebahn benötigt große Radien, um ihr Geschwindigkeitspotenzial ausschöpfen zu können. Gerade in urbanisierten Regionen stellt dieser Faktor ein fundamentales Problem dar. Darüber hinaus hatte die Rekordbahn mit fehlender gesellschaftlicher Akzeptanz und Finanzierungslücken zu kämpfen (Süddeutsche Zeitung 2010).

Im Laufe der Zeit gab es oft Bestrebungen, die Technologie für spezifische Zubringerstrecken einzusetzen, wie beispielsweise die Verbindung zwischen dem Münchener Hauptbahnhof und dem Flughafen Franz-Josef-Strauß, welcher 40 km östlich der bayerischen Landeshauptstadt entfernt liegt. Bis eine dieser Bestrebungen vielleicht doch noch umgesetzt wird, ist in der chinesischen Metropole Shanghai die einzige in Serie betriebene Magnetschwebebahn der Welt in Betrieb (Deutscher Bundestag 2016).

Der wohl größte Unterschied zu Trevithicks Dampflokomotive und dem Transrapid liegt beim automatisierten Shuttlebus im Offensichtlichen. Der in Bad Birnbach betriebene Shuttlebus grenzt sich äußerlich nicht so stark vom gewohnten Straßenbild ab. Die aktuell verborgene Technologie birgt aber womöglich eine ebenso disruptive Ausprägung wie die „Catch me who can" aus dem Jahre 1808.

Eine Level-5-Autonomie, die als größte Evolutionsstufe automatisierter Fahrfunktionen definiert ist, erfordert keinen Fahrer oder Operator, der im Zweifel in die Fahrstrategie eingreifen könnte. (Kap. 5, Kolb et al.). Dieser Umstand führt zu mehreren Fragestellungen, die bisweilen nicht umfassend und wissenschaftlich fundiert beantwortet werden können:

Wie kann grundsätzlich eine hochkomplexe Technologie wie das automatisierte Fahren gewinnbringend in das aktuelle Mobilitätsgeschehen integriert werden? Ist ein Mischverkehr aus konventionellen und automatisierten Fahrzeugen überhaupt sinnvoll? Eignet sich der motorisierte Individualverkehr oder der Öffentliche Personennahverkehr besser für die Integration dieser Technologie? Wie kann eine erklärungsbedürftige Technologie Akzeptanz in der Gesellschaft erfahren?

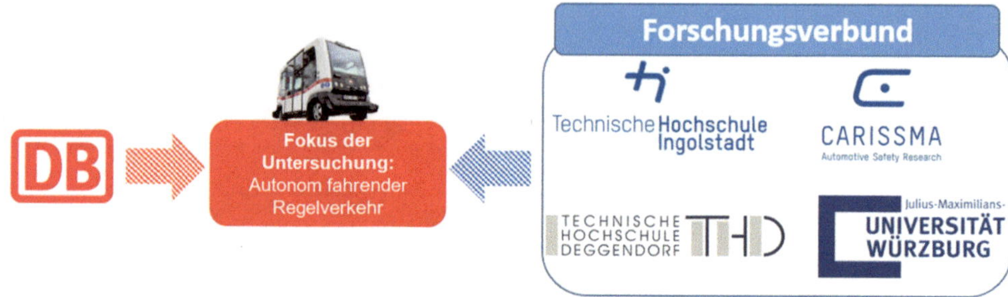

Abb. 1.5 Forschungskonsortium des Pilotprojekts Bad Birnbach. (Quelle: eigene Darstellung)

Die DB Regio Bus nimmt hier als einer der größten europäischen Mobilitätsdienstleister eine Pionierrolle ein. Im Rahmen der in diesem Sammelband vorgestellten Ergebnisse der Begleitforschung werden Möglichkeiten und Herausforderungen identifiziert, die der Einsatz von autonomen Fahrzeugen im Regelverkehr als Teil des ÖPNV mit sich bringt. Für eine wissenschaftliche Untersuchung wurde ein Forschungskonsortium gebildet, das auf eine Vielzahl an Fragestellungen tiefergehend eingeht. Neben der DB Regio Bus als Verkehrsplanungsinstanz widmeten sich die in Abb. 1.5 dargestellten Institutionen dieser Aufgabe.

Literatur

BMVI – Bundesministerium für Verkehr und digitale Infrastruktur (2016) Digital Roadmap – Akteure des Dialog- und Stakeholderprozesses im Rahmen der Initiative Digitale Vernetzung im Öffentlichen Personenverkehr

Daubitz S (2011) Mobilität und Armut – Die soziale Frage im Verkehr. In: Schwedes O (Hrsg) Verkehrspolitik. Eine interdisziplinäre Einführung, Wiesbaden, S 181–193

Deutscher Bundestag (2016) Magnetschwebebahn – Aktuelle Anwendungen der Technologie in Deutschland. Sachstand, Wissenschaftliche Dienste Deutscher Bundestag. URL: https://www.bundestag.de/blob/428162/fbb89cc083366a17a6d0e636593d61fd/wd-8-038-16%2D%2Dpdf-data.pdf (20.02.2019)

European Route of Industrial Heritage (2019) Richard Trevithick, Biographie, Creative Europe Programme of the European Union. URL: https://www.erih.de/wie-alles-begann/geschichten-von-menschen-biografien/biografie/show/Biografies/trevithick/ (20.02.2019)

Harl N (2016) Eine Rechenleistung wie 150 Apple MacBook Pros, Süddeutsche Zeitung, Ausgabe: 27.03.2016. URL: https://www.sueddeutsche.de/auto/autonomes-fahren-mehr-hirn-fuer-den-autonomen-chauffeur-1.2909300-2 (20.02.2019)

International Transport Forum (2015) Automated and autonomous driving. Regulation under uncertainty. Organisation for Economic Co-operation and Development, S 5 ff

Knie A, Lenz B, Nobis C, Nowack F, Giesel F, Blümel H, Bayerische Motoren Werke (2016) Wirkung von E-Car Sharing Systemen auf Mobilität und Umwelt in urbanen Räumen (WiMobil). Abschlussbericht, BMW AG und Bundesministerium für Umwelt, Naturschutz und Reaktorsicherheit, München

Koch M (2018) Potenziale der Verkehrsverlagerung vom MIV zum ÖPNV: Beispielhafte Analyse von Park-and-Ride-Anlagen und Mobilitätsverhalten von Pendlern im Raum Jena. Oberkochener Medienverlag, Oberkochen

Maertins C (2006) Die intermodalen Dienste der Bahn: mehr Mobilität und weniger Verkehr? Wirkungen und Potenziale neuer Verkehrsdienstleistungen. Working Paper, Wissenschaftszentrum Berlin für Sozialforschung, Berlin

Maurer M, Gerdes JC, Lenz B, Winner H (2015) Autonomes Fahren. Technische, rechtliche und gesellschaftliche Aspekte. Berlin/Heidelberg

Monheim H, Monheim-Dandorfer R (1991) Straßen für alle. Analysen und Konzepte zum Stadtverkehr der Zukunft. Rasch & Röhring. Hamburg

Neu C (2015) Urbanisierung, Peripherisierung und Landflucht 3.0 – Sozialwissenschaftliche Perspektiven auf die Veränderung von Stadt und Land im demografischen Wandel. In: Herbert Quandt Stiftung (Hrsg) Eichert C (Hrsg), Löffler R (Hrsg) (2015) Landflucht 3.0. Welche Zukunft hat der ländliche Raum? Freiburg

Statistisches Bundesamt (2018) Personenverkehrsstatistik 2018 in Deutschland. Pressemitteilung Nr. 355 vom 20.09.2018. URL: https://www.destatis.de/DE/PresseService/Presse/Pressemitteilungen/2018/09/PD18_355_461.html;jsessionid=4B3E55A99ADFBF06002286074204E103. InternetLive1 (20.02.2019)

Süddeutsche Zeitung (2010) Der Transrapid – eine lange Geschichte. Süddeutsche Zeitung, Ausgabe: 17.05.2010. URL: https://www.sueddeutsche.de/muenchen/chronik-der-transrapid-eine-lange-geschichte-1.740074 (20.02.2019)

UITP Observatory of Automated Metros (2016) Statistics Brief – World Metro Automation 2016. Union Internationale des Transports Publics

UITP (2017) Autonomous vehicles: A potential game changer for urban mobility. Policy Brief, Union Internationale des Transports Publics

Verband deutscher Verkehrsunternehmen (2015) Zukunftsszenarien autonomer Fahrzeuge – Chancen und Risiken für Verkehrsunternehmen. Positionspapier, VDV. URL: https://www.vdv.de/position-autonome-fahrzeuge.pdfx (20.02.2019)

Verband deutscher Verkehrsunternehmen (2018): Statistik 2017. VDV-Statistik 2017, S 59–78. URL: https://www.vdv.de/statistik-jahresbericht.aspx (20.02.2019)

Mobilität 4.0: Deutschlands erste autonome Buslinie in Bad Birnbach als Pionierleistung für neue Verkehrskonzepte

Michael Barillère-Scholz, Chris Büttner und Andreas Becker

Die Autoren geben einen Einblick in die Überlegungen zur Inbetriebnahme eines autonomen Shuttlebusses in Bad Birnbach. Dargelegt werden die Schwierigkeiten und Hürden, die aus rechtlicher Sicht genommen werden mussten, um den autonomen Shuttlebus tatsächlich auf die Straße zu bringen. Es zeigt sich, dass autonome Fahrzeuge im ÖPNV einer der Meilensteine der nächsten Jahre sein und den Mobilitätsmarkt von morgen prägen werden.

2.1 Mobilitätsmarkt von morgen

Der Öffentliche Personennahverkehr (ÖPNV) in Deutschland steht vor großen Herausforderungen: In den Städten nimmt der Verkehr mehr und mehr zu – Staus, Umweltverschmutzung und Parkplatzprobleme sind die Folge. Zur Bewältigung dieser Herausforderungen muss der Öffentliche Verkehr (ÖV) gestärkt werden und sich zugleich angebotsseitig an den individuellen Bedürfnissen der Menschen orientieren, um so attraktiver zu werden (Horn et al. 2018). Neue Mobilitätsdienstleister erweitern in den Städten das Mobilitätsangebot, indem sie bereits heute in zahlreichen Städten bedarfsgerechte, individualisierte Verkehrsangebote, sogenannte On-Demand Mobilität, anbieten (Buffat et al. 2018). Studien zeigen jedoch, dass diese häufig zu mehr Verkehr in den Städten führen und den ÖV substituieren (Schaller 2017). Gleichzeitig verlassen immer mehr Menschen den ländlichen Raum oder entscheiden sich aktiv gegen den ÖV und für den privaten

M. Barillère-Scholz· C. Büttner (✉) · A. Becker
ioki GmbH, Frankfurt am Main, Deutschland
E-Mail: michael.barillere-scholz@ioki.com; chris.buettner@ioki.com;
andreas.becker@ioki.com

© Der/die Herausgeber bzw. der/die Autor(en) 2020
A. Riener et al. (Hrsg.), *Autonome Shuttlebusse im ÖPNV*,
https://doi.org/10.1007/978-3-662-59406-3_2

15

Pkw, weil es für die sog. Erste und Letzte Meile kein passendes Angebot gibt (Herget et al. 2018; Conrad 2016).

Neue Mobilitätsangebote verändern den Markt grundlegend – die Unabhängigkeit vom eigenen Auto und nachhaltige Fortbewegung treten zunehmend in den Vordergrund. Mobility as a Service, alternative Antriebstechniken und autonomes Fahren sind dabei wichtige Treiber der Mobilität der Zukunft (ADAC 2017; Berylls 2017; Pavone 2015). Digitalisierung spielt diesbezüglich eine entscheidende Rolle – sie ist bereits jetzt ein fester Bestandteil des täglichen Lebens und bietet wichtige Chancen für nachhaltige Mobilität (Münchner Kreis 2017). Deutschland darf sich vor diesen Entwicklungen nicht verschließen. Die Mobilität befindet sich im Wandel und wird sich bis 2025 deutlich verändern. Niedrigpreis-Mobilität und Sharing-Angebote werden fest etabliert sein – sowohl im ländlichen als auch im städtischen Raum. Digitalisierung prägt den Mobilitätsmarkt von morgen: Apps geben volle Transparenz über bestehende Angebote und Preise. Digitale Reisebegleiter beeinflussen die Verkehrsmittelwahl. Erste Prototypen von autonomen Fahrzeugen finden ihren Platz auf der Straße und ermöglichen flexible und individuelle Mobilität – vollautomatisiert. Autonome Verkehrsangebote werden den Mobilitätsmarkt der Zukunft grundlegend verändern (Pavone 2015). Großteile des Motorisierten Individualverkehrs (MIV) und des ÖV werden zu einem neuen Verkehrsmarkt, dem Individuellen Öffentlichen Verkehr (IÖV) verschmelzen (vgl. Abb. 2.1) (acatech Studie 2016).

Der IÖV ist intelligent-einfach organisiert. Tür-zu-Tür-Verkehre mit geringer Wartezeit können sowohl in der Stadt als auch im ländlichen Raum zu ÖV-Preisen wirtschaftlich angeboten werden. Dabei kommen unterschiedliche Gefäßgrößen zum Einsatz. Somit verliert das eigene Fahrzeug an Bedeutung. Der IÖV ersetzt zunehmend das eigene Auto und ergänzt sinnvoll den klassischen, liniengebundenen ÖV. Das neue System unterscheidet sich vom klassischen ÖPNV insofern, als dass die heute noch üblichen festen Fahrpläne und festen Fahrwege an Bedeutung verlieren und Mobilitätsangebote zunehmend „on demand" – also auf Kundenanforderung angepasst – bereitgestellt werden. Fahrgäste und Mobilitätsanbieter werden über neue Marktplätze in Form digitaler Plattformen

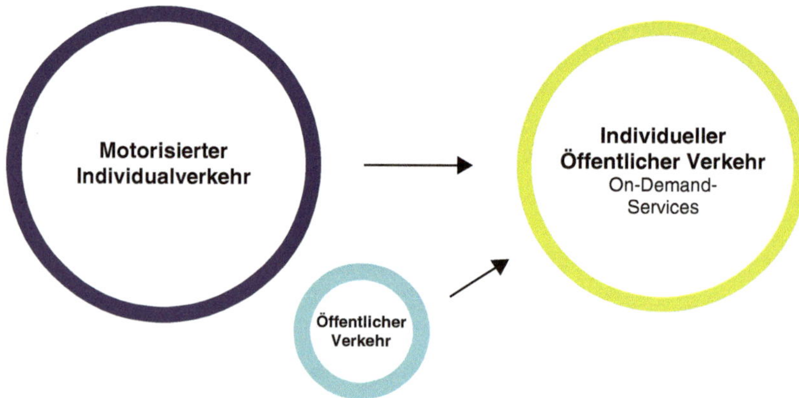

Abb. 2.1 Wandel der Struktur des Mobilitätsmarktes

interagieren. So schafft die autonome On-Demand-Mobilität der Zukunft nicht nur persönliche Freiräume, sondern wirkt sich auch auf die Lebensqualität der Menschen in der Stadt und auf dem Land dauerhaft positiv aus (Hunsicker et al. 2017). Autonome Fahrzeuge werden kommen. Technologische und regulatorische Hürden werden genommen. Es ist davon auszugehen, dass die Nutzung autonomer Fahrzeuge eine schnelle Verbreitung finden wird, da der gesellschaftliche und individuelle Nutzen groß ist (VDV 2017; acatech Studie 2016). Das gemeinsame Credo für die Mobilität der Zukunft wird sein: Mehr Mobilität, weniger Verkehr.

2.2 ioki als Pionier für innovative Mobilitätslösungen

ioki sieht großes Potenzial darin, den ÖV nachhaltiger und effizienter zu gestalten und individuelle Mobilität ohne eigenes Auto möglich zu machen. Dabei muss der Anspruch sein, Mobilität für alle zu ermöglichen: sowohl in der Stadt als auch auf dem Land. Als Komplettdienstleister für digitale Mobilitätsformen auf der Straße entwickelt ioki zukunftsfähige Lösungen, die Mobilität langfristig sichern, wirtschaftlich tragfähig und sozial ausgewogen sind, gleichzeitig die Umwelt schonen und somit die Lebensqualität erhöhen. Als Geschäftszweig der Deutschen Bahn AG ist ioki Teil der Digitalisierungsoffensive und der festen Überzeugung, dass ein gesundes Ökosystem gut integrierte und keine sich kannibalisierenden und damit ineffizienten Mobilitäts-Services braucht. Dabei darf der Blick auf den Endkunden sowie die voranschreitende Digitalisierung nicht verloren werden: Um Kundenbedürfnisse bestmöglich erfüllen zu können, müssen sowohl die Mobilität auf dem Land neu gedacht und gestaltet als auch digitale Mobilitätsservices sinnvoll in Städte integriert werden.

ioki gestaltet mit Leidenschaft die Mobilität von morgen – flexibel, individuell, auf Abruf und für jeden überall und jederzeit verfügbar. Die 100-prozentige DB-Tochter bietet smarte, maßgeschneiderte On-Demand-Lösungen. Mit Hilfe von Big-Data-Analysetools werden ökonomisch und ökologisch sinnvolle Einsatzgebiete unter Berücksichtigung bestehender Verkehrsangebote mit besonderem Fokus auf den ÖPNV identifiziert und On-Demand-Angebote in die lokale Mobilität integriert. Die ioki-Plattform bietet Bausteine für die Einführung und den Betrieb digitaler On-Demand-Verkehre. Der selbst entwickelte Algorithmus stellt ein intelligentes Pooling und Routing und eine effiziente Auslastung der Strecken und Fahrzeuge sicher. Als Brücke zur intelligenten Mobilität auf der Straße ermöglicht es ioki Dritten, wie z. B. Städten, Verkehrsunternehmen und -verbünden, kommunalen Aufgabenträgern und Firmen, bedarfsgerechte und moderne Mobilitätskonzepte für ihre Kunden anzubieten und damit Mobilität – auch automatisiert und perspektivisch vollautonom – neu zu denken.

2.3   Mobilität von morgen heute gedacht: Testfelder zum autonomen Fahren im Öffentlichen Verkehr

ioki entwickelt seine Lösungen zukunftsorientiert: Testfelder zum autonomen Fahren im ÖV stellen sicher, dass die datengestützte Verkehrsanalyse und die Plattformlösungen sowie der operative Betrieb von On-Demand-Mobilitätsangeboten schon heute bereit sind für die autonome Mobilität von morgen. In Zukunft werden On-Demand-Verkehre – auch ohne Fahrer – Menschen auf Wunsch von A nach B befördern (Deutsche Bahn 2018; VDV 2017; acatech Studie 2016). Dazu müssen perspektivisch Systembausteine bereitgestellt werden, um es Kunden wie Verkehrsanbietern, Gemeinden und Städten zu ermöglichen, neue Mobilitätsformen im Öffentlichen Verkehr zu betreiben. Im Rahmen von Testfeldern werden autonome Technologien in ausgewählten Anwendungsfällen frühzeitig in der Praxis eingesetzt und neue Verkehrsangebote geschaffen, sowie ganzheitliche Fahrzeugkonzepte entwickelt (s. Abb. 2.2) (acatech Studie 2016).

Bereits heute setzt ioki autonomes Fahren im öffentlichen Linienverkehr ein: Gemeinsam mit dem Landkreis Rottal-Inn und DB Regio sowie in enger Zusammenarbeit mit dem Fahrzeughersteller EasyMile, dem TÜV Süd und der Marktgemeinde Bad Birnbach hat ioki den ersten autonomen Linienverkehr Deutschlands auf die Straße gebracht (vgl. Abb. 2.3). Mit bayerischen Hochschulen wurde eine Forschungspartnerschaft geschlossen, um das Testfeld wissenschaftlich zu begleiten. Die Erkenntnisse der unterschiedlichen Forschungsvorhaben sind Gegenstand dieser Publikation.

Mit dem Pilotprojekt in Bad Birnbach soll bewiesen werden, dass ein dauerhafter Betrieb eines autonom fahrenden Prototyps im ländlichen Raum schon heute realisiert werden kann. Die Ziele des Projekts leiten sich aus der Vision ab, einen autonomen Letzte-Meile-Dienst im ländlichen Raum zu etablieren und diesen in den ÖPNV zu integrieren (Bad Birnbach 2018):

- Etablierung eines autonomen Linienbetriebs zwischen der Rottal-Terme in Bad Birnbach und dem Stadtzentrum des Kurorts

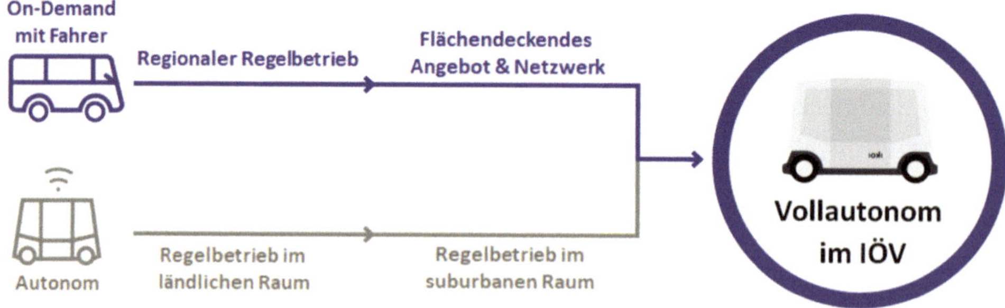

Abb. 2.2   Evolution vollautonomer Mobilitätsangebote im IÖV

Abb. 2.3 Automatisierter Shuttlebus in Bad Birnbach

- Anschluss der autonom gefahrenen Strecke an den Hochleistungs-ÖV mit Anbindung an den Bahnhof Bad Birnbach
- Forschung und Weiterentwicklung zum Thema Nutzerakzeptanz von autonomen Fahrzeugen auf öffentlicher Straße

Die erste Ausbaustufe des Projekts wurde am 25. Oktober 2017 gestartet. Die Erlaubnis zur Teilnahme am Straßenverkehr nach § 29 Abs. 3 Satz 2 StVO wurde vom Landratsamt Rottal-Inn erteilt. Die ursprüngliche Strecke führt vom Ortszentrum zur Therme des Kurorts. Zum Start des autonomen Betriebs mussten nur geringe infrastrukturelle Maßnahmen in Bad Birnbach getätigt werden. So ist beispielsweise die Streckenbreite im Bereich des Ortszentrums leicht vergrößert worden, um einen ordnungsgemäßen und flüssigen Betrieb gewährleisten zu können (Bad Birnbach 2018).

Der Hersteller und die Betreiberschaft verfolgen hierbei die Philosophie, dass Anpassungen der Infrastruktur gering ausfallen sollten, um hohe Zusatzkosten zu vermeiden. Im ersten Jahr seit der Premiere im Oktober 2017 hat das Fahrzeug mehr als 15.000 Kilometer autonom zurückgelegt und mehr als 25.000 Fahrgäste befördert (ioki 2019).

Im August 2018 folgte in der zweiten Ausbaustufe des Projekts eine Streckenerweiterung mit einer Verdopplung der gefahrenen Strecke von 700 Meter auf 1400 Meter (Deutsche Bahn 2018). Zum Set-up der neuen Strecke wurden weitere geringe infrastrukturelle Maßnahmen durchgeführt. Dies betraf beispielsweise die Installation sogenannter Lokalisierungspaneele, die der Orientierung auf dem freien Feld dienen und für die Positionsbestimmung des autonomen Busses essenziell sind.

In der zweiten Ausbaustufe wurde der Anschluss an den Hochleistungs-ÖV mit der Erschließung der Strecke zum Bahnhof Bad Birnbach umgesetzt, welcher ca. 1,8 Kilometer vom Ortszentrum entfernt ist. Die Erschließung des Bahnhofs gestaltet sich aus Projektsicht als verkehrstechnisch hoch komplex, da die Route des autonomen Kleinbusses zum

Bahnhof über eine Landstraße führt. Dies beinhaltet eine stärkere Interaktion mit anderen Verkehrsteilnehmern sowie Höchstgeschwindigkeiten von bis zu 60 km/h.

Betrieben wird der Einsatz des autonomen Kleinbusses von der DB-Tochter DB Regio Bus Ostbayern. Die Regio Bus Ostbayern stellt hierbei auch den Betriebsleiter nach der Verordnung über den Betrieb von Kraftfahrunternehmen im Personenverkehr (BOKraft), koordiniert das erforderliche Sicherheitspersonal und kümmert sich um Wartungs- sowie Reparaturarbeiten an den Kleinbussen. Die Projektorganisation und -koordination sowie die Weiterentwicklung des Projekts läuft unter der Federführung von ioki.

2.4 Technische Details des Einsatzfahrzeugs

In Bad Birnbach kommt das Fahrzeug Easymile EZ10 zum Einsatz, ein elektrisches Shuttle des Start-ups EasyMile, das Software für den Betrieb autonomer Fahrzeuge entwickelt. Die Fahrzeugplattform selbst wird vom französischen Hersteller Ligier hergestellt. Das Shuttle folgt – wie auf virtuellen Schienen – automatisiert der Route, die inklusive Haltestellen einmalig per Laserscanner in den Bordcomputer eingelesen wurde (Deutsche Bahn 2019). Insgesamt verfügt es über ein voll funktionsfähiges autonomes Fahrsystem, welches aus mehreren Sensoren besteht. Hierzu zählen insgesamt sieben LiDAR-Sensoren, GPS, Odometrie sowie Inertialsensoren (Easymile 2019).

Das EZ10 ist ein batteriebetriebenes Elektrofahrzeug (BEV), welches nicht nur leise und umweltfreundlich ist, sondern auch weder Lenkrad noch Gas- und Bremspedal besitzt. An Bord ist immer ein Fahrtbegleiter (sog. Safety Operator), der bei Bedarf ins Fahrgeschehen eingreift, beispielsweise durch das Auslösen eines sofortigen Stopps oder das manuelle Umfahren von Hindernissen per Joystick (Deutsche Bahn 2019).

Der Antriebsstrang des Fahrzeugs basiert auf einer 48-Volt-Bordarchitektur. Die Kapazität der eingebauten Lithium-Ionen-Batterien erlaubt eine maximale Einsatzdauer von 14 Stunden (Easymile 2019). Die Geschwindigkeit des autonomen Kleinbusses ist bisher auf maximal 15 Stundenkilometer begrenzt. Dank einer zusätzlichen Rampe können auch mobilitätseingeschränkte Personen oder Fahrgäste mit Kinderwagen problemlos ein- und aussteigen (Bad Birnbach 2018).

Sicherheit im autonomen Betrieb steht für alle Beteiligten des Projekts an oberster Stelle. So wurden durch den Projektpartner TÜV Süd, der auf dem Gebiet des autonomen Fahrens umfassende Expertise besitzt, umfangreiche Tests am Fahrzeug durchgeführt. Hierbei wurden die Fahreigenschaften des Fahrzeugs in dynamischen Tests sowie das Sicherheits- und Betriebskonzept des Busses begutachtet und geprüft (Heise 2018; Deutsche Bahn 2018).

Als erstes Unternehmen mit einer Zulassung für einen autonomen Verkehr im öffentlichen Raum setzt ioki alles daran, auch zukünftig mit großen Schritten voranzugehen. Derzeit gibt es noch keine standardisierten Verfahren zur Zulassung autonomer Verkehrsangebote (Heise 2018). Aus diesem Grund arbeitet ein interdisziplinäres Team aus IT- und Verkehrsexperten sowie Softwareexperten und -entwicklern gemeinsam mit Partnern aus

Industrie, Wissenschaft und Politik an der Weiterentwicklung dieser Fahrzeugsysteme sowie an den regulatorischen Grundlagen zur Einführung eines fahrerlosen On-Demand-Mobilitätskonzepts.

2.5 Lerneffekte des autonomen Betriebs sowie Ausblick auf zukünftige Projekte

Aus dem derzeit 14-monatigen Einsatz (Stand: Dezember 2018) konnten vielfältige Erfahrungen bezüglich der Handhabung des technischen Systems sowie der Nutzerakzeptanz des autonomen Fahrzeugs gewonnen werden, insbesondere in Bezug auf die Akzeptanz älterer Nutzergruppen auf dem Land. Dem verkehrlichen Nutzen solcher Systeme kommt hier eine besondere Bedeutung zu. Die gewonnenen Erkenntnisse dienen hierbei als Indikator der Veränderung der Mobilitätsbedürfnisse künftiger Kundengruppen und sind damit von großem Wert für die Weiterentwicklung von preisgünstigen und gleichzeitig flexiblen Verkehrsmitteln im Zeitalter der Digitalisierung.

In weiteren Projekten zur Überprüfung der Marktfähigkeit von autonomen Mobilitätskonzepten soll die Nutzerakzeptanz nicht nur auf dem Land sondern auch in der Stadt überprüft werden. Zudem sollen komplexere Verkehrsszenarien ausgewählt werden, um die Betriebsstabilität auch unter erschwerten Bedingungen zu testen. Nicht zuletzt soll in zukünftigen autonomen Projekten auch der Anschluss an die On-Demand-Ridepooling-Plattform von ioki realisiert werden.

Literatur

acatech Studie (2016) Neue autoMobilität. Automatisierter Straßenverkehr der Zukunft. URL (22.03.2019) https://www.acatech.de/Publikation/neue-automobilitaet-automatisierter-strassen-verkehr-der-zukunft/

ADAC (2017) Die Evolution der Mobilität. Eine Studie des Zukunftsinstituts im Auftrag des ADAC. URL (22.03.2019) https://www.zukunftsinstitut.de/fileadmin/user_upload/Publikationen/Auftragsstudien/ADAC_Mobilitaet2040_Zukunftsinstitut.pdf

Bad Birnbach (2018) Erster autonomer Bus in Deutschland. URL (26.03.2019) https://www.bad-birnbach.de/presse/erster-autonomer-bus-in-deutschland

Berylls Strategy Advisors (2017) The Revolution of Urban Mobility. Studie zur urbanen Mobilität. URL (22.03.2019) https://www.berylls.com/wp-content/uploads/2018/01/20171216_Studie_Mobilitaet.pdf

Buffat M, Sommer H, Amacher M, Mohagheghi R, Beckmann J, Brügger A (2018) Individualisierung des ÖV-Angebots. Analyse der Auswirkungen der Individualisierung und weiterer angebots- und nachfragerelevanter Trends auf die zukünftige Ausgestaltung des ÖV-Angebots, Eidgenössisches Departement für Umwelt, Verkehr, Energie und Kommunikation UVEK

Conrad J (2016) Nachhaltige Mobilität im ländlichen Raum. Status quo und Entwicklungspotentiale bereits verfolgter Projekte in der Modellregion Schwarzwald-Baar-Heuberg, Global Studies Working Papers Institute of Geography, 34/2016, Eberhard Karls Universität Tübingen

Deutsche Bahn (2019) Erstes autonomes Fahrzeug auf öffentlichen Straßen. URL (26.03.2019) https://www.deutschebahn.com/de/Digitalisierung/Smart-Mobility/Erstes-autonomes-Fahrzeug-auf-oeffentlichen-Strassen-3244104

Deutsche Bahn (2018) Faktenblatt Erste Autonome Buslinie Deutschlands. URL (26.03.2019) https://www.deutschebahn.com/resource/blob/259942/a0f34a180b5e6a0898d38c3eaff32570/Faktenblatt-autonomer-Bus-data.pdf

Easymile (2019) EZ10 Autonomous Easymile Shuttle, URL (26.03.2019) https://easymile.com/solutions-easymile/ez10-autonomous-shuttle-easymile/

Heise A (2018) Pionierarbeit Hochautomatisiert fahrende Shuttles sind mittlerweile Realität – doch welche technischen Kriterien müssen sie erfüllen? TÜV Bus-Report 2018, Beilage zur Omnibusrevue 10/18, 10–11. URL (26.03.2019) https://www.omnibusrevue.de/fm/3333/OR%2010%20 2018_T%C3%9CV%20Bus-Report.21917732.pdf

Herget M, Hunsicker F, Koch J, Chlond B, Minster C, Soylu T (2018) Ökologische und ökonomische Potenziale von Mobilitätskonzepten in Klein- und Mittelzentren sowie dem ländlichen Raum vor dem Hintergrund des demographischen Wandels

Horn B, Kiel T, von Lojewski H (2018) Nachhaltige städtische Mobilität für alle. Agenda für eine Verkehrswende aus kommunaler Sicht. Positionspapier des Deutschen Städtetages

Hunsicker F, Knie A, Lobenberg G, Lohrmann D, Meier U, Nordhoff S, Pfeiffer S (2017) Pilotbetrieb mit autonomen Shuttles auf dem Berliner EUREF-Campus, Internationales Verkehrswesen (69) 3, 56–59

ioki (2019): Autonomes Fahren. URL (26.03.2019) https://ioki.com/autonomes-fahren/

Münchner Kreis (2017) Mobilität. Erfüllung. System. Zur Zukunft der Mobilität 2025+. URL (22.03.2019) https://www.muenchner-kreis.de/download/zukunftsstudie7.pdf

Pavone M (2015) Autonomous Mobility-on-Demand Systems for Future Urban Mobility. In: Maurer M, Gerdes C, Lenz B, Winner H (Hrsg) Autonomes Fahren. Technische, rechtliche und gesellschaftliche Aspekte. Berlin/Heidelberg, S 399–416

Schaller B (2017) Unsustainable? The Growth of App-Based Ride Services and Traffic, Travel and the Future of New York City, Schaller Consulting. URL (22.03.2019) http://schallerconsult.com/rideservices/unsustainable.pdf

VDV Das Magazin (2017) Titelstory: Autonomes Fahren als Zukunftsfrage. Ausgabe 01/2017. URL (22.03.2019) https://www.vdv-dasmagazin.de/story_01_2017-02-23_10-05-41.aspx

Teil II

Teilaspekt: Verkehrsplanung

Anja Baniewicz und Christian Neff

Der öffentliche Personennahverkehr (ÖPNV) befindet sich derzeit in einem starken Wandel, der bestimmt wird durch Schlagworte wie Mobilität 4.0, Digitalisierung oder eben auch Autonomer ÖPNV. Das nachfolgende Kapitel behandelt die Frage, ob die Integration eines autonomen Shuttlebusses in die Angebotsstruktur des ÖPNV im ländlichen Raum dazu beitragen kann, die Mobilitätsoptionen der dortigen Bevölkerung sinnvoll zu erweitern. Die Autoren nehmen dabei die Sicht des ÖPNV-Kunden im ländlichen Raum ein und legen dar, inwieweit die Einführung und der Betrieb eines autonomen Shuttlebusses dazu beitragen, dass Mobilität im ländlichen Raum stärker resp. auf andere Weise wahrgenommen wird. Da Mobilitätswahrnehmung stets individuell geschieht, versuchen die Autoren, Indikatoren auf Grundlage zweier Haushaltsbefragungen zu konstruieren, die Aussagen über eine veränderte Mobilitätswahrnehmung ermöglichen.

3.1 Mobilitätswahrnehmung im ländlichen Raum

Die Auswirkungen des demografischen Wandels auf ländliche Regionen lassen sich bereits seit mehreren Jahren beobachten: Die Abnahme der Bevölkerung aufgrund von Migration in wirtschaftsstarke Regionen führt in vielen ländlichen Räumen zu einer Überalterung der Bevölkerung (BMEL 2016, S. 10). Der Bevölkerungsschwund wird in ländlichen Regionen dementsprechend von einer erhöhten Altersstruktur und einer Abnahme wohnortnaher Versorgungseinrichtungen begleitet. Vor diesem Hintergrund sind der Zugang zu Mobilität und deren Erhalt in ländlichen Räumen entscheidende Faktoren für die Lebensqualität und tragen somit dazu bei, dass ländliche Räume auch zukünftig als attraktive

A. Baniewicz · C. Neff (✉)
DB Regio Bus Region Bayern, Ingolstadt, Deutschland
E-Mail: anja.baniewicz@deutschebahn.com; christian.neff@deutschebahn.com

© Der/die Herausgeber bzw. der/die Autor(en) 2020
A. Riener et al. (Hrsg.), *Autonome Shuttlebusse im ÖPNV*,
https://doi.org/10.1007/978-3-662-59406-3_3

Wohn-, Lebens- und Erholungsräume wahrgenommen werden. Die Möglichkeit, mobil zu sein, stellt gerade im ländlichen Raum eine zentrale Voraussetzung dar, um am gesellschaftlichen Leben teilnehmen zu können sowie Zugang zu Arbeitsplätzen und Dienstleistungen der täglichen Versorgung oder des Gesundheitswesens zu haben. Auf der anderen Seite führt die demografische Entwicklung auch dazu, dass viele Senioren bis ins hohe Alter mobil bleiben, indem sie den eigenen Pkw nutzen. Diese individuelle Mobilität wird noch durch weitere alternative Formen der Mobilität, wie bspw. Mitnahme-Verkehre von Familienmitgliedern, Nachbarn, Freunden, etc. ergänzt, sodass in vielen ländlichen Räumen eine Grundversorgung durch individuelle Mobilität gewährleistet wird.

Im Bereich des öffentlichen Verkehrs existieren ebenfalls gute Alternativen zu den starren und konventionellen (Bus-)Linienverkehren, die jedoch, anders als in urbanen Räumen, selten als tatsächliche Alternativen zu einer individuellen Mobilität wahrgenommen werden. Dies mag an mangelnder Sichtbarkeit resp. Zugänglichkeit oder an jahrelang aufgebauten Vorbehalten gegenüber dem öffentlichen Personennahverkehr (ÖPNV) begründet sein. Denn der ÖPNV in seiner konventionellen, liniengebundenen Form hat im ländlichen Raum mit pluralistischen Herausforderungen zu kämpfen: Einrichtungen der Daseinsvorsorge, wie bspw. Schulen, Einkaufsmöglichkeiten, Haus- und Fachärzte, konzentrieren sich oftmals nur in Orten einer höheren Zentralitätsstufe. Additiv hierzu existieren weitere, nicht zentralisierte Ziele, die seitens des ÖPNV bedient werden, wie bspw. Freizeitziele, abseits gelegene Industriegebiete oder größere Arbeitgeber. Die disperse Siedlungsstruktur im ländlichen Raum führt dazu, dass den zentralen Zielen von Mobilität eine Vielzahl an verstreuten Quellgebieten gegenübersteht. Die Problematik des ÖPNV resultiert daraus, dass er „anders als in großen Städten [...] kein Gegengewicht zum übordenden motorisierten Individualverkehr (MIV) bildet, sondern vorrangig ein Instrument der Daseinsvorsorge ist" (Kirchhoff und Tsakarestos 2007, S. 1). Dementsprechend muss er die Diskrepanz zwischen Angebot (zentralisierte Ziele) und Nachfrage (Siedlungsgebiete als Quelle von Mobilität) überbrücken. Die Wechselwirkung zwischen „abnehmender Siedlungsdichte und dem Rückzug von Einrichtungen der Daseinsvorsorge aus der Fläche führt zu einer Vergrößerung der Entfernung, die die Einwohner ländlicher Räume [...] überwinden müssen" (Brenck et al. 2016, S. 20). Diese Divergenz erschwert die Generierung eines ÖPNV-Angebots, das alle Mobilitätswünsche gleichermaßen berücksichtigt. Insbesondere die abnehmende Siedlungsdichte hat letzten Endes die Konsequenz, dass innerhalb der Einzugsbereiche immer weniger potenzielle Fahrgäste wohnen.

Gleichermaßen trifft es zu, dass ein ÖPNV-Angebot noch so gut und passend auf die Mobilitätsbedürfnisse von Einwohnern einer ländlichen Region abgestimmt sein kann, entscheidend ist, wie dieses Angebot von der Bevölkerung wahrgenommen wird. Hierbei spielt bspw. die Gewohnheit eine große Rolle: Fährt man bereits seit Jahren mit dem eigenen Pkw, der für viele Einwohner ländlicher Räume die einzige und verlässlichste Mobilitätsoption darstellt, nimmt man zusätzliche Mobilitätsangebote kaum wahr resp. interessiert sich möglicherweise nicht dafür. Ähnlich verhält es sich mit der Nutzung eines ÖPNV-Angebots im ländlichen Raum. Die tatsächliche Auseinandersetzung mit der eigenen Mobilität findet so gut wie nicht statt, da das Mobilitätsverhalten von Gewohnheiten bestimmt wird. Lediglich bei Verspätungen, Unpünktlichkeit oder sonstigen Prozessen, die den reibungslosen Ablauf von Mobilität stören, wird über Mobilität nachgedacht und diese möglicherweise anders wahrgenommen.

Das Ziel des vorliegenden Beitrages ist es, die Mobilitätswahrnehmung der Bevölkerung eines ländlich geprägten Gebiets darzustellen. Um die Einstellung und Wahrnehmung der Einwohner hinsichtlich des ÖPNV und der Mobilität im Allgemeinen abzufragen, wurden 2015 alle Haushalte in der Gemeinde Bad Birnbach angeschrieben. Ziel dieser Befragung war es, aus den Mobilitätsbedürfnissen der Bevölkerung ein ÖPNV-Konzept zu erarbeiten. In diesem Zusammenhang wurden 2015 ebenfalls alle Beherbergungsbetriebe in Bad Birnbach mit der Bitte angeschrieben, Aussagen über das Mobilitätsverhalten von Touristen vor Ort zu treffen. Beide Erhebungen wurden dazu benutzt, ein Mobilitätskonzept zu entwickeln, welches mit der Einführung des Rufbussystems 2016 realisiert wurde. Unabhängig davon wurde 2017 der autonome Shuttlebus in Bad Birnbach eingeführt. Um Unterschiede in der Mobilitätswahrnehmung und dem Mobilitätsverhalten von Bevölkerung und Touristen festzustellen, kam es 2018 erneut zu einer Befragung der Haushalte und Beherbergungsbetriebe. Unter Zuhilfenahme diverser Indikatoren, wie bspw. der „Bekanntheit der Verkehrsgemeinschaft Rottal-Inn" oder dem „Rücklauf resp. der Teilnahme an der Befragung", kann aus den beiden Erhebungen abgeleitet werden, inwieweit die Realisierung eines autonomen Shuttlebusses zu einer verbesserten Wahrnehmung des ÖPNV-Angebots beiträgt.

3.2 Mobilitätsverhalten in ländlichen Räumen

3.2.1 Erläuterung zentraler Mobilitätsbegriffe

Mobilität im Allgemeinen bedeutet „Beweglichkeit von Personen, allgemein und als Möglichkeit" (Becker et al. 1999, S. 71). Potenzielle Mobilität bezeichnet somit die Möglichkeit, sich bewegen zu können. Wohingegen realisierte Mobilität (=Verkehr) als eine „realisierte Beweglichkeit, [zur] Befriedigung von Bedürfnissen durch Raumveränderung" (Becker et al. 1999, S. 71) interpretiert werden kann. Entgegen der räumlichen Mobilität, die oftmals als Wanderungsbewegung ausgelegt wird, bezeichnet Mobilität in dem Kontext des vorliegenden Artikels die alltägliche Mobilität, die mit einem Verkehrsmittel erbracht wird. Verkehr ist somit „die Ortsveränderung von Objekten (z. B. Güter, Personen, Nachrichten) in einem definierten System" (Ammoser und Hoppe 2006, S. 21).

In diesem Zusammenhang spielt das Mobilitätsverhalten der Bevölkerung eine große Rolle. An diesem Faktor kann abgelesen werden, wie Menschen ihre eigene Mobilität wahrnehmen und tatsächliche Mobilität zum Ausdruck bringen. Das Mobilitätsverhalten „hat direkte und indirekte Auswirkungen auf das Verkehrswesen, z. B. in Form des Verhaltens der Teilnehmer am Verkehr [… oder das] Nutzungsverhalten der Verkehrsteilnehmer bezüglich der ihnen zur Verfügung stehenden Verkehrsmittel" (Ammoser und Hoppe 2006, S. 11). Das Mobilitätsverhalten spiegelt sich in unterschiedlichen Faktoren wider:

Als plakativer Ausdruck des Mobilitätsverhaltens kann der Modal Split appliziert werden. Je nach Untersuchungsraum stellt dieser dar, welche Verkehrsmittel von den Verkehrsteilnehmern in einem bestimmten Zeitraum (bspw. innerhalb des letzten Jahres) oder zu einem bestimmten Zweck (bspw. zum Einkauf) genutzt wurden. Oftmals wird der Modal Split herangezogen, um zu belegen, wie nachhaltig sich eine Bevölkerungsgruppe bewegt (z. B. Wie hoch ist der Anteil der nachhaltigen Verkehre, wie Bahn, Bus, Rad und Fuß, am Gesamtverkehr?).

Einen entscheidenden Einfluss auf das Mobilitätsverhalten der Bevölkerung eines Raums hat die individuelle Einstellung zur Mobilität. Häufig wird bspw. aufgrund politischer oder ökologischer Werte auf die Nutzung eines eigenen Pkw verzichtet. Entsprechend der individuellen Überzeugung zur Mobilität und dem daraus resultierenden Verkehrsverhalten, bildet sich eine gewisse Art von Mobilitätswahrnehmung heraus, die für jeden Menschen unterschiedlich sein kann, auch wenn derselbe Weg zurückgelegt wird. Um Mobilitätswahrnehmung messen zu können, bedarf es unterschiedlicher Zugangsweisen zu der Vorstellung, inwieweit Mobilität bspw. passiv oder aktiv wahrgenommen wird. Die aktive Wahrnehmung von Mobilität betrifft den Verkehrsteilnehmer ganz unmittelbar und ohne dazwischen geschaltete Instanzen. Alleine durch die Teilnahme am Verkehr, sei es zu Fuß, per Pkw, Bus, Bahn oder Fahrrad, erfährt man Mobilität und nimmt diese direkt wahr. Hierdurch entstehen Emotionen, die mit Mobilität verknüpft werden. Bspw. nimmt man das Verkehrsmittel Bahn meistens dadurch wahr, dass die Nutzung dieses Verkehrsmittels des Öfteren mit verspäteten Ankünften am Zielort assoziiert und dementsprechend mit einer negativen Empfindung belegt wird. Demgegenüber steht die passive Wahrnehmung von Mobilität. Diese basiert zumeist auf Erzählungen oder Berichten Dritter. Neben Freunden und Familienmitgliedern sind insbesondere die Informationsmedien für unsere Wahrnehmung von Mobilität verantwortlich. Negative, wie auch positive, Berichterstattung über die Entwicklung des Fahrpreises im ÖPNV, die Verstopfung unserer Straßen durch zu viele Pkw oder auch über neue Formen der Mobilität prägen unsere Wahrnehmung von Verkehr und Mobilität, ohne dass wir aktiv an dieser teilhaben. Der vorliegende Beitrag definiert die Wahrnehmung von Mobilität etwas eingeschränkter. Der Fokus liegt insbesondere auf der Wahrnehmung und Nutzung des ÖPNV. Es soll erörtert werden, warum Einwohner ländlicher Räume den ÖPNV anders wahrnehmen als Bewohner eines urbanen Umfelds, bei denen der ÖPNV so selbstverständlich zur Mobilität dazu gehört wie der Pkw. Trotz der Beschränkung auf die Verkehrsmittel des ÖPNV wird die Wahrnehmung möglichst aller Verkehrsteilnehmer dargestellt, unabhängig davon, welches Verkehrsmittel von diesen genutzt wird.

Um grundsätzlich einen umfassenden Überblick über die Mobilitätswahrnehmung innerhalb eines Raumes zu erhalten, ist daher die direkte Nachfrage bei den Mobilitätsteilnehmern von entscheidender Bedeutung. Alleine aus der Interpretation des Modal Splits kann die Wahrnehmung nicht abgeleitet werden. Um die Wahrnehmung von Mobilität daher in der Gemeinde Bad Birnbach zu erheben, wurden zwei zeitlich versetzte Haushaltsbefragungen durchgeführt. Neben der Dokumentation ihrer aktiven Mobilität, in Form von Wegetagebüchern, wurden die Einwohner Bad Birnbachs darum gebeten,

Fragen zum ÖPNV in Bad Birnbach zu beantworten, aus welchen sich Rückschlüsse auf die Wahrnehmung des ÖPNV in Bad Birnbach ziehen lassen. Ebenso sollten Beherbergungsbetriebe Auskunft über das Mobilitätsverhalten von Touristen geben.

3.2.2 Neue Mobilitätsformen

Wie es die Bezeichnung bereits vermuten lässt, ist der Mobilitätsmarkt ein Markt, der ständig in Bewegung ist. Eine Vielzahl technischer Neuerungen, zusammengefasst unter dem Begriff der Fahrassistenzsysteme, trägt bereits heutzutage zur Verkehrssicherheit bei und unterstützt den Fahrer im MIV bei der Durchführung seines Mobilitätsbedürfnisses. Neben fahrzeuginternen Neuerungen können ebenfalls Innovationen im Bereich der Antriebstechnik als neue Formen der Mobilität angesehen werden. In diesem Zusammenhang ist v. a. die E-Mobilität zu nennen, die auf konventionelle Antriebsarten (Diesel und Benzin) verzichtet. Eine flächenhafte Abdeckung mit E-Mobilität ist jedoch noch lange nicht in Sicht, da insbesondere die Ladeinfrastruktur noch weiter ausgebaut werden muss.

Viele Jahre galt der ÖPNV im ländlichen Raum als die einzige ernsthafte Alternative zum MIV. Dies ist auch in weiten Teilen ländlicher Räume noch heute so. Jedoch hat auch der ÖPNV in seiner konventionellen Form immer mehr mit Schwierigkeiten zu kämpfen, insbesondere wenn der Faktor Wirtschaftlichkeit betrachtet wird. Denn die abnehmende Bündelungsfähigkeit des ÖPNV in seiner konventionellen Form bewirkt einen zunehmend defizitären Betrieb. Wenn die Mobilitätsnachfrage über den ÖPNV im ländlichen Raum zu wirtschaftlichen Konditionen für Verkehrsunternehmen gedeckt werden soll, ist eine entsprechende Auslastung der Fahrzeuge erforderlich, sodass die Kosten durch Fahrgeldeinnahmen gedeckt werden können. Um jedoch hohe Auslastungsgrade zu erzielen, müssen aufgrund der geringen Bevölkerungsdichte viele Haltestellen angefahren und weite Distanzen zurückgelegt werden. Dies führt wiederum zu langen Reisezeiten, die zum einen die laufabhängigen Betriebskosten erhöhen und zum anderen die Attraktivität für die Fahrgäste senken. Denn der Zeitvorteil des MIV wird umso größer, je mehr die ÖPNV-Verbindung aufgrund des Einsammelns der Fahrgäste in der Fläche von der direkten Verbindung zwischen Quelle und Ziel abweicht.

Eine Bündelung der Verkehrsnachfrage im ÖPNV wird zudem durch die räumliche und zeitliche Diversifizierung der Fahrtwünsche erschwert: Nicht alle Verkehrsströme finden ausgerichtet auf einen zentralen Ort hin statt, sondern möglicherweise müssen verschiedene Orte für verschiedene Erledigungen aufgesucht werden. Darüber hinaus besteht aufgrund unterschiedlicher Öffnungs- und Arbeitszeiten oder individueller Vorlieben der Wunsch nach zeitlich flexibler Mobilität. Eine Bündelung der vielfältigen Mobilitätsbedürfnisse kann bspw. durch ein „abgestuftes Mobilitätskonzept mit Linienverkehren auf den Hauptrelationen und geeigneten Zubringerangeboten für die flächenhafte Erschließung" (BMVI 2013, S. 18) erreicht werden.

Eine gute Bündelungsfähigkeit lässt sich für den Bereich des Schülerverkehrs konstatieren, zumal Schüler „[i]n der Regel […] in nachfrageschwachen ländlichen Räumen […] keine Alternative bei der Verkehrsmittelwahl" (BMVBS 2009, S. 52) besitzen. Daher ist das ÖPNV-Angebot im ländlichen Raum sehr stark auf den Schülerverkehr ausgerichtet. Die auf die Schüler ausgelegten Linienverkehre sind somit das Rückgrat des ÖPNV-Angebots im ländlichen Raum, allerdings ein „zunehmend schwaches Rückgrat in Anbetracht sinkender Schülerzahlen und abweichender Bedürfnisse der übrigen ÖPNV-Nutzer" (Mante 2009, S. 11).

Der Schülerverkehr repräsentiert auch stets ein gewisses Grundangebot für potenzielle weitere Fahrgäste – jedoch mit zeitlich und räumlich sehr starken Restriktionen. Ergänzend hierzu existieren dort, wo ausreichend Nachfrage besteht, weitere ÖPNV-Angebote, die entweder im Linienverkehr oder bedarfsorientiert über Rufbusse, Anruf-Sammel-Taxen o. ä. bedient werden (BMVBS 2009, S. 29 ff.).

Der zu beobachtende Niedergang des ÖPNV im ländlichen Raum zwingt die Bevölkerung dazu, sich Alternativen zum einen zum ÖPNV und zum anderen zum eigenen Pkw zu suchen, insofern dies im ländlichen Raum überhaupt möglich ist. Dementsprechend muss das klassische Angebot von „Bussen und Bahnen [um weitere Mobilitätsoptionen, wie] Car-Sharing, Taxen, Fahrradverleihsysteme und andere Dienstleistungen" (Ackermann 2013, S. 3) erweitert werden. Daher tragen neue Formen der Mobilität zu einer Verbreiterung des Angebotsspektrums bei und können bspw. dabei helfen, die Letzte Meile zwischen einer Haltestelle und dem Zielpunkt des Mobilitätsbedürfnisses zu schließen.

Eine mögliche Lösung zur Behebung dieser Problematik ist die flächenhafte Umsetzung des Sharing-Gedankens. Dabei wird „Car-Sharing […] als eine organisierte Form der gemeinsamen Nutzung eines oder mehrerer Autos durch mehrere Nutzer verstanden. Sie setzt die Mitgliedschaft in einem Verein oder einer Genossenschaft oder den Abschluss eines Nutzungsvertrages […] voraus. [Der Anbieter] erhält für seine Dienstleistungen Entgelte von den Nutzern" (Loose et al. 2004, S. 19). Bisherige Feldversuche mit Car-Sharing-Angeboten im ländlichen Raum zeigen jedoch noch nicht die gewünschten Effekte (Verringerung des MIV-Anteils und Etablierung des Sharing-Gedankens auch im ländlichen Raum). Dementsprechend stellt die Nutzung eines Car-Sharing-Angebots derzeit noch keine wirkliche Alternative dar.

Eine in den letzten Jahren immer wieder diskutierte Ergänzung des Mobilitätsangebots wird durch das Schlagwort autonomer Shuttleverkehr beschrieben. Die Vorteile, den konventionellen ÖPNV mit automatisierten Angeboten zu ergänzen, liegen auf der Hand: Neben der spürbaren Reduzierung laufabhängiger Kosten (durch Einsparung des Fahrpersonals) eignen sich autonome Shuttlebusse insbesondere für die Schließung der Ersten/Letzten Meile. Alleine die Größe eines autonomen Shuttlebusses eröffnet neue Möglichkeiten, die von konventionellen Bussen nicht umgesetzt werden können. Die Fahrt in einen engen Ortskern gestaltet sich bspw. mit einem großen Bus weitaus schwieriger, als mit einem autonomen Shuttlebus. Gleichermaßen von Vorteil ist die Tatsache, dass ein autonomer Shuttlebus quasi keine Pausen benötigt. Außer in der Zeit, in der der autonome Shuttlebus aufgeladen wird, ist ein durchgängiger Betrieb ohne Verzögerungen möglich.

Somit kann der Einsatz eines autonomen Shuttlebusses ganz anders geplant und realisiert werden. Die Ergänzung des ÖPNV-Angebots um autonom agierende Busse bildet derzeit den Höhepunkt der technischen Entwicklung im ÖPNV-Sektor.

Es steht außer Frage, dass die Einführung des autonomen Shuttlebusses in Bad Birnbach zu einer erhöhten Mobilitätswahrnehmung der dortigen Bevölkerung geführt hat. Alleine durch die umfassende Berichterstattung in lokalen und regionalen Medien ist kein Einwohner darum herumgekommen, sich mit dem Thema Mobilität in irgendeiner Art und Weise auseinanderzusetzen. Inwieweit die Einführung eines autonomen Shuttlebusses tatsächlich dazu beiträgt, dass sich Menschen wieder mehr mit ihrer eigenen Mobilität auseinandersetzen, soll nun im Folgenden erörtert werden.

3.3 Mobilität im Landkreis Rottal-Inn

Der Landkreis Rottal-Inn ist in insgesamt 31 Gemeinden aufgeteilt. Rund 117.000 Menschen leben in dem im Süden des Regierungsbezirks Niederbayern gelegenen Landkreis, der als Tourismusregion vor allem bei Wanderern, Radfahrern und Naturliebhabern bekannt ist. Als das „ländliche Bad" (Rottal-Inn 2019, k. A.), ist Bad Birnbach der Hauptanziehungsort für Touristen aus Deutschland und dem Ausland. Aus Sicht der Raumordnung weisen die Gemeinden Simbach a. Inn und Pfarrkirchen eine mittelzentrale Versorgungsfunktion für ihren Einzugsbereich auf. Daneben sind mit insgesamt acht Kleinzentren und zwei Unterzentren die Versorgungsräume über den gesamten Landkreis – einer der „streusiedlungsreichsten Landkreise Deutschlands" (Rottal-Inn 2019, k. A.) – verteilt (Regierung von Niederbayern 2008, S. 3 f.). Trotz der hohen Zersiedlung verzeichnet der Landkreis Rottal-Inn insgesamt ein positives Wanderungssaldo.

Durch den Landkreis verlaufen zwei Bahnlinien. Die sogenannte Rottalbahn bietet den Gemeinden Massing, Eggenfelden, Hebertsfelden, Pfarrkirchen, Anzenkirchen und Bad Birnbach Anschluss nach Mühldorf und Passau. Die Gemeinde Simbach ist durch eine weitere Bahnlinie an Mühldorf angebunden. Seit September 1997 besteht im Landkreis durch den Zusammenschluss von acht Verkehrsunternehmen die Verkehrsgemeinschaft Rottal-Inn (VGRI). Die gemeinsame Verwaltung ermöglicht ein einheitliches Tarifangebot und die gegenseitige Anerkennung der Fahrausweise in allen Bussen der VGRI und der Bahn innerhalb des Landkreises.

In Bad Birnbach, der Gemeinde, die im Fokus der Betrachtung des vorliegenden Beitrags liegt, leben etwa 5700 Menschen (Bayerisches Landesamt für Statistik 2019). Die im Osten des Landkreises gelegene Gemeinde ist in insgesamt 85 Ortsteile gegliedert und verzeichnet seit vielen Jahren ein kontinuierliches Bevölkerungswachstum (ebd.). Die Mobilität in der Gemeinde ist vor allem durch den MIV geprägt. Etwa 30 Buslinien verbinden die Gemeinden des Landkreises. Auf das öffentliche Nahverkehrsangebot wird in Abschn. 4.2 genauer eingegangen (vgl. Kap. 4, Jürgens). Seit dem 9. April 2018 verkehrt zusätzlich zum klassischen Busverkehr auch der Ruf Bus Rottal-Inn (RuBi) im Landkreis. Insgesamt vier Rufbus-Linien ergänzen das Mobilitätsangebot in den Gemeinden

Dietersburg, Egglham, Bad Birnbach, Bayerbach und Triftern. Der Bedarfsbus fährt nur nach vorheriger telefonischer Anmeldung (VGRI-Geschäftsstelle – RBO Niederlassung Süd 2019).

3.4 Vergleich der Erhebungen der Jahre 2015 und 2018

Im Rahmen eines Mobilitätskonzeptes für den Landkreis Rottal-Inn wurde Ende des Jahres 2015 eine Befragung aller Haushalte und Beherbergungsbetriebe in der Gemeinde Bad Birnbach durchgeführt mit dem Ziel, ein flexibles, an den Bedarf der Bürgerinnen und Bürger angepasstes Verkehrskonzept zu erarbeiten. Die Haushalte und Beherbergungsbetriebe erhielten per Post einen zweiseitigen Fragebogen inklusive frankiertem Rückumschlag, in dem sie ihre häufigsten Wege sowie weitere Informationen zu Ihrem Mobilitätsverhalten angeben konnten. Die Daten wurden im Anschluss erfasst und ausgewertet. Im Rahmen der Begleitforschung zum autonomen Shuttlebus in Bad Birnbach haben 2018 erneut Haushalts- und Beherbergungsbetriebsbefragungen stattgefunden. Die Kontaktaufnahme und der Rückversand erfolgten auf gleiche Weise. Um eine Vergleichbarkeit der Aussagen zu ermöglichen, stimmen die Fragebögen von 2015 und 2018 größtenteils hinsichtlich des Aufbaus und der Formulierung der Fragen überein. Unterschiede bestehen vor allem im Hinblick auf die beteiligten Projektpartner und die Intention der Projekte, in deren Rahmen die Befragungen erfolgt sind. Im Jahr 2015 wurden die Bürgerinnen und Bürger sowie die Touristen und Beherbergungsbetriebe mit dem Ziel befragt, ein angepasstes, bedarfsorientiertes, flexibles und an die Mobilitätsbedürfnisse der Landkreisbevölkerung angepasstes Mobilitätsangebot zu konzipieren und umzusetzen. Die Befragung wurde von der Gemeinde Bad Birnbach in Zusammenarbeit mit der Regionalbus Ostbayern GmbH durchgeführt. Im Rahmen des Forschungsprojektes im Jahr 2018 waren mehrere Projektpartner an der Konzeption und Durchführung der Befragung beteiligt. Mit und neben der Unterstützung der Gemeinde, waren die Universität Würzburg (Kap. 9, Rauh et al.), die Technische Hochschule Ingolstadt (Kap. 6 und 7, Wintersberger et al.) und die DB Regio Bus, Region Bayern an der Konzeption, Durchführung und Auswertung der Befragung beteiligt. Die Vielfalt an Fragestellungen der einzelnen Projektpartner führte zu einem größeren Umfang des Fragebogens im Jahr 2018. Neben Fragen zur Veränderung des Mobilitätsverhaltens, lag der Fokus der Befragung auch auf der Nutzung und Akzeptanz des autonomen Shuttles.

Im Zeitraum zwischen den beiden Erhebungsphasen erfolgten zwei Entwicklungen im Bereich Mobilität in Bad Birnbach, die an dieser Stelle nochmals hervorzuheben sind: Zum einen verkehrt seit Oktober 2017 zwischen dem Marktplatz und der Rottal-Terme in Bad Birnbach der autonome Shuttlebus. Zum anderen wurde im Anschluss an das bereits thematisierte Mobilitätskonzept des Landkreises ein Rufbussystem eingeführt. Die Veränderungen, auf die im nachfolgenden Kapitel eingegangen wird, können somit nicht immer klar einem der beiden Ereignisse bzw. allgemeinen Entwicklungstrends zugeschrieben werden, sondern stellen Folgewirkungen der ganzheitlichen Weiterentwicklung der

Tab. 3.1 Vergleich der Befragungen 2015 und 2018. (Quelle: eigene Darstellung)

	2015	2018
Haushaltsbefragung		
Untersuchungsgebiet	Bad Birnbach	Bad Birnbach
Rücklauf (in %)	7,6 %	12,9 %
Rücklauf (absolut)	235	396
Befragungszeitraum	Oktober 2015	Juli/August 2018
Befragung Beherbergungsbetriebe		
Untersuchungsgebiet	Bad Birnbach	Bad Birnbach
Rücklauf (in %)	14,9 %	44,9 %
Rücklauf (absolut)	27	31
Befragungszeitraum	Juli/August 2015	Oktober 2018

Mobilität in Bad Birnbach in diesem Zeitraum dar. In Tab. 3.1 werden zunächst die Befragungen von 2015 und 2018 hinsichtlich einiger statistischer Kennwerte zu Rücklauf und Zeitraum zusammenfassend gegenübergestellt.

3.5 Veränderungen in der Mobilitätswahrnehmung

Für die Analyse der Veränderungen im Mobilitätsverhalten und in der Wahrnehmung des Mobilitätsangebotes werden in der vorliegenden Arbeit drei Indikatoren herangezogen: Die Veränderung der Wahrnehmung kann einerseits durch eine Steigerung der Bekanntheit der ansässigen Verkehrsgemeinschaft VGRI gemessen werden. Auch die Einschätzung der Entfernung zur nächstgelegenen Bushaltestelle stellt einen Faktor dar, der Rückschlüsse auf die Wahrnehmung des Mobilitätsangebotes geben kann. Daneben kann auch der Rücklauf aus den Befragungen als Indikator für die Veränderung der Mobilitätswahrnehmung dienen.

Indikator: Bekanntheit VGRI

Im Jahr 2015 gaben nur 7 % der befragten Beherbergungsbetriebe an, die Verkehrsgemeinschaft des Landkreises zu kennen. Im Laufe der vergangenen drei Jahre hat sich die Bekanntheit deutlich, genauer um das 8-fache erhöht und stieg auf über 50 %. Die Veränderung der Bekanntheit der VGRI deutet bereits darauf hin, dass die Thematik der öffentlichen Mobilität in den vergangenen Jahren eine deutlich höhere Präsenz im Alltag der Bewohnerinnen und Bewohner sowie in der öffentlichen Berichterstattung der Gemeinde erreicht hat. Die größere Bekanntheit der VGRI bei den Beherbergungsunternehmen kann zudem an einem gestiegenen Interesse von touristischer Seite an öffentlichem Nahverkehr stammen. Die Durchführung der ersten Umfrage 2015 hat mit Sicherheit ebenfalls zur höheren Bekanntheit der VGRI bei der zweiten Umfrage 2018 ihren Beitrag geleistet (vgl. Abb. 3.1).

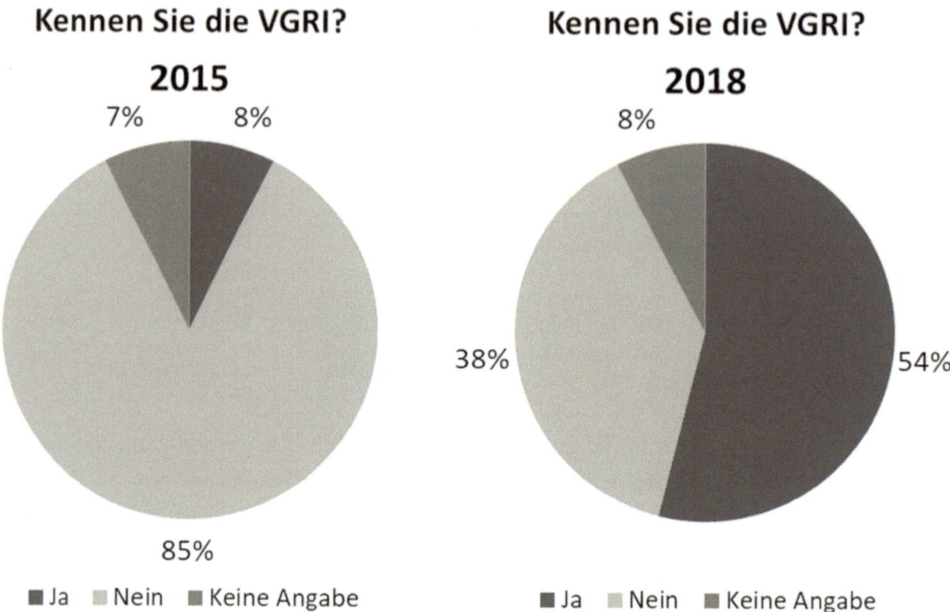

Abb. 3.1 Bekanntheit der VGRI (Verkehrsgemeinschaft Rottal-Inn). (Quelle: Ergebnis der Beherbergungsbetriebsbefragungen; eigene Darstellung)

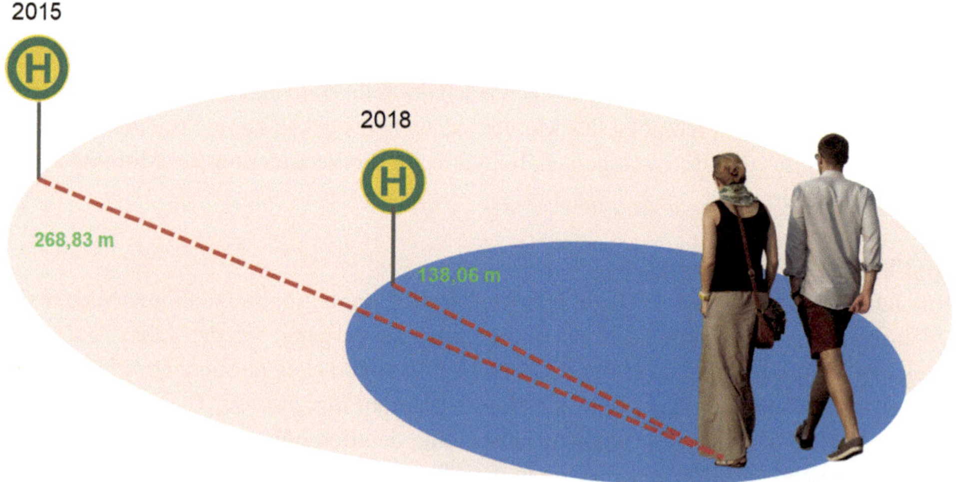

Abb. 3.2 Entfernung zur Haltestelle – Einschätzung. (Quelle: Ergebnis der Beherbergungsbetriebsbefragungen; eigene Darstellung)

Indikator: Entfernung zur Bushaltestelle

Einen weiteren Indikator für eine veränderte Wahrnehmung der Mobilitätsoptionen stellt die Einschätzung der Entfernung zur nächstgelegenen Bushaltestelle dar. Wie Abb. 3.2

zeigt, hat sich die geschätzte Entfernung von 2015 auf 2018 halbiert, von 269 auf 138 Meter.

Der deutlich niedrigere Wert spricht dafür, dass die Barrieren zur Nutzung des öffentlichen Mobilitätsangebots – in diesem Fall die Entfernung zur Haltestelle als erste Hürde – bereits geringer eingestuft werden. Da die Haltestellenanzahl in diesem Zeitraum nicht verdoppelt wurde, hat dieser Indikator eine sehr praxisnahe, wenn auch nur subjektiv empfundene Aussagekraft. Die niedrigere Einschätzung des Entfernungswertes deutet auf eine aufmerksamere und wahrscheinlich praktisch häufigere Wahrnehmung der öffentlichen Mobilitätsoptionen hin.

Indikator: Rücklauf aus Befragungen
Auch der hohe Rücklauf der Befragung des Jahres 2018 deutet auf ein höheres Interesse an Mobilitätsfragen im Landkreis hin. Auch wenn sich die Rahmenbedingungen der Haushaltsbefragung, wie unter Abschn. 3.4. ausgeführt, hinsichtlich des Umfangs und der beteiligten Umfragepartner unterscheiden, lässt sich der höhere Rücklauf nicht alleine auf diese zurückführen. Gerade durch den großen Umfang des Fragebogens, der 2018 an die Haushalte gerichtet war, wurde eine eher zurückhaltende Resonanz der Bürgerinnen und Bürger erwartet. Die Fragebögen, die in beiden Jahren an die Beherbergungsbetriebe gerichtet waren, unterschieden sich hinsichtlich Aufbau und Umfang nur gering. Dennoch war auch hier eine deutlich höhere Beteiligung im Jahr 2018 festzustellen.

Bei den Haushaltsbefragungen ist der Rücklauf von 7,6 % auf 12,9 % (Tab. 3.1) gestiegen. Im Jahr 2018 haben 44,9 % der Beherbergungsbetriebe an der Befragung teilgenommen, im Jahr 2015 waren es lediglich 14,9 %.

Der hohe und im Vergleich zu 2015 deutlich gestiegene Rücklauf deutet auf ein wachsendes Interesse der Bürgerinnen und Bürger an Mobilitätsfragen hin. Dies kann unter anderem auf das ausgeweitete Angebot und die Aktivitäten zur Verbesserung der Mobilität im Landkreis und in der Gemeinde Bad Birnbach zurückzuführen sein, die auch von der Bevölkerung wahrgenommen werden. Auch die Entwicklungen und Neuerungen im Bereich Mobilität außerhalb der eigenen Region tragen dazu bei, die Bürgerinnen und Bürger für die Möglichkeiten einer modernen Mobilitätsplanung zu sensibilisieren und neugierig zu machen.

Anhand der drei Indikatoren – Bekanntheit der VGRI, Einschätzung der Entfernung zur nächstgelegenen Haltestelle und Rücklauf aus Befragungen – lassen sich Anhaltspunkte erkennen, die auf eine gestiegene Wahrnehmung der Mobilitätsmöglichkeiten in der Gemeinde schließen lassen. Dabei setzen die Indikatoren an unterschiedlichen Aspekten der Wahrnehmung an. Die Bekanntheit der VGRI als Indikator zeigt, dass die höhere Bedeutung von Mobilität im Landkreis auch indirekt stärker wahrgenommen wird. Die hohe Beteiligung an den Erhebungen deutet klar auf ein großes Interesse der Bevölkerung an der Thematik hin. Die niedrigere Einschätzung der Haltestellenentfernung stellt wiederum eine in dem Kontext dritte Dimension der Mobilitätswahrnehmung dar, da diese auf eine geringere Wirkung als Barriere zur Nutzung des öffentlichen Nahverkehrs hinweist.

Die positiven Entwicklungen im Mobilitätsangebot der Gemeinde Bad Birnbach spiegeln sich folglich auch in den drei untersuchten Indikatoren zur Wahrnehmung der Mobilität wider. Sie lassen den Schluss zu, dass sowohl die Aufmerksamkeit und das Interesse der Bürgerinnen und Bürger für Mobilitätsfragen gestiegen sind (Indikatoren eins und zwei), als auch die tatsächliche Wahrnehmung i. S. v. Nutzung (Indikator drei) eine zunehmend wichtigere Rolle spielt.

3.6   Fazit

Veränderungen in der Mobilitätswahrnehmung, die sich zum Beispiel in der Bekanntheit der Verkehrsgemeinschaft oder einem höheren Interesse an Mobilitätsfragen äußern, stellen eine bedeutende Voraussetzung für eine Anpassung der Verhaltensmuster dar. Die vergleichsweise geringen Veränderungen in der Verkehrsmittelwahl, die sich aus den Haushaltsfragebögen ableiten lassen, verdeutlichen, dass eine Anpassung des Mobilitätsverhaltens eines längeren Zeitraums bedarf. Dementsprechend wäre eine weiterführende Untersuchung der Mobilität in Bad Birnbach durchaus sinnvoll. Nur so lässt sich mit Gewissheit sagen, dass sich die Mobilitätswahrnehmung durch die Integration des autonomen Shuttlebusses in die ÖPNV-Angebotsstruktur auch tatsächlich geändert hat, bspw. indem sich der Anteil des MIV am Gesamtverkehr in Bad Birnbach verringert oder indem sich die Nachfrage nach der Leistung des autonomen Shuttlebusses derart steigert, dass weitere Kapazitäten für autonome Strecken(abschnitte) geplant werden müssen. Ergänzend zu weiteren Haushaltsbefragungen in den Folgejahren, könnten auch qualitative Interviews stattfinden, um die tatsächliche Einstellung der Einwohner Bad Birnbachs zu autonomen Shuttlebussen zu erfahren.

Ob die Veränderung der Mobilitätswahrnehmung, die sich aus der vergleichenden Darstellung der Befragungen ableiten lässt, auch tatsächlich auf die Einführung eines autonomen Shuttlebusses zurückzuführen ist, bleibt also zunächst zweifelhaft. Da sich der verkehrliche Mehrwert des autonomen Shuttlebusses überwiegend für Touristen ergibt (Fahrt von der Therme zum Marktplatz), ist davon auszugehen, dass sich das Mobilitätsverhalten der Einwohner Bad Birnbachs durch die Einführung des autonomen Shuttlebusses nicht grundlegend geändert hat. Der Einsatz einer neuartigen Technik trägt jedoch zweifelsohne dazu bei, dass sich Menschen intensiver mit ihrer Mobilität und ihrem Mobilitätsverhalten auseinandersetzen. Hier hat die stetige mediale Berichterstattung über die Einführung des autonomen Shuttlebusses und dessen anschließender Entwicklung (bspw. Berichterstattung über den 10.000sten Fahrgast, etc.) einen großen Anteil daran, dass das Thema Mobilität resp. Öffentlicher Verkehr in den Fokus der Bevölkerung gerückt wurde. Letzten Endes können die hier erlangten Erkenntnisse daher nicht auf vergleichbare Räume übertragen werden. Für die Wahrnehmung von Mobilität spielen zu viele Faktoren eine Rolle, als dass mit Gewissheit gesagt werden kann, dass der autonome Shuttlebus einen nachweisbaren Beitrag dazu leistet.

Literatur

Ackermann T (2013) Der ÖPNV. Rückgrat und Motor eines zukunftsorientierten Mobilitätsverbundes. Selbstverlag des VDV, Köln

Ammoser H, Hoppe M (2006) Glossar Verkehrswesen und Verkehrswissenschaften. Definitionen und Erläuterungen zu Begriffen des Transport- und Nachrichtenwesens, Nr. 2/2006 Diskussionsbeiträge aus dem Institut für Wirtschaft und Verkehr. Selbstverlag, Dresden

Becker U, Gerike R, Völlings A (1999) Gesellschaftliche Ziele von und für Verkehr. Heft 1 der Schriftenreihe des Instituts für Verkehr und Umwelt e. V. (DIVU). Dresden

BMEL – Bundesministerium für Ernährung und Landwirtschaft (2016) Bericht der Bundesregierung zur Entwicklung der ländlichen Räume 2016. Selbstverlag, Berlin

BMVBS – Bundesministerium für Verkehr, Bau und Stadtentwicklung (2009) Handbuch zur Planung flexibler Bedienungsformen im ÖPNV. Ein Beitrag zur Sicherung der Daseinsvorsorge in nachfrageschwachen Räumen. VisLab Wuppertal Institut, Bonn

BMVI – Bundesministerium für Verkehr und digitale Infrastruktur (2013) Langfristige Sicherung von Versorgung und Mobilität in ländlichen Räumen. Demografische Herausforderungen, interkommunale Kooperationen und Mobilitätsstrategien am Beispiel Nordfriesland. Selbstverlag, Berlin

Brenck A, Gipp C, Nienaber P (2016) Mobilität sichert Entwicklung. Herausforderungen für den ländlichen Raum. https://www.adac.de/_mmm/pdf/fi_mobilitaet%20sichert_entwicklung_studie_0316_259064.pdf. (14.01.2019)

Kirchhoff P, Tsakarestos A (2007) Planung des ÖPNV in ländlichen Räumen. Ziele, Entwurf, Realisierung. B.G. Teubner Verlag/GWV Fachverlage GmbH, Wiesbaden

Landesamt für Statistik (2019): Bevölkerungsstand in den Gemeinden Bayerns.

Loose W, Mohr M, Nobis C (2004) Bestandsaufnahme und Möglichkeiten der Weiterentwicklung von Car-Sharing. Schlussbericht. Selbstverlag, Berlin

Mante J (2009) Mobilität im ländlichen Raum. Viele Wege, doch welches Ziel? Bundesanstalt für Landwirtschaft und Ernährung LandInForm. Magazin für ländliche Räume 10–11

Regierung von Niederbayern (2008): Fortschreibung des Regionalplans Landshut. http://www.regierung.niederbayern.bayern.de/media/aufgabenbereiche/2/raumordnung/rpla_b9_180108.pdf (06.02.2019)

VGRI-Geschäftsstelle – RBO Niederlassung Süd (2019) Wir fahren, wenn Sie anrufen! – Die Rufbuslinien Landkreis Rottal-Inn. http://www.vgrottal-inn.de/rufbus/ (07.02.2019)

Konnektivitätsveränderungen im ÖPNV-Netz durch die Einführung eines autonomen Shuttlebusses

4

Ludger Jürgens

Der Autor untersucht die Auswirkungen der Einführung eines autonomen Shuttlebusses auf die Angebotsseite. Die grundlegende Frage ist, ob sich das ÖPNV-Angebot aufgrund der Ergänzung eines vorhandenen ÖPNV-Netzes durch einen autonomen Shuttlebus signifikant steigern lässt und den Einwohnern Bad Birnbachs somit vielfältigere Möglichkeiten offenbart. Insbesondere geht er der Frage nach, ob und in welcher Art und Weise sich mit einem autonomen Shuttlebus die Erste-/Letzte-Meile-Problematik lösen lässt, die den konservativen ÖPNV bereits seit mehreren Jahren beschäftigt. Gerade diese Streckenabschnitte sind oftmals zu eng oder ungünstig gelegen, um mit einem konservativen Omnibus bedient zu werden. Daher stellen autonome Shuttlebusse eine sehr gute Ergänzung für diesen Bereich dar.

4.1 Autonomer Shuttlebus als sinnvolle Ergänzung im ÖPNV-Netz?

Aufgrund der dispersen Siedlungsstruktur mit schwach ausgeprägten Bevölkerungsschwerpunkten verteilt sich die Bevölkerung auf eine große Fläche. Die daraus resultierende geringe Bevölkerungsdichte führt dazu, dass innerhalb der Einzugsbereiche von Haltestellen im Öffentlichen Personennahverkehr (ÖPNV) eine geringere Anzahl an potenziellen Fahrgästen wohnt und somit das Nachfragepotenzial geringer ist, als dies im dichter besiedelten städtischen Umfeld der Fall ist.

Das Angebotsnetz der öffentlichen Verkehrsangebote in diesen Räumen wird häufig durch eine Kombination aus Schienenpersonennahverkehr (SPNV) und ÖPNV gebildet,

L. Jürgens (✉)
DB Regio Bus Region Bayern, Ingolstadt, Deutschland
E-Mail: ludger.juergens@deutschebahn.com

© Der/die Herausgeber bzw. der/die Autor(en) 2020
A. Riener et al. (Hrsg.), *Autonome Shuttlebusse im ÖPNV*,
https://doi.org/10.1007/978-3-662-59406-3_4

welche nicht zu jeder Tageszeit und nicht an jedem Ort gleichermaßen Verkehrsmöglich-
keiten bieten. Die Disparitäten sind auf unterschiedliche ökonomische und logistische
Faktoren zurückzuführen.

In der Regel gestaltet sich eine Bündelung der Verkehrsnachfrage im ÖPNV im ländlichen Raum schwierig, da durch eine räumliche und zeitliche Diversifizierung der Fahrtwünsche nicht alle Verkehrsströme auf einen zentralen Ort ausgerichtet sind. Häufig müssen verschiedene Orte für verschiedene Erledigungen aufgesucht werden und auf Grund
unterschiedlicher Öffnungszeiten, Arbeitszeiten oder individueller Vorlieben besteht der
Wunsch nach zeitlich flexibler Mobilität.

Vergleichsweise gut bündeln lassen sich die Schülerverkehre. Daher ist das ÖPNV-
Angebot im ländlichen Raum sehr stark auf den Schülerverkehr ausgerichtet, zumal Schüler auch die Hauptnutzergruppe darstellen (Steinrück und Küpper 2010, S. 17). Die auf die
Bedürfnisse von Schülern ausgelegten Linienverkehre sind somit das Rückgrat des ÖPNV-
Angebots im ländlichen Raum. Sie repräsentieren jedoch auch ein Grundangebot für potenzielle weitere Fahrgäste – mit zeitlich und räumlich sehr starken Restriktionen. Ergänzend hierzu gibt es dort, wo ausreichend Nachfrage besteht, weitere ÖPNV-Angebote.

Ein weiteres Manko im öffentlichen Personennahverkehr ist die häufig fehlende Abstimmung der Verkehrsmittel an den Umsteigepunkten. Dies kann sowohl bei Umstiegen
zwischen zwei Buslinien, als auch beim Umstieg zwischen SPNV und ÖPNV (und anders
herum) vorkommen, wobei die fehlende Abstimmung verschiedene Ausprägungen anneh-
men kann. Beispielhaft wären dazu die nicht angepassten Abfahrtszeiten oder aber auch
die fehlende Anbindung von Bahnhaltepunkten zu nennen. Durch dieses typische Erste-/
Letzte-Meile-Problem im ländlichen Raum, das meist durch einen außerhalb des Haupt-
ortes liegenden Bahnhaltepunkt oder Bahnhof entsteht, ergeben sich oft Konnektivitätslü-
cken im ÖPNV-Netz, d. h. ein Ort ist nicht ausreichend über den Tag hinweg mit den
umliegenden Orten und Zentren verbunden.

Es wird angenommen, dass autonome Shuttlebusse eine wirksame Lösung darstellen,
um diese Lücken schließen zu können. Diese Fahrzeuge können durch Einsparungen bei
den Betriebs- und Personalkosten Strecken im ÖPNV bedienen, die bisher im (nicht-
autonomen) ÖPNV ökonomisch und ökologisch nicht sinnvoll leistbar sind.

4.2 Fragestellung

Inwieweit ein autonomer Shuttlebus dazu beitragen kann, die erwähnten Konnektivitätslü-
cken zu schließen und welchen Effekt dieser Lückenschluss für das gesamte Angebotsnetz
des ÖPNV hat, stellt die Hauptfragestellung dieser Untersuchung dar.

Die Verbindung zwischen dem Bahnhof von Bad Birnbach im Ortsteil Leithen und dem
(Kur-)Zentrum von Bad Birnbach soll in dieser Untersuchung als Beispiel für einen Fall
der Erste/Letzte Meile-Problematik dienen. In diesem konkreten Fall ist der Bahnhof rund
zwei Kilometer vom Ortskern entfernt und mit dem bisherigen ÖPNV von der Ortsmitte
aus nur sehr selten auf direktem Weg zu erreichen. Auf Teilen eben jener Strecke wird seit

Oktober 2017 ein autonomer Shuttlebus auf einer ÖPNV-Linie betrieben und soll noch im Jahr 2019 die gesamte Strecke vom Neuen Marktplatz bis zum Bahnhof bedienen.

Um diese Bewertung vornehmen zu können, muss die Angebotsstruktur durch ein geeignetes Maß hinsichtlich der Konnektivität analysiert werden. Hierzu wird der Vergleich der Konnektivitätswerte vor und nach der Einführung eines autonomen Shuttlebusses als entscheidende Größe betrachtet. Insbesondere unter dem Gesichtspunkt der vorliegenden Erste-/Letzte-Meile-Problematik für den Fall Bad Birnbach sollen in dieser beispielhaften Berechnung Rückschlüsse gezogen werden können, ob die Einführung von autonomen Bussen zu diesem Zweck sinnvoll erscheint.

4.3   Untersuchungsgebiet

Für die funktionale Abgrenzung eines Untersuchungsgebiets für die Erreichbarkeit und Konnektivität eines Punktes innerhalb eines Verkehrsnetzes sind weder administrative Grenzen noch Verkehrsgemeinschaften eine sinnvolle Einteilung. Da der öffentliche Verkehr im ländlichen Raum vor allem eine Versorgungsfunktion erfüllt, ist das Heranziehen des Zentrale-Orte-Systems sinnvoll.

Der Markt Bad Birnbach liegt laut Regionalplan der Region Landshut (Regionaler Planungsverband Landshut 2007) im Mittelbereich des Mittelzentrums Pfarrkirchen (siehe Abb. 4.1). Das auf diese Weise definierte Untersuchungsgebiet umfasst insgesamt sieben Gemeinden, drei Märkte (Bad Birnbach, Tann und Triftern) sowie die Stadt Pfarrkirchen. In diesem Gebiet leben 43.464 Einwohner (Stand 30.06.2018) und es ist durch die SPNV-Achse der Rottalbahn (Kursbuchnummer 946) mit vier Haltepunkten sowie rund 30 ÖPNV-Linien geprägt.

Das SPNV-/ÖPNV-Netz im Untersuchungsgebiet ist definiert durch die Strecke der Rottalbahn, die die Achse Bayerbach – Bad Birnbach – Anzenkirchen – Pfarrkirchen (und weiter nach Eggenfelden) erschließt. Hinzu kommen Busverbindungen, die größtenteils die Kreisstadt Pfarrkirchen oder den Markt Bad Birnbach als Ziel haben. Zu nennen sind hier vor allem die Verbindungen Pfarrkirchen – Johanniskirchen (Linie 6215), Pfarrkirchen – Arnstorf (Linie 6213), Pfarrkirchen – Egglham (Linie 6214) sowie die Linien 6205, 6217 sowie 7541 von Pfarrkirchen in Richtung Simbach am Inn. Die Umsteigemöglichkeit zwischen den Verkehrsmitteln Bahn und Bus ist hauptsächlich am Bahnhof Pfarrkirchen gegeben, da die weiteren Bahnhaltepunkte im Untersuchungsgebiet nur sehr rudimentär von Buslinien angefahren werden.

Aufgrund der nur lokalen Funktion und der geringen Effekte auf die Untersuchung wurden der Stadtbus Pfarrkirchen und die Stadtverkehre Pfarrkirchen für die Betrachtung nicht berücksichtigt. Auch der im April 2018 eingeführte „RuBi", der als Ruf Bus in vier Sektoren im Gebiet um Bad Birnbach verkehrt (Bad Birnbach 2018), findet in der Untersuchung keine Berücksichtigung.

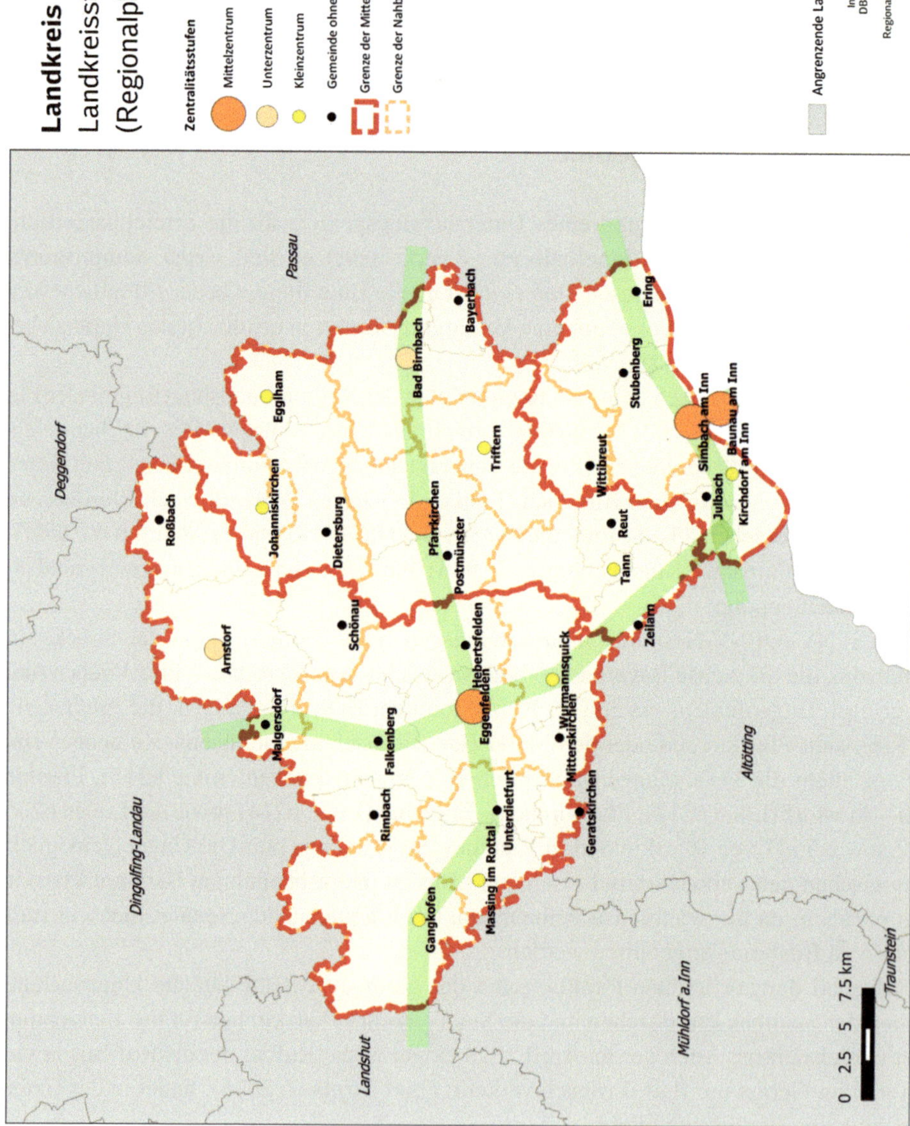

Abb. 4.1 Landkreis Rottal-Inn – Landkreisstruktur. (Quelle: eigene Darstellung)

4.4 Vorgehen bei der Erfassung und Bewertung der Konnektivität

Es wurden alle SPNV- und ÖPNV-Linien des Untersuchungsgebiets hinsichtlich Fahrplänen, Haltestellen und genauer Linienführungen erfasst und mithilfe eines Geoinformationssystems (GIS) verarbeitet. Durch diesen Arbeitsschritt wurde im GIS ein Netz innerhalb des Untersuchungsraums aufgebaut, das alle möglichen Verbindungen (Kanten) zwischen den einzelnen Haltestellen (Knoten) darstellt. Zur Bewertung der Konnektivität wurde dieses Netz um die Informationen der Fahrtenhäufigkeit und der Linienanzahl zwischen zwei Haltestellen erweitert.

Die Linienanzahl (L) zwischen den Haltestellen gibt hierbei die Anzahl der zwischen den Haltestellen verkehrenden Buslinien an. Um die Fahrtenhäufigkeit eines Linienteilstücks zwischen zwei Haltestellen zu bewerten, wurden die Anzahl der Fahrten zwischen diesen Haltestellen in beiden Richtungen aus dem Fahrplan ausgelesen und zum Wert eines durchschnittlichen Tages (V) zusammengefügt. Der Wert eines durchschnittlichen Tages setzt sich wie in Formel 4.1 dargestellt zusammen.

$$V = \frac{\sum Fahrten\,S + \sum Fahrten\,F + \sum Fahrten\,Sa + \sum Fahrten\,So}{365} \tag{4.1}$$

Mit

Fahrten S = Fahrten an Schultagen
Fahrten F = Fahrten an Ferientagen
Fahrten Sa = Fahrten an Samstagen
Fahrten So = Fahrten an Sonn- und Feiertagen

Unter Konnektivität wird allgemein ein Maß bezeichnet, welches die Einbindung von Knoten in ein Netzwerk wiedergibt (Möller und Kuschke 2015, S. 85). Wenn im Zusammenhang dieser Untersuchung von Konnektivität die Rede ist, wird diese als Maß für die Abhängigkeit eines Knotens von einem zuvor festgelegten Startknoten definiert. In diese Berechnung fließen die Variablen der Linienzahl (L) und der Anzahl der Fahrten zwischen zwei Haltestellen in beide Richtungen (V) als Ausstattungsindikatoren in die Konnektivitätsbewertung mit ein. Demnach entscheidet vorrangig die Lagegunst einer Haltestelle gegenüber der festgelegten Starthaltestelle über das Maß an Konnektivität (Schwarze 2005, S. 9).

Zur Untersuchung der Konnektivität des ÖPNV-Netzes im Untersuchungsgebiet wird eine Abwandlung des Bellmann-Ford-Algorithmus angewendet (Krumke und Noltemeier 2009, S. 182). Hierzu werden den Kanten jedoch nicht wie bei anderen Modellen zur Berechnung des kürzesten Pfades die Fahrdistanz (d) oder Fahrzeit (t) zugeordnet, sondern die oben aufgeführten Ausstattungsindikatoren (L und V). Weiterhin wird für die Untersuchung angenommen, dass die Konnektivität der einzelnen Haltestellen zum Startort mit jedem durchlaufenen Knoten abnimmt. Als Bezugswert des jeweiligen Knotens wird dazu der Nachbar-(Vorgänger-)Knoten mit dem höchsten Konnektivitätswert herangezogen.

Diese Beziehung zum Vorgängerknoten wird mit Formel 4.2 ausgedrückt.

$$K_n = K_{n-1}^{max} * \left(1 - \frac{1}{L+V}\right) \tag{4.2}$$

Mit

K_n = betrachteter Knoten

K_{n-1}^{max} = Vorgängerknoten mit dem höchsten Konnektivitätswert

L = Linienzahl zwischen den Knoten

V = Verbindungszahl zwischen den Knoten

Für die Berechnung der Konnektivität wird dem Startpunkt (zentrale Haltestelle in Bad Birnbach) der Wert 100 zugeordnet, da hier die stärkste Beziehung zum Zentrum von Bad Birnbach (Neuer Marktplatz) im ÖPNV-Netz vorliegt. Durch Anwendung der Formel wird nun den benachbarten Knoten (Haltestellen) ein Wert zugeordnet, der sich aus dem Startwert und den Gewichtungen der Kanten (Verbindungen) ergibt. Entsprechend der Formel 4.2 ist es nicht möglich, dass der Nachfolgeknoten einen höheren Konnektivitätswert aufweist, als der Vorgängerknoten, es sei denn, der Wert ergibt sich aus einer Verbindung zu einem benachbarten Knoten mit einem höheren Wert.

Beispiel

In der Abb. 4.2a ist der Ausgangszustand der Berechnung dargestellt. Die Kanten haben entsprechend der ausgewerteten Fahrpläne ihre Gewichtungen (L+V) bereits zugeordnet. Dem Startpunkt (A) wird der Wert 100 zugeordnet.

Die Abb. 4.2b zeigt die Situation nach dem Durchlaufen der ersten Schleife des Algorithmus. Auf den Startwert wurde für die zwei vom Startpunkt abgehenden Kanten die Formel angewendet und die daraus folgenden Werte den Punkten B und C überge-

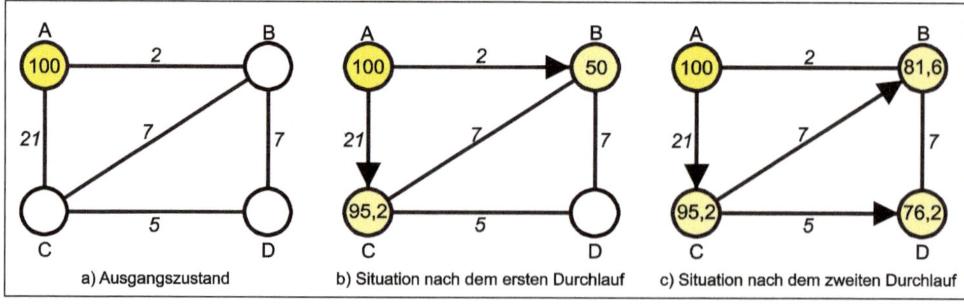

Abb. 4.2 Beispieldarstellung des angewendeten Algorithmus. (Quelle: eigene Darstellung)

ben. Die Pfeile auf den Kanten zeigen dabei an, von welchem Punkt, bzw. über welche Kante, der jeweilige Punkt zugeordnet wurde.

Die Situation in Abb. 4.2c zeigt den Stand der Berechnung nach dem Durchlaufen der zweiten Schleife des Algorithmus. Dem Punkt D wurde hier bereits ein Wert zugeordnet, für den der Wert von Punkt C der Startwert ist und für den der Wert von der Kante zwischen Punkt C und D in der Formel angewendet wurde. Zudem wurde der Wert von Punkt B aus der zweiten Abbildung durch einen neuen Wert ersetzt, da dieser von Punkt C und den Kantenwerten der Kante zwischen Punkt B und C einen höheren Wert ergibt.

Die Formel für die Berechnung der Konnektivität zwischen den Knoten ist so gewählt, dass diese unabhängig vom Untersuchungsgebiet angewendet werden kann. Somit ist es möglich, die angewendete Methodik auch auf andere Untersuchungsfelder zu übertragen und diese miteinander zu vergleichen. Auch die Wahl der Starthaltestelle kann beliebig festgelegt werden. Somit ist mit dieser Methode nicht nur die Untersuchung der Konnektivität des ÖPNV-Netzes von Bad Birnbach ausgehend, sondern auch von anderen Orten nach Bad Birnbach durchführbar.

4.5 Bewertung der Konnektivität der Angebotsstruktur ohne den autonomen Shuttlebus

Im ersten Schritt soll die Angebotsstruktur des ÖPNV-Netzes zum Zeitpunkt vor der Einführung des autonomen Shuttlebusses betrachtet werden (Vorher-Situation). Hierzu werden das ÖPNV-Netz und die Verbindung der Rottalbahn im Untersuchungsgebiet erfasst und die entsprechend benötigten Daten (Linienzahl und Verbindungszahl) aus den Bus- und Bahnfahrplänen mit Stand Juli 2018 entnommen und in das GIS übertragen.

Für die Bewertung der Vorher-Situation im ÖPNV-Netz wird die Haltestelle Bad Birnbach, Feuerwehrhaus als Start- bzw. Bezugshaltestelle gewählt, da diese zwischen den beiden Zentren (Hofmark und Neuer Marktplatz) von Bad Birnbach liegt und fußläufig vom Neuen Marktplatz erreichbar ist. Als Starthaltestelle wird dieser der Wert 100 als Konnektivitätswert übermittelt. Mittels der oben aufgezeigten Berechnung ergibt sich das in Abb. 4.3 dargestellte Bild für die Haltestellen im Untersuchungsraum.

Allgemein ist festzustellen, dass die Konnektivitätswerte mit der Entfernung zur Starthaltestelle abnehmen. Vor allem abseits der Bahnstrecke der Rottalbahn ist ein rascher Abfall der Werte entlang der schwach getakteten Buslinien sichtbar. Wohingegen an der Bahnstrecke selbst und an den stärkeren Buslinien ab Pfarrkirchen eine deutlich geringere Abnahme der Konnektivitätswerte erkennbar ist. Neben den Haltestellen im Ortsgebiet von Bad Birnbach lässt sich insbesondere der Bahnhof in Pfarrkirchen als wichtiger Knotenpunkt für die Konnektivität nach Bad Birnbach benennen, der trotz der relativ weiten Entfernung mit 77,2 Punkte dennoch auf Rang 14 liegt.

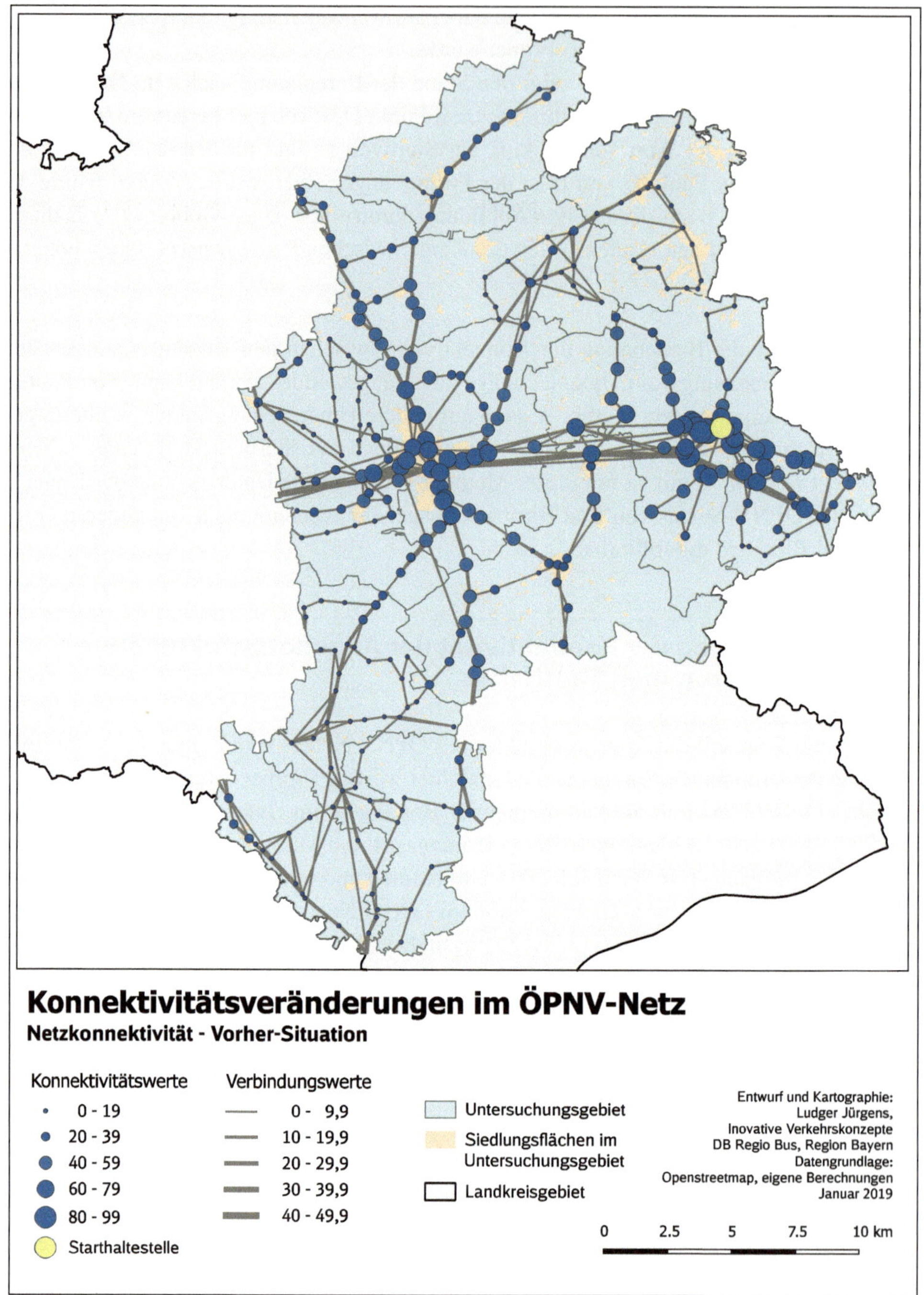

Abb. 4.3 Konnektivitätsveränderungen im ÖPNV-Netz (Vorher-Situation). (Quelle: eigene Darstellung)

Auffällig ist vor allem, dass in Bayerbach (39,7 an der Haltestelle „Bayerbach, Orts-mitte") und Egglham (11,8 an der Haltestelle „Egglham, Feuerwehrhaus"), welche beide Nachbargemeinden von Bad Birnbach sind, eine vergleichsweise geringe Konnektivität feststellbar ist, obwohl hier eine geringe räumliche Entfernung vorliegt. Diese Werte lassen sich auf fehlende Direktverbindungen oder den fehlenden Anschluss der Bahnhöfe an das Buslinennetz begründen. Weiterhin sind auch im südlichen Untersuchungsgebiet geringe Werte in Bezug auf die Konnektivität nach Bad Birnbach vorhanden, die aufgrund der Umsteigenotwendigkeit in Pfarrkirchen ein Stück weit vorherzusehen waren.

Im Detailausschnitt für den Ortskern von Bad Birnbach in Abb. 4.4. liegen die Konnektivitätswerte zwischen 20,8 (Haltestelle „Bad Birnbach, Hochkreuz") und 100 an der Starthaltestelle „Bad Birnbach, Feuerwehrhaus". Wie bereits in Abb. 4.3 lassen sich die Abhängigkeiten zwischen der Stärke der Buslinien und den daraus resultierenden Konnektivitätswerten feststellen. Entlang der häufiger frequentierten Buslinien kann ein höherer Level der Konnektivitätswerte über eine größere Entfernung gehalten werden.

Ein gutes Beispiel, dass die räumliche Nähe in der Berechnung keinen Bezug auf die Berechnung der Konnektivität hat, ist die bereits genannte Haltestelle „Bad Birnbach, Hochkreuz". Obwohl diese nur rund 300 Meter von der Starthaltestelle entfernt liegt, verfügt sie lediglich über einen Konnektivitätswert von 20,8. Dieser geringe Wert kommt dadurch zustande, dass zu dieser Haltestelle nur eine Linie mit durchschnittlich 0,35 Fahrten am Tag verkehrt.

4.6   Bewertung der Konnektivität der Angebotsstruktur nach der Einführung des autonomen Shuttlebusses

Nach der Vorher-Situation soll in einem zweiten Schritt die Nachher-Situation, d. h. nach der Einführung des autonomen Shuttlebusses und der entsprechenden Angebotserweiterung, berechnet werden. Hierzu gibt es im Vergleich zur Vorher-Situation kleine Änderungen im Berechnungsaufbau. So wird zum einen die Strecke des autonomen Shuttlebusses vom Neuen Marktplatz in Bad Birnbach zum Bahnhof Bad Birnbach mit aufgenommen, zum anderen wird neben der Haltestelle „Bad Birnbach, Feuerwehrhaus" auch die Haltestelle „Bad Birnbach, Neuer Marktplatz" als Start- bzw. Bezugshaltestelle für die Berechnung gesetzt. Im Einzelnen bedeuten diese Anpassungen, dass auch der Haltestelle „Bad Birnbach, Neuer Marktplatz" der Startwert 100 übergeben wird und es somit zwei Starthaltestellen im Nachher-System gibt. Außerdem wird das Fahrtangebot des autonomen Shuttlebusses mit insgesamt 16 Fahrtenpaaren zum Bahnhof Bad Birnbach in die Berechnung mit aufgenommen. Nach der Umstellung der Startparameter wird die Berechnung, wie bei der Vorher-Situation, für das gesamte Untersuchungsgebiet vorgenommen.

In der Grundstruktur der Konnektivitätswerte in Abb. 4.5 fallen die Änderungen durch die Angebotserweiterung zunächst gering aus. Wenn man jedoch detaillierter auf die Werte der einzelnen Haltestellen eingeht, kann man feststellen, dass beim Großteil der Haltestellen der Konnektivitätswert gestiegen ist. In der Abb. 4.6 wird im Differenzbild der

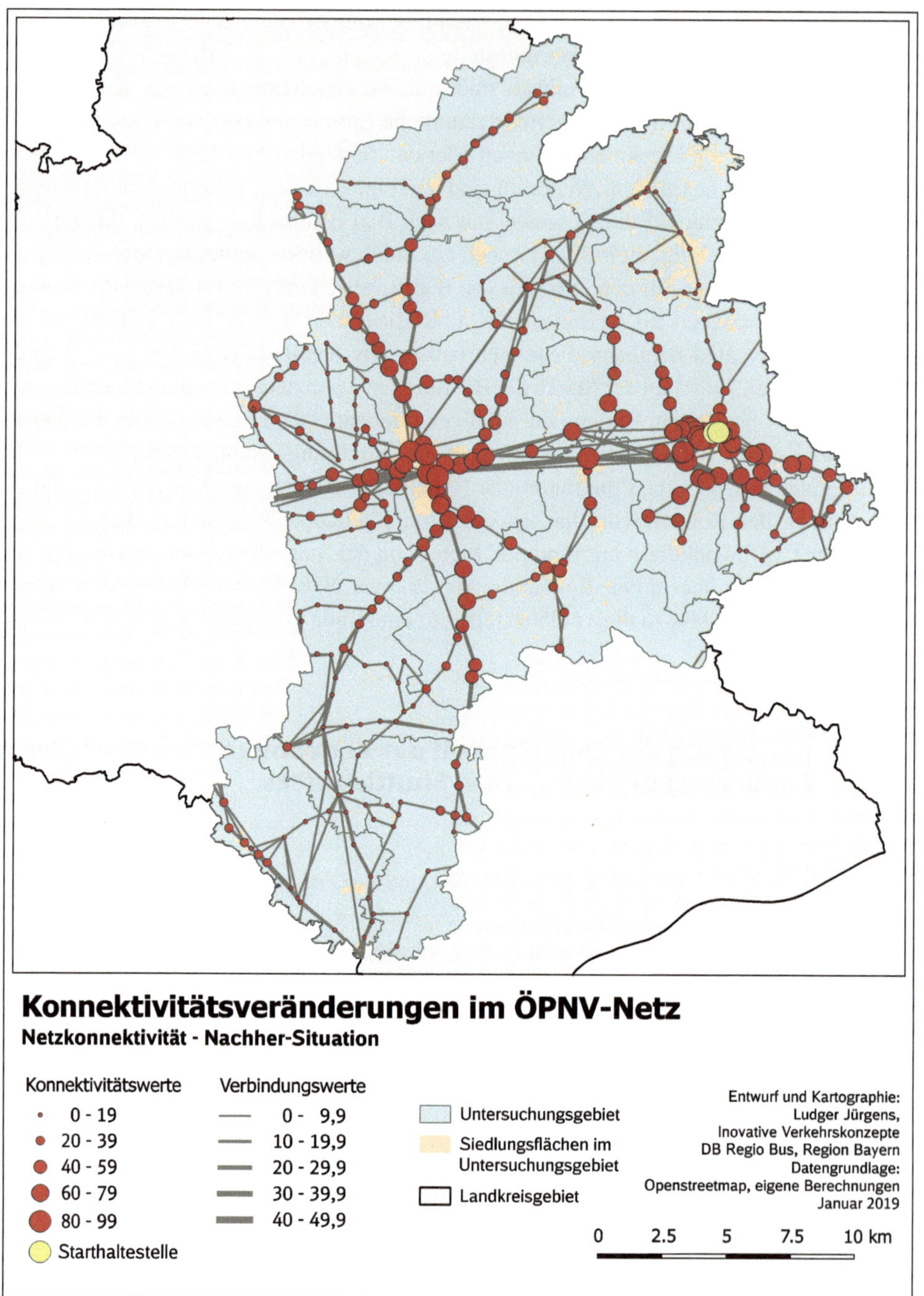

Abb. 4.4 Konnektivitätsveränderungen – Detailansicht (Vorher-Situation). (Quelle: eigene Darstellung)

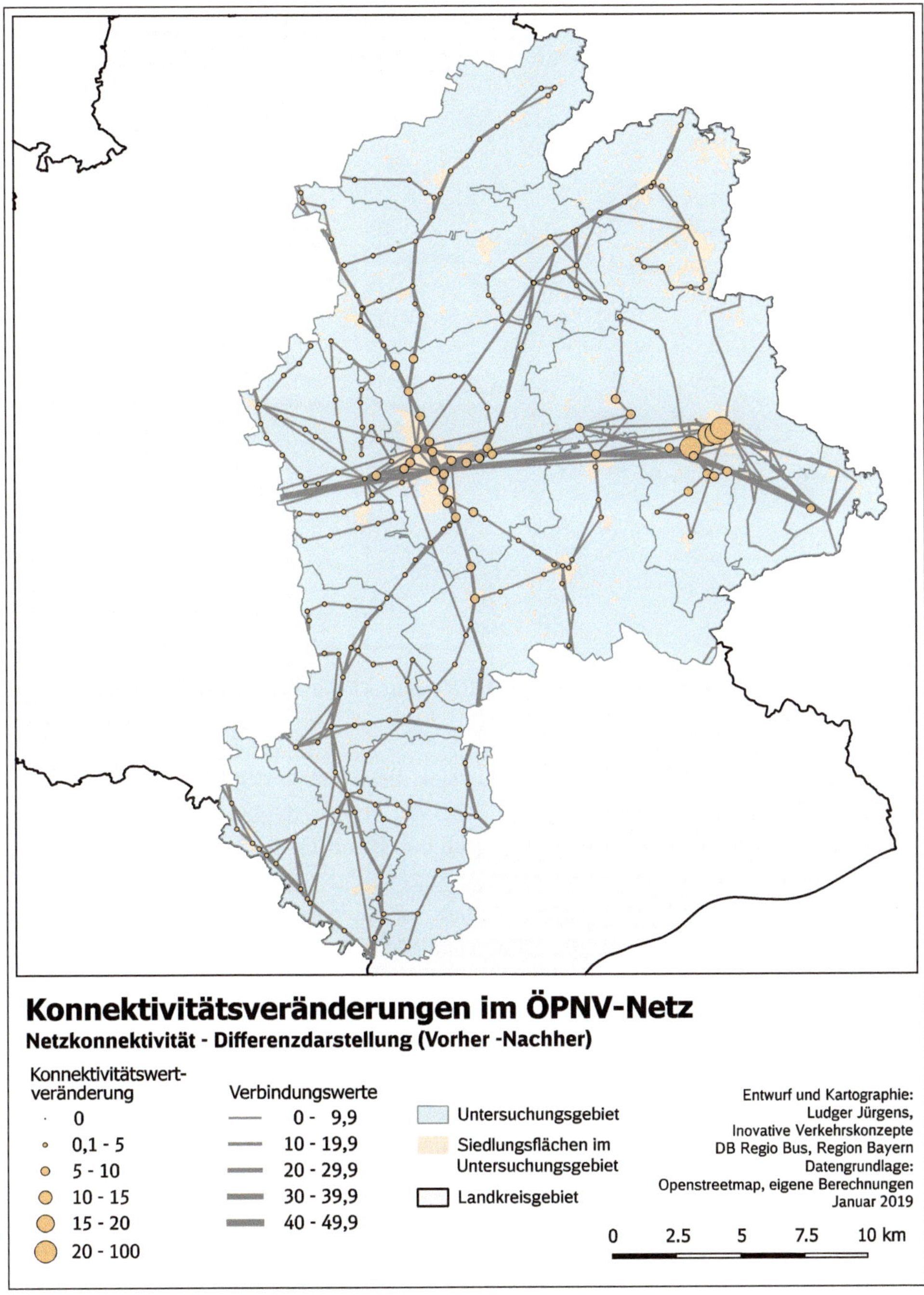

Abb. 4.5 Konnektivitätsveränderungen im ÖPNV-Netz (Nachher-Situation). (Quelle: eigene Darstellung)

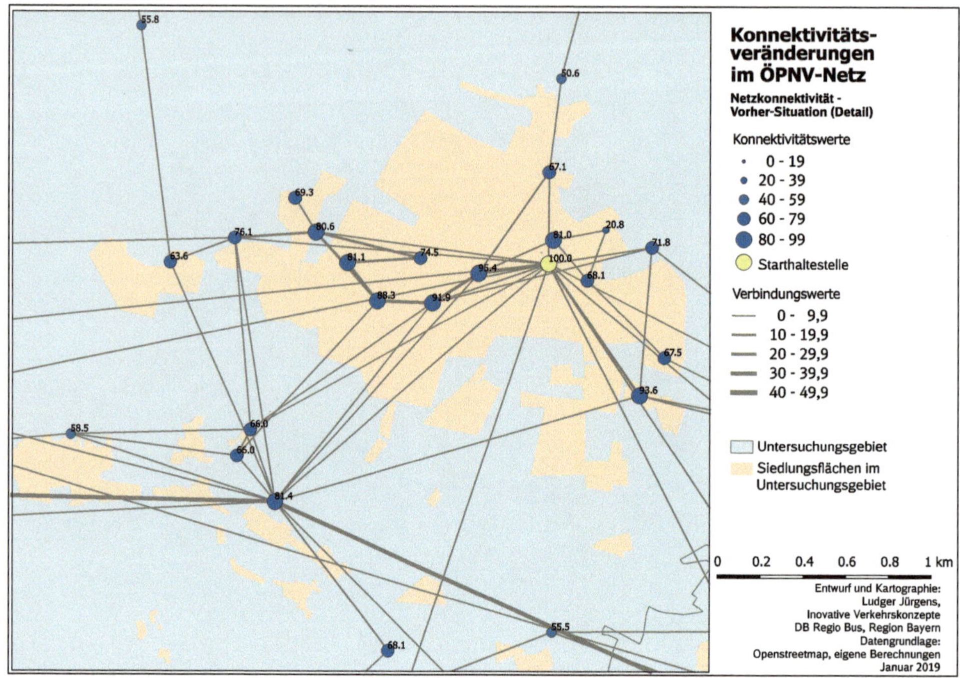

Abb. 4.6 Konnektivitätsveränderungen im ÖPNV-Netz (Differenzdarstellung). (Quelle: eigene Darstellung)

Vorher- und Nachher-Werte dargestellt, wie sich die Werte an den Punkten im Einzelnen verändert haben. Wie anzunehmen, sind dabei die Veränderungen ausschließlich positiv ausgeprägt, d. h. dass sich die Anbindung nach Bad Birnbach durch das Angebot des autonomen Shuttlebusses nachweislich verbessert hat.

In Abb. 4.6 lässt sich zudem erkennen, dass vor allem die Haltestelle „Gries", die den Anknüpfungspunkt der Strecke des autonomen Shuttlebusses an das bestehende ÖPNV-Netz darstellt, die höchste Konnektivitätssteigerung aufweist. Dieser Anstieg der Konnektivitätswerte zieht sich weiter zum Bahnhof Bad Birnbach und von dort aus entlang der Bahnstrecke und den davon abgehenden Buslinien in den großen Teil des Untersuchungsgebiets. Lediglich Teilräume im Norden und Südosten von Bad Birnbach weisen keinerlei Änderungen in den Ergebniswerten auf. In diesen Gebieten sind demnach keine Effekte durch die Angebotserweiterung durch den autonomen Bus festzustellen. Erklären kann man diese Tatsache damit, dass der Startpunkt „Bad Birnbach, Feuerwehrhaus" direkt mit den Buslinien in diese Räume verbunden ist und somit der Steigerungseffekt ausbleibt. Im Raum südöstlich von Bad Birnbach, der größtenteils das Gemeindegebiet von Bayerbach darstellt, gibt es mit dem Bahnhof in Bayerbach nur eine einzelne Haltestelle, die eine Steigerung der Werte aufweist. Hier fehlt, wie am Bahnhof von Bad Birnbach, die Vernetzung zwischen dem SPNV und dem ÖPNV, da direkt am Bahnhof keine Bushaltestelle vorhanden ist, um entsprechende Effekte für die umliegenden Haltestellen zu erzeugen.

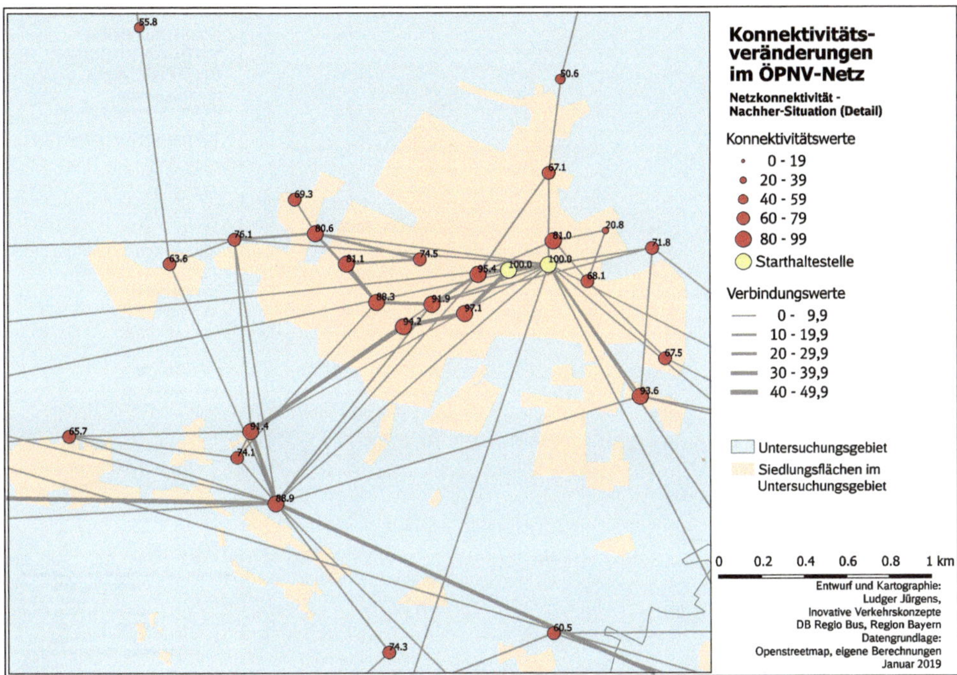

Abb. 4.7 Konnektivitätsveränderungen – Detailansicht (Nachher-Situation). (Quelle: eigene Darstellung)

In der Detaildarstellung in Abb. 4.7 haben sich am Intervall der Konnektivitätswerte aus den bereits genannten Effekten keine Änderungen ergeben. Dennoch lassen sich vor allem in Abb. 4.8 Veränderungen in den Werten südlich von Bad Birnbach feststellen. Sehr gut sind hier die neue Verbindung des autonomen Shuttlebusses und die deutliche Zunahme der Konnektivität an der Haltestelle „Gries" erkennbar. Anhand dieser Verbindung wird auch noch einmal sehr gut deutlich, dass die Effekte erst ab dieser Haltestelle Auswirkungen auf das bisher bestehende ÖPNV-Netz haben. Durch diese Tatsache und die vorhandenen guten Verbindungen innerhalb des Ortskerns von Bad Birnbach lassen sich auch die gleich bleibenden Werte im Ortskern erklären.

4.7 Bewertung der Konnektivitätsveränderung auf die Angebotsstruktur durch die Einführung des autonomen Shuttlebusses

Die Ergebnisse (Tab. 4.1) der Konnektivitätsveränderungen zeigen, dass die Auswirkungen der Einführung des autonomen Shuttlebusses, auf der Strecke zwischen dem Bahnhof Bad Birnbach und dem Ortszentrum, im gesamten Untersuchungsgebiet nachvollziehbar sind. In der Summe konnten die Konnektivitätspunkte in diesem Raum von vorher 9.991,41

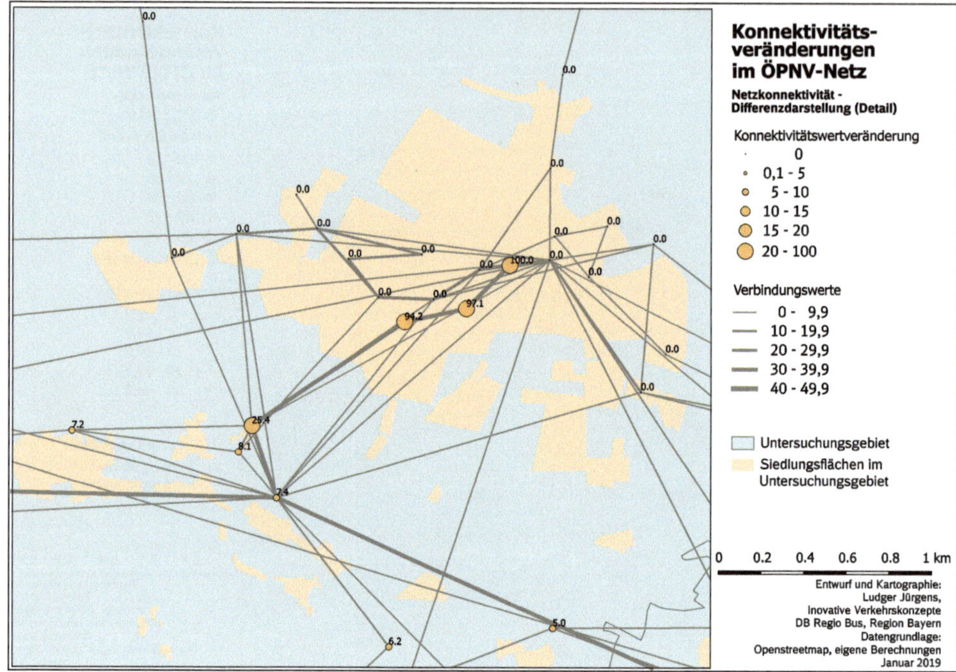

Abb. 4.8 Konnektivitätsveränderungen – Detailansicht (Differenzdarstellung). (Quelle: eigene Darstellung)

auf 10.963,11 gesteigert werden. Wenn man diesen Wert um die neu hinzugefügten Halte-stellen reduziert, kommt man dennoch auf einen bereinigten Nachher-Wert von 10.671,84. Diese Steigerung von 971,63 (680,36 bereinigt) Konnektivitätspunkten im Untersuchungs-raum entspricht einer prozentualen Steigerung von 9,72 % (bzw. 6,81 % in der bereinigten Berechnung). Demnach kann man die Aussage treffen, dass der Lückenschluss des Erste-/

Tab. 4.1 Haltestelle. Konnektivität vorher. Konnektivität nachher. Differenz

Bad Birnbach Bahnhof	81,44	88,86	7,42
Gries	66,00	91,44	25,44
Bad Birnbach, VR-Bank	95,38	95,38	0
Bayerbach, Bahnhof	79,24	86,46	7,22
Bayerbach, Ortsmitte,	39,72	39,72	0
Pfarrkirchen, Bahnhof/Busbahnhof	77,19	84,22	7,03
Pfarrkirchen, Galgenberg	68,38	74,61	6,23
Egglham, Rathaus	7,92	8,64	0,72
Triftern, Marktplatz	34,32	37,47	3,15
Tann, Busbahnhof	16,58	18,09	1,51
Untersuchungsgebiet gesamt	9991,48	10.963,11 (10.671,84*)	971,63 (680,36*)

*Werte um die neu eingeführten Haltestellen bereinigt

Letzte-Meile-Problems zwischen dem Bahnhof Bad Birnbach und dem Ortszentrum von Bad Birnbach in Hinblick auf die Konnektivität und somit auch die Erreichbarkeit des Ortes Bad Birnbach für die anderen Orte im Untersuchungsgebiet nachweislich verbessert wurde. Wie bereits in den vorherigen Kapiteln beschrieben, nimmt hierbei insbesondere die gute Taktung der Rottalbahn eine wesentliche Rolle für die Verbreitung der gestiegenen Konnektivitätswerte ein. Den Anschluss an die Rottalbahn herzustellen und diese positiven Effekte hinzuzugewinnen, ist daher auch der größte Mehrwert durch die Einführung des autonomen Shuttles. Neben den bereits angesprochenen Haltestellen „Gries" und „Bad Birnbach, Bahnhof" ist der „Bahnhof/Busbahnhof" in der Kreisstadt Pfarrkirchen ein weiterer wichtiger Knotenpunkt für die Ausstrahlung der Konnektivitätseffekte. An diesem Knoten kann eine Steigerung der Werte um 7,03 Punkte von 77,19 auf 84,22 festgestellt werden. Durch die hohe Verknüpfung dieses Knotens auf eine Vielzahl von Buslinien, wird dieser Differenzwert auch auf diese Linien bis in das Hinterland ausgestrahlt, was auch dort zu Steigerungen der Konnektivität in Bezug auf Bad Birnbach führt. Während westlich von Bad Birnbach die positiven Auswirkungen der neu geschaffenen Verbindung überwiegen, lassen sich im Ort Bad Birnbach und nördlich und südöstlich nur wenige Veränderungen in der Konnektivität feststellen. Auf diese Gebiete hat die Strecke des autonomen Busses, die sich zum Bahnhof orientiert, nur wenig oder gar keinen Einfluss. Hier sind die Buslinien, die den zweiten Startpunkt „Bad Birnbach, Feuerwehrhaus" anfahren, auch weiterhin dominant, sodass die Übertragung der Steigerungseffekte hier ausbleibt. Mit der Haltestelle „Bayerbach, Bahnhof" existiert zwar südöstlich von Bad Birnbach eine Haltestelle, die eine Steigerung um 7,22 Punkte von 79,24 auf 86,46 aufzuweisen hat, jedoch ist hier die fehlende Verknüpfung an das ÖPNV-Netz ausschlaggebend, dass sich dieser Steigerungseffekt nicht weiter ausbreitet.

4.8 Fazit und Ausblick

Die Untersuchung zeigt, dass autonome Shuttlebusse in der Lage sind, eine Entlastung für das Erste-/Letzte-Meile-Problem in ländlichen Räumen zu bieten. Bereits mit dem derzeitigen technologischen Stand können die Shuttlebusse auf passenden Strecken eine Lösung für eben diese Problematik sein.

Die positiven Veränderungen der Konnektivitätswerte zeigen zumindest für den Fall in Bad Birnbach auf, dass die Angebotserweiterung des autonomen Shuttlebusses über weite Strecken hinweg die Erreichbarkeit des Ortes Bad Birnbach erhöht und somit große Flächen des Untersuchungsgebiets besser anbindet. Die Untersuchung in Bad Birnbach bezieht sich, wie bereits erläutert, auf einen typischen Fall der Erste-/Letzte-Meile-Problematik, dessen Verbindung über den ÖPNV bisher nicht hergestellt wurde. Da in der Studie noch einmal deutlich wurde, dass das Zusammenspiel zwischen dem autonomen Shuttlebus und der eng getakteten Rottalbahn eine entscheidende Rolle einnimmt, erscheint es umso wichtiger, dass dieser Lückenschluss endlich vollzogen wurde.

Im Umkehrschluss bedeutet dies aber auch, dass durch die Einführung von autonomen Shuttlebussen nicht alle Mobilitätsherausforderungen im ländlichen Raum gelöst werden können. Allerdings können sie bei gezieltem Einsatz und guter Planung bereits jetzt einen Beitrag zur Verminderung der Erste-/Letzte-Meile-Problematik leisten. Durch zukünftige Verbesserungen der Technologie der autonomen Shuttlebusse können sich noch weitere Einsatzmöglichkeiten ergeben, durch die weitere Effekte der Verbesserung der Konnektivität möglich erscheinen.

Inwieweit die in der Studie ermittelten Effekte für Bad Birnbach auch auf andere Raumausschnitte übertragbar sind, kann zum gegenwärtigen Zeitpunkt nicht final erörtert werden. Jedoch können bei vergleichbaren Einsatzszenarien ebenfalls positive Konnektivitätseffekte erwartet werden. In welchem Umfang diese im Einzelnen ausfallen, müsste durch an diese Studie anknüpfende Betrachtungen ermittelt werden.

Literatur

Bad Birnbach (2018) Der Rubi fährt. https://www.badbirnbach.de/presse/der-rubi-faehrt. Zugegriffen: 12. Dezember 2019

Krumke SO, Noltemeier H (2009) Graphentheoretische Konzepte und Algorithmen. Springer-Verlag

Möller M, Kuschke V (2015) Konnektivität im Schienennetz der Deutschen Bahn. zfv – Zeitschrift für Geodäsie, Geoinformation und Landmanagement 2/2015: 85–90. doi https://doi.org/10.12902/zfv-0055-2015

Regionaler Planungsverband Landshut (2007) Regionalplan Region Landshut (13). Nah- und Mittelbereiche. http://www.region.landshut.org/plan/plan_aktuell/teil_a/a_karte_nahmittelbereiche.pdf. Zugegriffen: 8. Januar 2019

Schwarze B (2005) Erreichbarkeitsindikatoren in der Nahverkehrsplanung. (= Arbeitspapier 184). Dortmund: Institut für Raumplanung, Universität Dortmund.

Steinrück B, Küpper P (2010) Mobilität in ländlichen Räumen unter besonderer Berücksichtigung bedarfsgesteuerter Bedienformen des ÖPNV. Arbeitsberichte aus der vTI-Agrarökonomie 02/2010

Teil III

Teilaspekt: Technik

Jan Christopher Kolb, Lothar Wech, Martin Schwabe,
Christopher Ruzok und Christoph Trost

Die Entwickler von selbstfahrenden Fahrzeugen sind sich einig, dass es nach heutigem Stand der Technik über eine Milliarde Testkilometer bedarf, um ein autonom fahrendes Fahrzeug zu entwickeln. Daher überrascht es nicht, dass der „autonome" Shuttlebus in Bad Birnbach lediglich als teilautomatisiert einzustufen ist. Dennoch ist das Projekt wertvoll, um Erkenntnisse für die Entwicklung von autonomen Fahrzeugen zu erlangen und deren Einsatz im öffentlichen Personennahverkehr (ÖPNV) beurteilen zu können. Im vorliegenden Teilprojekt wurden innerhalb von vier Monaten über dreihundert Situationen dokumentiert, in denen die Fahrt unplanmäßig unterbrochen wurde. Diese wurden anschließend ausgewertet und teilweise in Versuchen nachgestellt. Es hat sich gezeigt, dass der Shuttlebus im aktuellen Betriebsmodell unfallfrei fahren kann. Allerdings ist für das unfall- und unterbrechungsfreie Fahren der durch die Zulassungsauflagen vorgeschriebene Operator an Bord zwingend erforderlich. Dieser muss an verschiedenen Stellen der Strecke – inklusive der Haltestellen – die Weiterfahrt bestätigen, den Bus um Hindernisse lenken und bei einem drohenden Unfall eingreifen. Ohne Operator käme es zur Kollision, da die Technik des Busses nicht alle kritischen Situationen erkennt. Der Bus kann im aktuellen Entwicklungsstand weder fahrerlos betrieben noch als zuverlässige Ergänzung im ÖPNV eingesetzt werden. Der Bus stellt dennoch einen wichtigen Schritt in Richtung autonomen Fahrens dar, welches weiterhin im Rahmen zukünftiger Forschungs- und Entwicklungsprojekte vorangetrieben werden muss.

J. C. Kolb (✉) · M. Schwabe · C. Ruzok · C. Trost
Technische Hochschule Ingolstadt, Forschungszentrum CARISSMA, Ingolstadt, Deutschland
E-Mail: janchristopher.kolb@carissma.eu; martin.schwabe@thi.de; christopher.ruzok@
carissma.eu; christoph.trost@carissma.eu

L. Wech
Technische Hochschule Ingolstadt, Ingolstadt, Deutschland
E-Mail: lothar.wech@thi.de

57

A. Riener et al. (Hrsg.), *Autonome Shuttlebusse im ÖPNV*,
https://doi.org/10.1007/978-3-662-59406-3_5

5.1 Einleitung

Weltweit betreiben Fahrzeughersteller, Start-Ups und Großkonzerne aus der IT-Branche Entwicklungen mit dem Ziel des automatisierten Fahrens. Hinzu kommen Unternehmen, die die entwickelte Technik für ihre Zwecke nutzen und unter realen Bedingungen zum Einsatz bringen. Bisher war aber noch kein autonomer Shuttlebus auf deutschen öffentlichen Straßen darunter. Abgesehen von einzelnen Testfahrten der Entwickler gibt es zum Start des Projektes „Einführung und Betrieb eines selbstfahrenden Shuttleverkehrs im ÖPNV in Bad Birnbach" in Deutschland auch keine anderen Projekte mit autonom fahrenden Fahrzeugen. Somit eignet sich das Projekt in Bad Birnbach unter anderem für Forschungen hinsichtlich des Betriebs, der Infrastruktur und der eingesetzten Technik, sowie deren Auswirkungen auf den Einsatz sogenannter People Mover im öffentlichen Personennahverkehr (ÖPNV). Im vorliegenden Teilprojekt wurden diese Aspekte im Hinblick auf die Verkehrssicherheit analysiert.

Um ein Projekt wie den Shuttlebus in Bad Birnbach durchzuführen, muss eine technische Prüfstelle hinzugezogen werden, die die Zulassungsempfehlung aussprechen kann. Hierbei kontrolliert die technische Prüfstelle die Einhaltung der geltenden Gesetze und achtet bei Ausnahmen darauf, dass die notwendige Sicherheit gewährleistet ist. Im Falle des Projektes in Bad Birnbach konnte nicht nur die Technik des Shuttlebusses als alleiniges System betrachtet werden. Es musste ein Gesamtkonzept freigegeben werden, das den Betrieb und das Umfeld mit einschließt. Hierbei müssen Hersteller, Betreiber, technische Prüfstelle, lokale Behörden und Landesbehörden zusammenarbeiten, bis eine Zulassung des Shuttlebusses ausgesprochen werden kann. Entsprechend dem Gesamtkonzept wurden Änderungen am Bus vorgenommen, Funktionen eingeschränkt, Infrastruktur angepasst und ein Operator, der durchgängig an Bord ist und notfalls eingreifen kann, eingesetzt. Hinzu kommt, dass der Bus auf einer festgelegten Route verkehrt, ohne diese verlassen zu können.

Hinsichtlich der Technik wurde nicht der Bus als Gesamtsystem betrachtet, sondern die Forschungen konzentrierten sich auf den Teil, der essenziell für einen autonomen Betrieb ist. Dieser setzt sich wiederum aus den Subsystemen Aktuatorik und Sensorik zusammen. Dabei ist die Aktuatorik für die Bewegung – beschleunigen, bremsen, lenken – des Busses zuständig. Die Sensorik ist für die Ansteuerung der Aktuatorik verantwortlich. Sie bildet sozusagen „den Kopf" des Systems, der durch Sensoren das Umfeld erfasst und mittels Analysealgorithmen entscheidet, wie sich der Bus bewegt.

Für einen fahrerlosen Betrieb müssen die Orientierung an dem unveränderlichen sowie die Reaktionen auf den veränderlichen Bestandteil des Umfeldes durch die Sensorik sichergestellt sein. In den vorliegenden Forschungen wurde das Hauptaugenmerk auf die Interaktion mit weiteren Verkehrsteilnehmern und anderen Objekten sowie das daraus resultierende unfallfreie Fahren gelegt.

Der Bus in Bad Birnbach soll den Bahnhof mit dem Marktplatz verbinden und dabei an der Rottal Terme und dem Touristenzentrum Artrium halten. Zu Beginn der Forschungen verkehrte der Bus lediglich zwischen Marktplatz und Rottal Terme mit einem Halt am

Artrium. Zur Mitte des Projekts wurde zusätzlich ein Teilstück der Strecke in Richtung des Bahnhofs in Betrieb genommen. Die Route führt über befahrene Straßen, Fußgängerzonen – zeitweise mit Lieferverkehr – und asphaltierte Feldwege. An verschiedenen Stellen mussten Veränderungen der Infrastruktur vorgenommen werden, um den Zulassungsbedingungen Rechnung zu tragen. Darunter finden sich Markierungen zur Orientierung sowie Straßenverbreiterungen wieder, die mit den Systemen des Busses abgestimmt wurden.

Im vorliegenden Teilprojekt wird in erster Linie die Frage behandelt, ob der Bus ohne die zusätzlich getroffenen Sicherheitsmaßnahmen einen unfallfreien Betrieb darstellen könnte. Zusätzlich werden weitere Erkenntnisse hinsichtlich des Verkehrsflusses und des Fahrkomforts erhofft. Mittels Dokumentationen durch die Operatoren und Interviews mit selbigen werden Informationen über Verkehrssituationen gesammelt, in denen die Fahrt des Busses unplanmäßig unterbrochen wird. Die Datenerhebung wird durch zufällige Gespräche mit den Fahrgästen sowie eigenen Erfahrungen ergänzt, aber bei der prozentualen Auswertung nicht berücksichtigt. Durch die Analyse der gesammelten Daten werden häufige Ursachen für die Unterbrechung der Fahrt sowie kritische Situationen, die der Bus unfallfrei nicht selbstständig durchfahren kann, identifiziert.

In einer abschließenden Versuchsreihe werden die Sicherheitseinrichtungen des Busses validiert sowie Gefahrensituationen nachgestellt. Hierdurch werden Sicherheitslücken aufgezeigt, die bei den weiteren Entwicklungen von autonomen Fahrzeugen berücksichtigt und abgesichert werden müssen. Es wird davon ausgegangen, dass die meisten Anforderungen alle Entwicklungen der autonomen Mobilität betreffen. Einige werden aber voraussichtlich spezielle Anforderungen für den Einsatz der People Mover im ÖPNV sein.

5.2 Fahrzeugbeschreibung

5.2.1 Autonomer Shuttlebus

Die bestehende Verkehrsinfrastruktur ist vielerorts und ganz besonders in Ballungsgebieten überlastet. Dies führt zu zeitlichen Verzögerungen, sinkender Verkehrseffizienz und volkswirtschaftlichen Kosten. Diese und viele weitere Herausforderungen haben dazu geführt, dass seit einiger Zeit intensiv an Technologien zum automatisierten Fahren sowie damit verbundenen neuen Mobilitätskonzepten gearbeitet wird. Dieses Thema betrifft nicht nur den Pkw-Verkehr, sondern insbesondere auch Nutzfahrzeuge sowie den Personentransport in Bussen.

In den Städten ist der ÖPNV ein wichtiger Baustein der Mobilität, jedoch lassen sich nicht alle Strecken wirtschaftlich betreiben. Die Automatisierung kann hier einen Beitrag zum kostengünstigeren Betrieb eines Busses liefern. Mithilfe fahrerloser U-Bahnen konnte man bereits Erfahrungen mit dem automatisierten Betrieb sammeln. Jedoch bestehen zu einem autonom fahrenden Bus zwei wesentliche Unterschiede. Zum einen wird eine U-Bahn in einem abgeschlossenen Verkehrsbereich betrieben, zum anderen ist eine Bahn natürlich schienengebunden. Auf Strecken mit einem geringen Passagieraufkommen sind dagegen autonom fahrende Shuttlebusse kostengünstiger, da keine spezielle Infrastruktur erforderlich ist. Solche Busse haben i. d. R. einen Elektroantrieb, was dann auch der Umweltsituation in Innenstädten zu Gute kommt.

Der erste autonome Shuttlebus, der in Deutschland im öffentlichen Straßenverkehr zugelassen ist, fährt seit Herbst 2017 im Kurort Bad Birnbach. Da der Begriff „Autonomer Shuttlebus" nicht klar definiert ist, muss zunächst der Automatisierungsgrad des Busses vom Typ EZ10 (Hersteller EasyMile) abgeklärt werden. Vor ein paar Jahren wurden dazu sowohl vom Verband der Automobilindustrie (VDA 2015) in Zusammenarbeit mit der Bundesanstalt für Straßenwesen (BASt) als auch von der Society of Automobile Engineers (SAE 2018) die Stufen der Automatisierung definiert (siehe auch VDI 2018).

Level/Stufe 0 („No Driving Automation"/„Driver only"):

Der Fahrer erfüllt dauerhaft die gesamte Fahraufgabe selbstständig. Andere Fahrzeugsysteme können allerdings Warnungen anzeigen oder temporäre Unterstützung bieten. Beispiel hierfür ist ein ABS-System.

Level/Stufe 1 („Driver Assistance"/„Assistiert"):

Das System übernimmt dauerhaft die Längs- oder Querführung in einem bestimmten Operationsbereich. Der Fahrer verantwortet sowohl die jeweils andere Führung als auch die restlichen Teile der Fahraufgabe. Er hat das System jederzeit zu überwachen und einzugreifen, um ein sicheres Agieren des Fahrzeuges zu gewährleisten. Der Fahrer bestimmt, ob das System aktiviert werden soll und übernimmt die vollständige dynamische Fahraufgabe, sobald er es wünscht oder es verlangt wird. Beispiele hierfür sind das ACC-System (Abstandsregeltempomat) oder der Spurhalteassistent. So ist der Fahrer beim Spurhalteassistent für das Beschleunigen und Bremsen verantwortlich und wird hinsichtlich der Querführung vom System unterstützt.

Level/Stufe 2 („Partial Driving Automation"/„Teilautomatisiert"):

Das System übernimmt dauerhaft die Längs- und Querführung in einem bestimmten Operationsbereich. Es gelten die gleichen Rollenverteilungen wie unter Stufe 1. Als Beispiele hierfür sind der unterstützende Stauassistent oder das sogenannte Schlüsselparken zu nennen. Zum Schlüsselparken lässt sich das Fahrzeug über den Autoschlüssel oder eine Handy-App von außen automatisch in eine vorher ausgewählte Parklücke ein- und anschließend wieder herausfahren. Der Fahrroboter übernimmt also die Quer- und Längsführung (Einparken) für kurze Zeit in einer spezifischen Situation (Parkvorgang). Level 2 ist durch eine dauerhafte Überwachung des Fahrers sowie die jederzeitige Bereitschaft zur vollständigen Übernahme gekennzeichnet.

Level/Stufe 3 („Conditional Driving Automation"/„Hochautomatisiert"):

Das System übernimmt dauerhaft und vollständig die dynamische Fahraufgabe in einem bestimmten Operationsbereich. Der Fahrer entscheidet, ob das System aktiviert werden soll. Er muss das System nicht mehr kontinuierlich überwachen, muss aber innerhalb eines angemessenen Zeitraums eingreifen können, sobald das System dies verlangt oder Systemgrenzen auftreten. Darüber hinaus bestimmt er, ob und wie ein risikominimaler Zustand erreicht wird. Ein Beispiel hierfür ist ein Assistenzsystem, das auf Autobahnen zeitweise die Längs- und Querführung übernimmt.

Level/Stufe 4 („High Driving Automation"/„Vollautomatisiert"):

Das System übernimmt dauerhaft und vollständig die Fahraufgabe in einem bestimmten Operationsbereich. Der Fahrer entscheidet, ob er das System nutzt oder ob er selbst fährt. Er muss nicht in der Lage sein, einzugreifen und muss nicht bestimmen, ob und wie ein risikominimaler Zustand erreicht wird. Das System erkennt Systemgrenzen und fordert notfalls den Fahrer auf, innerhalb eines angemessenen Zeitraums einzugreifen. Greift der Fahrer nicht ein, wird das Fahrzeug vom System in den risikominimalen Zustand überführt. Ab Stufe 4 wird der Fahrer auch als Nutzer bezeichnet.

Level/Stufe 5 („Full Driving Automation"/„Fahrerlos"):

Das System übernimmt dauerhaft, vollständig und bedingungslos die Fahraufgabe. Es befindet sich kein Fahrer im Fahrzeug und das Fahrzeug ist nicht mehr an Einschränkungen durch einen Operationsbereich gebunden. Es gelten die gleichen Rollenverteilungen wie unter Stufe 4. Ein Beispiel hierfür ist ein fahrerloses Shuttle auf dafür vorgesehenen Strecken.

Abb. 5.1 zeigt die Stufen der Automatisierung nach VDA (2015), Abb. 5.2 nach SAE-Einteilung (SAE 2018).

Da ein autonomer Shuttlebus wie der EasyMile EZ10 theoretisch keinen Fahrer benötigt, wird das Fahrzeug ohne Lenkrad und Pedale ausgeliefert. Zur Absicherung bzw. zur Erfüllung der Zulassungsbedingungen wird allerdings jede Fahrt von einem Operator begleitet, der das Fahrzeug über Joystick und Tablet-Computer steuern kann. Falls das

STUFE 0	STUFE 1	STUFE 2	STUFE 3	STUFE 4	STUFE 5
DRIVER ONLY	ASSISTIERT	TEIL-AUTOMATISIERT	HOCH-AUTOMATISIERT	VOLL-AUTOMATISIERT	FAHRERLOS
Fahrer führt dauerhaft Längs- und Querführung aus.	Fahrer führt dauerhaft Längs- oder Querführung aus.	Fahrer muss das System dauerhaft überwachen.	Fahrer muss das System nicht mehr dauerhaft überwachen. Fahrer muss potenziell in der Lage sein, zu übernehmen. System übernimmt Längs- und Querführung in einem spezifischen Anwendungsfall*. Es erkennt Systemgrenzen und fordert den Fahrer zur Übernahme mit ausreichender Zeitreserve auf.	Kein Fahrer erforderlich im spezifischen Anwendungsfall. System kann im spezifischen Anwendungsfall* alle Situationen automatisch bewältigen.	Von „Start" bis „Ziel" ist kein Fahrer erforderlich. Das System übernimmt die Fahraufgabe vollumfänglich bei allen Straßentypen, Geschwindigkeitsbereichen und Umfeldbedingungen.
Kein eingreifendes Fahrzeugsystem aktiv.	System übernimmt die jeweils andere Funktion.	System übernimmt Längs- und Querführung in einem spezifischen Anwendungsfall*.			

* Anwendungsfälle beinhalten Straßentypen, Geschwindigkeitsbereiche und Umfeldbedingungen

Abb. 5.1 Übersicht der Automatisierungsgrade nach VDA. (Quelle: VDA 2015)

Level	Name	Narrative definition	DDT		DDT fallback	ODD
			Sustained lateral and longitudinal vehicle motion control	OEDR		
Driver performs part or all of the *DDT*						
0	No Driving Automation	The performance by the *driver* of the entire *DDT*, even when enhanced by *active safety systems*.	Driver	Driver	Driver	n/a
1	Driver Assistance	The *sustained* and *ODD*-specific execution by a *driving automation system* of either the *lateral* or the *longitudinal vehicle motion control* subtask of the DDT (but not both simultaneously) with the expectation that the *driver* performs the remainder of the *DDT*.	Driver and System	Driver	Driver	Limited
2	Partial Driving Automation	The *sustained* and *ODD*-specific execution by a *driving automation system* of both the *lateral* and *longitudinal vehicle motion control* subtask of the DDT with the expectation that the *driver* completes the *OEDR* subtask and *supervises* the *driving automation system*.	System	Driver	Driver	Limited
ADS ("System") performs the entire *DDT* (while engaged)						
3	Conditional Driving Automation	The *sustained* and *ODD*-specific performance by an *ADS* of the entire DDT with the expectation that the *DDT fallback-ready user is receptive* to *ADS*-issued *requests to intervene*, as well as to *DDT performance-relevant system failures* in other *vehicle* systems, and will respond appropriately.	System	System	Fallback-ready user (becomes the driver during fallback)	Limited
4	High Driving Automation	The *sustained* and *ODD*-specific performance by an *ADS* of the entire *DDT* and *DDT fallback* without any expectation that a *user* will respond to a *request to intervene*.	System	System	System	Limited
5	Full Driving Automation	The *sustained* and unconditional (i.e., not *ODD*-specific) performance by an *ADS* of the entire *DDT* and *DDT fallback* without any expectation that a *user* will respond to a *request to intervene*.	System	System	System	Unlimited

Abb. 5.2 Automatisierungsgrade nach SAE-Definition. (Quelle: SAE 2018)

System an Grenzen stößt, kann der Operator bremsen, beschleunigen und lenken. Der Shuttlebus könnte – da ohne Lenkrad und Pedale ausgerüstet und aufgrund des symmetrischen Erscheinungsbilds – theoretisch ohne Wenden in beide Richtungen fahren, was jedoch in Bad Birnbach in der Typgenehmigung ausgeschlossen werden musste.

Der Begriff „Autonomer Shuttlebus" impliziert, dass es sich um ein Fahrzeug der Stufe 5 nach SAE handeln müsste. Level 5 sieht vor, dass das System dauerhaft, vollständig und bedingungslos die Fahraufgabe übernimmt. Dazu gehört auch das Bewältigen aller Straßenbedingungen, Umgebungen, Verkehrssituationen und Geschwindigkeitsbereiche. Die Strecken, auf denen der EZ10 in Bad Birnbach verkehrt, werden hochgenau über Differential-GPS (dGPS) in das Fahrzeug einprogrammiert, weshalb es auf virtuellen Schienen fährt. Außerdem weiß der Bus auf dieser Strecke jederzeit, wo er sich befindet und wo er entlangzufahren hat. Das Fahrzeug kann sich so aber nur innerhalb vorher definierter Bereiche bewegen. Es kann Objekte wahrnehmen, aber nicht eigenständig umfahren. Ebenso ist eine Freigabe des Operators beim Linksabbiegen erforderlich. Darüber hinaus liegt die Operationsgeschwindigkeit bei maximal 15 km/h. Demnach sind die Kriterien für Level 5 nicht erfüllt. Dies wird auch durch die Tatsache gestützt, dass sich im Shuttlebus ein Operator befinden muss, der durchgängig die Fahrt überwacht und jederzeit eingreifen kann.

Zusammenfassend lässt sich sagen, dass der Shuttlebus aufgrund der beschriebenen Eigenschaften als ein Fahrzeug der Stufe 2 eingeordnet werden muss. Das System übernimmt zwar die Längs- und Querführung des Fahrzeuges und erkennt seine Grenzen, muss aber gemäß Zulassungsvorgaben ständig vom Operator überwacht werden. Um als Level-3-Fahrzeug eingestuft zu werden, müsste die ständige Überwachung des Systems durch den Operator entfallen und das Fahrzeug nur im Fehlerfall den Operator zur Übernahme auffordern. Dies stellt den grundlegenden Unterschied zu Stufe 2 dar.

Natürlich ist auch der Betrieb eines Level-2-Fahrzeuges im öffentlichen Straßenverkehr bestens geeignet, Erfahrungen und Daten zur Erhöhung der Verfügbarkeit, der Zuverlässigkeit und der Sicherheit zu sammeln.

5.2.2 Technik, Funktionsweise und Betrieb des Shuttlebusses

Das in Bad Birnbach eingesetzte Shuttle EZ10 ist ein autonomer, fahrerloser Kleinbus der Firma EasyMile. Der Bus besitzt eine Kapazität für 12 Personen (6 Sitz- und 6 Stehplätze ohne Sicherheitsgurt). Die Fahrtgeschwindigkeit beträgt bis zu 40 km/h. Angetrieben wird der Bus von einem Asynchron-Drehstrommotor. Dieser bezieht seine Energie aus Akkus, welche bis zu 14 Stunden autonomes Fahren ermöglichen.

Um den autonomen Betrieb zu ermöglichen, verfügt der Bus über eine Lokalisierung zur Positionsbestimmung und eine Hinderniserkennung.

5.2.2.1 Lokalisierung
Hier greifen verschiedene Messmethoden und Sensoren ineinander, um eine möglichst genaue Positionsbestimmung zu ermöglichen. Die Odometrie verwendet Raddrehzahlsensoren und eine verbaute Inertial Measurement Unit (IMU) zur Lageschätzung. Auf dem Dach des Busses sind zwei Lidarsensoren jeweils nach vorne und rückwärts gerichtet mit 110° Öffnungs- und 3,2° Neigungswinkel verbaut (Abb. 5.3). Weiter verfügt der Bus über dGPS, welches die nötigen Korrekturdaten über ein verbautes Mobilfunkmodem erhält.

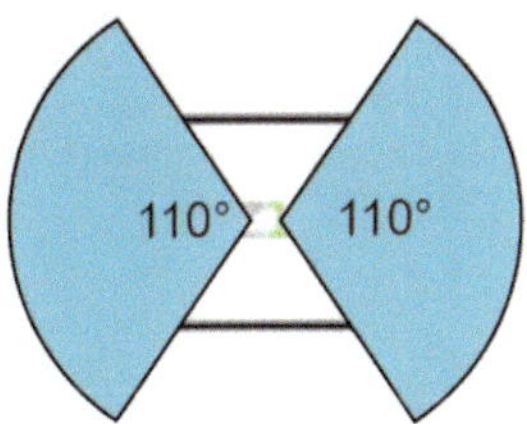

Abb. 5.3 Sichtfeld Multi-LIDAR zur Positionsbestimmung. (Quelle: EasyMile o. J.)

Die Odometrie-, LIDAR- und dGPS-Daten werden zusammengeführt und abgeglichen, um so die Position möglichst exakt bestimmen zu können. Diese IST-Positionsdaten werden im letzten Schritt per Simultaneous Localization and Mapping, kurz SLAM-Verfahren, mit den im Bus statisch gespeicherten Kartendaten abgeglichen.

5.2.2.2 Hinderniserkennung

Da in Bad Birnbach zwei Busse mit verschiedenen Technikständen Generation 1 Version 2.0 und Version 2.3 (Gen1 2.0 und 2.3) eingesetzt werden, unterscheidet sich die Anzahl und die Art der verwendeten Sensoren zur Objekterkennung. Die ältere Version 2.0 verwendet vier einstrahlige Lidarsensoren mit einem Öffnungswinkel von 270°, welche an den Ecken des Shuttles auf 30 cm Höhe angebracht sind (Abb. 5.4).

Die neuere Version 2.3 des Busses verwendet zusätzlich zwei Multi-Lidarsensoren, welche jeweils nach vorne und rückwärts gerichtet mit 180° Öffnungs- und 32° Neigungswinkel verbaut sind (Abb. 5.5).

Die Darstellung in Abb. 5.6 fasst die genannten Sensoren zusammen, welche im Bus verwendet werden. In Grau abgebildet sind zwei Kameras, die jeweils vorder- und rückseitig auf ca. 2 m Höhe angebracht sind. Diese sind im aktuellen Technikstand des Busses außer Betrieb und werden daher nicht weiter berücksichtigt.

Durch die vier einstrahligen LIDAR und das Multi-LIDAR-System werden um den Bus zwei Perimeter d1 und d2 errichtet (Abb. 5.7). Wenn ein Objekt in den Perimeter d2 eintritt und erkannt wird, verlangsamt der Bus seine Fahrt. Bei Abnahme des Abstandes

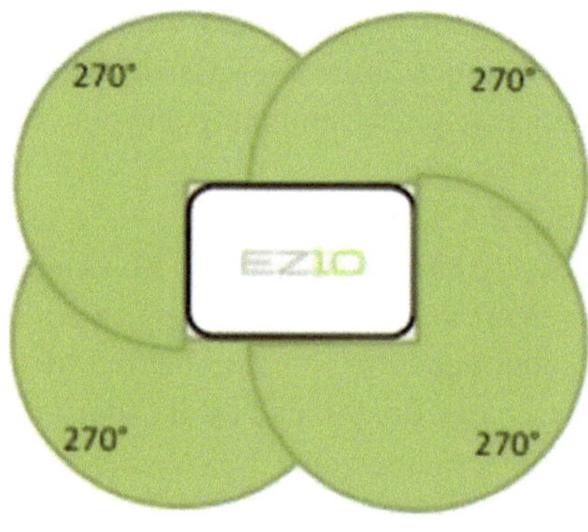

Abb. 5.4 Sichtfeld einstrahlige LIDAR. (Quelle: EasyMile o. J.)

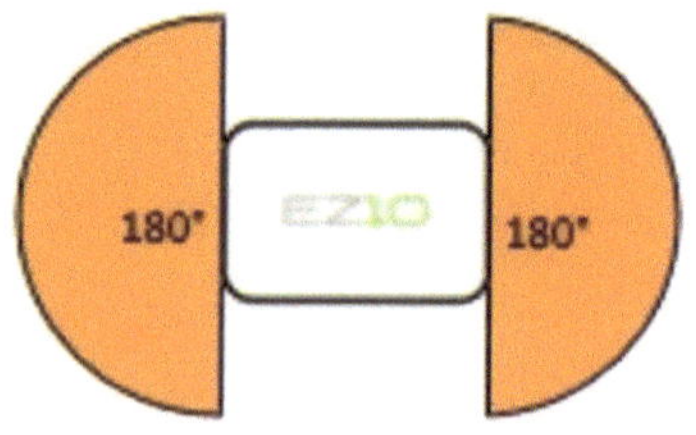

Abb. 5.5 Sichtfeld Multi-LIDAR zur Hinderniserkennung. (Quelle: EasyMile o. J.)

Abb. 5.6 Zusammenfassung aller Sensoren. (Quelle: EasyMile o. J.)

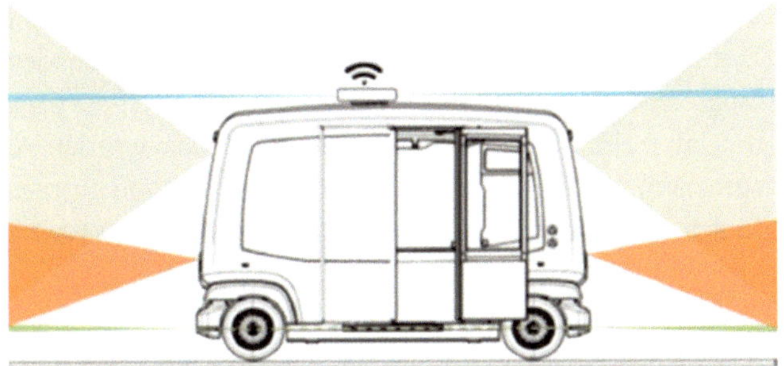

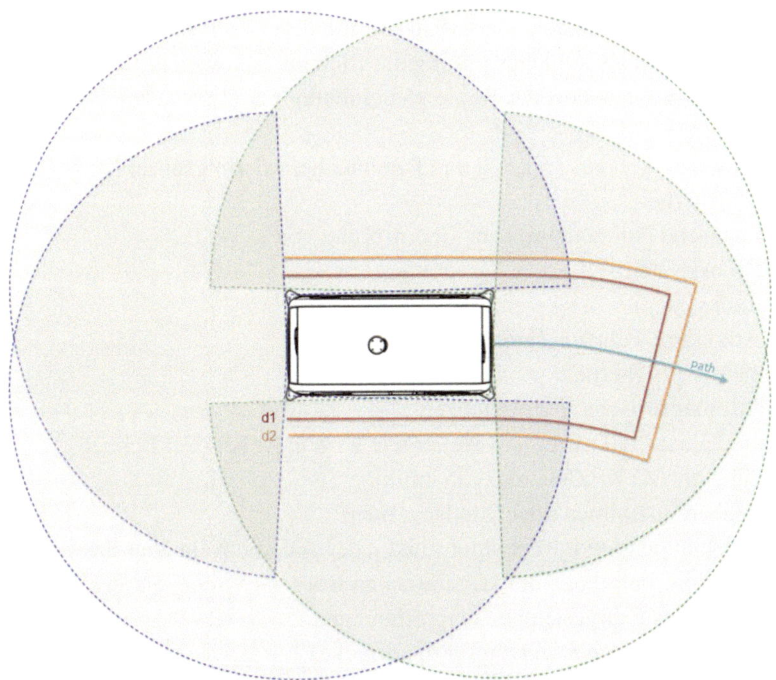

Abb. 5.7 Darstellung Perimeter zur Objekterkennung. (Quelle: EasyMile o. J.)

zum Bus verringert sich die Geschwindigkeit bis auf 1 km/h bei Erreichen von Perimeter d1. Beim Eintritt des Hindernisses in Perimeter d1 löst der Shuttlebus selbständig einen Not-Stopp aus und kommt unmittelbar zum Stehen. Abhängig davon, von welcher Seite das Hindernis auf den Bus zukommt, variieren die Abmessungen von d1 und d2. Seitlich beträgt der Abstand, laut Herstellerangabe, von der äußersten Kante des Shuttles zum Perimeter d1 30 cm und zum Perimeter d2 150 cm. Hinter dem Shuttle gibt es keinen Perimeter d1 und d2 und somit auch keine Reaktion auf Hindernisse. Vor dem Shuttle passen sich beide Perimeter dynamisch der Geschwindigkeit und Lenkbewegung an, wie in Abb. 5.7 dargestellt.

5.2.2.3 Zulassungsbedingungen für den Betrieb auf öffentlichen Straßen

Das Fahren auf öffentlichen Straßen als selbstfahrendes Fahrzeug erforderte einen umfangreichen Prüf- und Zulassungsprozess. Durch die Zusammenarbeit von Hersteller, Betreiber, technischer Prüfstelle und Behörden wurden Ausnahmegenehmigungen ausgesprochen, ein Sicherheitskonzept entwickelt und Infrastrukturänderungen ausgearbeitet. In den Dokumenten ist eine Reihe von Auflagen gefordert:

- Funktionale Sicherheit
  - Risiko und Gefährdungsanalyse in Anlehnung an ISO 26262-2011
  - Risikobewertung von Szenarien nach Häufigkeit der Situation, Gefährdungsgrad und Beherrschbarkeit von Fehlern
  - Ableitung von Maßnahmen zur Risikoverminderung als Teil des Sicherheitskonzepts
  - Dynamische Tests zur Überprüfung des Sicherheitskonzepts
  - Bus folgt automatisiert der Route, die einmalig per Laserscanner im Bordcomputer eingelesen wurde
  - Geschwindigkeit auf 15 km/h und Personenbeförderungsanzahl auf sechs begrenzt
- Betriebssicherheit
  - Dynamische Fahrzeugtests zur Überprüfung von
    - Bremssystem
    - Lenksystem
    - Autonome Fahrfunktionen
  - Elektrische Sicherheit
  - Elektromagnetische Verträglichkeit
  - Keine Fahrten bei extremem Wetter wie Regen, Nebel oder Schnee
- Einstufung als SO.KFZ bis max. 25 km/h
- Wiener Übereinkommen über Straßenverkehr
  - Beherrschungsgrundsatz: Fahrer muss jederzeit Kontrolle über das Fahrzeug haben
  - Implikation: Fahrtbegleiter (Operator) an Bord als Voraussetzung, der jederzeit bei Bedarf in das Fahrgeschehen eingreifen kann
- Infrastruktur (bauliche Auflagen für die Strecke)
  - Einbau von drei Rüttelschwellen, um die Geschwindigkeit des Verkehrs zu drosseln
  - Fahrbahnverbreiterung auf zwei Abschnitten und Anbringen eines Mittelstreifens
  - Anbringen von Hinweisschildern, um auf den autonomen Kleinbus aufmerksam zu machen (ioki o. J.)
  - Aufstellen von Orientierungstafeln zur Lokalisierung bei wenig bebauten Gebieten

Erst nach Erfüllung und Umsetzung aller Auflagen wurde die Freigabe für das Gesamtsystem ausgesprochen und der Bus zum Betrieb auf öffentlichen Straßen zugelassen.

5.2.2.4 Betrieb des Shuttlebusses und Streckenverlauf

Ziel des Projektes ist es, den Marktplatz mit dem Bahnhof Bad Birnbach durch regulären Fahrgastbetrieb zu verbinden (Abb. 5.8). Die Strecke wurde in drei Abschnitte unterteilt,

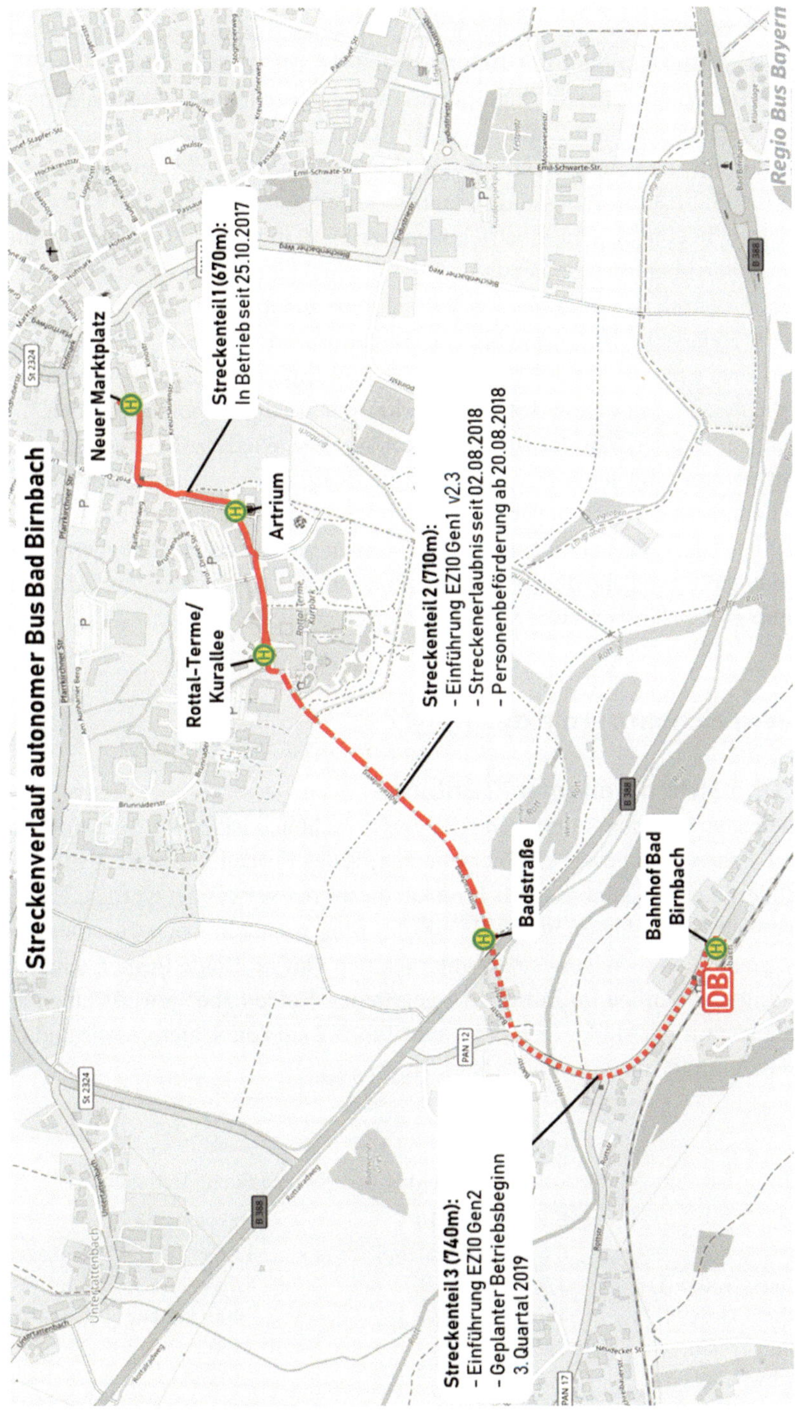

Abb. 5.8   Streckenverlauf. (Quelle: DB Regio Bus o. J.)

welche schrittweise in Betrieb genommen werden. Streckenabschnitt 1 mit 670 m Länge führt vom Marktplatz über das Artrium bis zur Rottal Terme. Der Betrieb startete am 25.10.2017. Der Bus fährt hier mit 10 km/h von 8–18 Uhr an sieben Tagen der Woche im 20-Minuten-Takt. In diesem Abschnitt gibt es drei Haltestellen (Marktplatz, Artrium, Rottal Terme). Streckenabschnitt 2 führt von der Rottal Terme Richtung Bundesstraße B388 bis zur Haltestelle Badstraße kurz vor der Unterführung. Für diesen Streckenabschnitt wurde am 02.08.2018 die Zulassungserlaubnis erteilt und am 20.08.2018 mit der Personenbeförderung begonnen. Mit Inbetriebnahme des 710 m langen Abschnittes wurde auch der Bus gegen die überarbeitete Version 2.3 getauscht. Der neue Bus übernimmt damit den regulären Fahrbetrieb. Die alte Version 2.0 dient als Ersatz. Der dritte Streckenabschnitt führt von der Haltestelle Badstraße bis zum Bahnhof Bad Birnbach. Er misst eine Länge von 740 m. Der geplante Betriebsbeginn ist für das dritte Quartal 2019 vorgesehen. Hier soll auch die zweite Generation des EZ10 Shuttles erstmalig eingesetzt werden.

An allen Haltestellen hält der Bus selbstständig. Die Wiederaufnahme der Fahrt muss durch den Operator eingeleitet werden. Hierdurch wird unter anderem sichergestellt, dass sämtliche Fahrgäste ein- und ausgestiegen sind sowie die Strecke frei ist. An Stellen, an denen der Shuttlebus links abbiegen muss, schreiben die Zulassungsauflagen einen Stopp des Busses und die Freigabe durch den Operator vor. Auf der Strecke vom Marktplatz bis zum Artrium gibt es hiervon zwei Stellen, in der Gegenrichtung eine.

5.2.3 Vergleichbare Projekte

5.2.3.1 Übersicht autonomer Kleinbusse

Da das Thema der autonom fahrenden Kleinbusse recht neu ist, ist die Situation am Markt verfügbarer Fahrzeuge dieser Art überschaubar. Zwei Firmen haben sich in Europa am Markt etabliert, deren Kleinbusse für Projekte dieser Art verwendet werden. Hierbei handelt es sich um das Unternehmen EasyMile, von welchem auch für dieses Projekt Fahrzeuge genutzt werden, sowie das Unternehmen Navya. Beide Firmen sind in Frankreich ansässig und wurden im Jahre 2014 gegründet. Beide haben jeweils einen autonom fahrenden Kleinbus am Markt. In Tab. 5.1 und Tab. 5.2 sind die Unterschiede und Gemeinsamkeiten dargestellt, um einen Überblick zu geben.

Tab. 5.1 Basisdaten der Shuttlebusse von EasyMile und Navya (eigene Darstellung)

Basisdaten	EasyMile EZ10	Navya Arma
Fahrgäste	6 Sitz- und 6 Stehplätze	11 Sitz- und 4 Stehplätze
Abmessungen (L×B×H)	3,93 × 1,99 × 2,75 m	4,75 × 2,11 × 2,65 m
Gewicht (Leer/Gesamt)	1800/2800 kg	2400/3450 kg
Zul. Gesamtgewicht	2800 kg	3450 kg
Max. Geschwindigkeit	40 km/h	25 km/h
Max. Fahrdauer	14 h	9 h

Tab. 5.2 Umfeldsensoren und deren Funktionen der Shuttlebusse von EasyMile und Navya (eigene Darstellung)

Sensor	EasyMile EZ10	Navya Arma
Odometrie	Raddrehzahlsensor, IMU (Lokalisierung)	Raddrehzahlsensor, IMU (Lokalisierung)
dGPS	GPS + Korrektur Signal über Mobilfunk (Lokalisierung)	GNSS RTK (Lokalisierung)
LIDAR	2 × 110° Multi-LIDAR (Lokalisierung) 4 × 270° Einstrahl-LIDAR, 2 × 180° Multi-LIDAR (Objekterkennung)	2 × 360° Multi-LIDAR, 6 × 180° Einstrahl-LIDAR (Lokalisierung und Objekterkennung)
Kamera	2 (Objekterkennung)	2 (Objekterkennung)
Radar	nicht verbaut	nicht verbaut

Beide Fahrzeuge verwenden zur Lokalisierung Odometrie-, dGPS- und LIDAR-Daten. Zur Objekterkennung werden Kamera und ebenfalls LIDAR-Daten genutzt. Im Kleinbus von Navya werden zusätzlich vier Radarsensoren zur Objekterkennung eingesetzt.

5.2.3.2 Vergleichbare Projekte im ÖPNV

Projekte mit vergleichbarer Ausrichtung gibt es (Stand Januar 2019) auf der ganzen Welt. Zum Zweck der Vergleichbarkeit sind an dieser Stelle zwei Projekte in Deutschland mit ähnlicher Ausrichtung und Umfang aufgeführt.

Berlin – Forschungsprojekt „Stimulate"

Die Berliner Verkehrsbetriebe und das Universitätsklinikum Charité testen seit Anfang 2018 zusammen den Einsatz von vier autonomen Kleinbussen des Anbieters Navya und EasyMile auf den Geländen Berlin-Mitte und Berlin-Wedding der Charité. Die beiden Standorte eignen sich besonders gut für das Projekt, da sie vom öffentlichen Straßennetz abgegrenzt sind. Trotzdem wird aufgrund der vielen Wege, Kreuzungen und Verkehrsteilnehmer das normale Verkehrsgeschehen wirklichkeitsnah abgebildet. Hier sind die Busse wochentags von 9–16 Uhr auf drei Rundkursen mit 26 Haltestellen und max. 20 km/h unterwegs (Neumann 2018). Vorerst wird analog zu Bad Birnbach mit einem Operator an Bord gefahren, der jederzeit eingreifen kann. Ziel von Stimulate ist das Sammeln von Erkenntnissen zur Akzeptanz der Nutzer sowie die Erprobung der technischen Umsetzung im Alltagsbetrieb (Krempl 2018).

Hamburg – Forschungsprojekt „HEAT"

Das Projekt Hamburg Electric Autonomous Transportation, kurz HEAT, wurde von Partnern aus Stadt, Industrie und Forschung 2018 ins Leben gerufen. Ziel ist es, herauszufinden, ob sich autonome Kleinbusse für den Betrieb im ÖPNV eignen und ob die zugrunde liegende Technik robust genug ist, alle alltags- und sicherheitstechnischen Anforderungen zu erfüllen. HEAT startete 2018 mit der Planung und soll bis 2021 laufen. In Phase I und II wird noch ein Operator mitfahren, um eingreifen zu können. Ab Phase III, welche für 2021 geplant ist, soll das Fahrzeug vollautonom mit bis zu 50 km/h ohne Operator fahren. Der verwendete Kleinbus wird von der Firma IAV entwickelt. Er soll ähnlich wie die Busse von EasyMile und Navya mit Kameras, LIDAR und Radar ausgestattet sein. Zusätzlich soll hier V2X-Kommunikation eingesetzt werden, um die Sicherheit weiter zu erhöhen. Die Teststrecke wird 3,6 km durch die Hamburger Hafen City führen und über neun Haltestellen verfügen. Die Teststrecke soll – wie in Bad Birnbach – schrittweise einge-führt werden. Die V2X-Kommunikation wird in der finalen Ausbaustufe zwischen zwölf Ampeln und dem Kleinbus stattfinden. Die Strecke wurde ausgewählt, weil es sich ana-log zu Berlin um ein räumlich abgegrenztes Gebiet mit vielen Bussen, Pkw sowie Fuß-gängern und Radfahrern handelt, welches das Verkehrsgeschehen realitätsnah abbildet (Gängrich 2018).

5.3 Forschungsprojekt Technik

5.3.1 Projektablauf

Das Projekt wurde in fünf Abschnitte untergliedert. Im ersten Abschnitt (Phase 1) wurden die Dokumentationsbögen für den Operator definiert. Die Kernpunkte waren hier die Entwick-lung konkreter Fragestellungen mit dem Ziel einer präzisen Dokumentation für die Ursa-chenforschung. Es wurde die Sachlage der vorhandenen Dokumentation eruiert und deren Einbindung geprüft. Entscheidende Faktoren wurden identifiziert, charakterisiert und kate-gorisiert. Als letzter Punkt stand die Erfassung der Strecke mittels Kamera an. Ziel der ersten Phase war die Erstellung eines Dokumentationsbogens und die Definition des Reportings.

Im zweiten Abschnitt (Phase 2.1) stand die Analyse und Auswertung der Dokumentati-onsbögen an. Es wurden die Kameradaten und Dokumentationsbögen gesichtet und Inter-views mit den Operatoren geführt, um anschließend die dokumentierten Situationen zu fil-tern und Gemeinsamkeiten in der Auswertung zu identifizieren. Das Zusammentragen aller relevanten Daten und das Clustern von kritischen Ereignissen waren die Ziele dieser Phase.

Als nächstes sollten im dritten Abschnitt (Phase 2.2) die Versuchsanordnungen defi-niert werden. Hierfür wurden die kritischen Ereignisse in Cluster zusammengefasst und für jedes Cluster eine Versuchskonfiguration erstellt. Es wurden nur Versuchskonfiguratio-nen erstellt, welche reproduzierbar waren.

Im vierten Abschnitt (Phase 2.3) wurde die zuvor festgelegte Versuchskonfiguration in Bad Birnbach unter realen Bedingungen getestet. Hierfür wurden verschiedene Hindernisse sowie Fußgänger- und Fahrzeugattrappen verwendet, um kritische Situationen nachzu-stellen. So konnten gefahrlos technische Grenzen des Busses ausgelotet werden.

Im letzten Abschnitt (Phase 3) standen die Auswertung der Daten und der Projektbe-richt an. Die Versuchsergebnisse wurden unter Beschreibung der Einflussfaktoren, aufge-tretener Fehler sowie der Betrachtung von Ursachen und Situationen analysiert. Es wur-den Auswirkungen auf den Streckenverlauf untersucht und die Anforderungen an das Lastenheft geprüft. Im letzten Schritt wurde der Abschlussbericht erstellt.

5.3.2   Durchführung und Ergebnisse der Projektphasen

5.3.2.1   IST-Stand zu Projektbeginn

Zu Projektbeginn wurde die Sachlage der aktuellen Dokumentation eruiert (Phase 1), um zu prüfen, welche Daten schon erfasst wurden und ob diese weiterverwendet werden konnten. Es wurde festgestellt, dass die Operatoren nur technische Probleme des Busses dokumentierten (z. B. Scheibenwischer defekt, Tür klemmt beim Öffnen).

Die Strecke sowie deren Ausbaustufen wurden in Abschn. 5.2.2.4 bereits näher erläutert und in Abb. 5.8 dargestellt. In Abschn. 5.2.2.3 wurden die geforderten baulichen Änderungen, welche an der Straße durchgeführt werden mussten, ebenfalls bereits aufgeführt. Zusammenfassend gesagt, ist zu Projektbeginn die erste Ausbaustufe der Strecke in Betrieb. Die zweite Ausbaustufe wurde während der Projektphase 2 in Betrieb genommen. An der Strecke wurden drei bauliche Veränderungen vorgenommen, um den Anforderungen der Betriebszulassung zu genügen (siehe Abschn. 5.2.2.3 Abschnitt Infrastruktur).

5.3.2.2 Phase 1 – Definition der Dokumentationsbögen

Die Idee hinter den Dokumentationsbögen war, möglichst viele kritische Ereignisse zu dokumentieren, um die für Phase 2.2 nötigen Versuchskonfigurationen erstellen zu können. Weiter war es wichtig, die Anforderungen an die Operatoren möglichst gering zu halten, da hier der Zeitfaktor eine entscheidende Rolle spielte. Deshalb sollten die Dokumentationsbögen intuitiv und schnell ausfüllbar sein. Die Operatoren wurden angehalten, die Bögen möglichst unmittelbar nach einer kritischen Situation auszufüllen und die Daten möglichst unzensiert niederzuschreiben.

Der Dokumentationsbogen (Abb. 5.9) wurde in zwei Bereiche untergliedert. Der obere Bereich enthält drei Bilder von Kreuzungen (A = Marktplatz, B = Mitte, C = Artrium), ein Bild mit der kompletten Streckenübersicht und ein Piktogramm des Busses. In den Bildern sollte vom Operator eingetragen werden, an welchem Ort auf der Strecke sich die kritische Situation ereignete. Die drei Kreuzungen wurden hierbei als Brennpunkt für kritische Situationen vermutet und deshalb ausgewählt. Weiter sollte der Hergang vom Operator eingezeichnet werden, damit dieser bei der Auswertung nachvollzogen werden kann. In dem Piktogramm sollte die Richtung des Hindernisses im Verhältnis zum Bus eingezeichnet werden.

Der untere Bereich enthält die Basisdaten (Operatorname, Datum, Uhrzeit). Weiter wird die konkrete Situation abgefragt (Not-Stopp, Soft-Stopp, Komfortsituation) und ob diese durch den Operator oder das Shuttle ausgelöst wurde.

- Not-Stopp (Shuttle hält sofort an → Vollbremsung → kritische Situation)
- Soft-Stopp (Shuttle hält allmählich an → normaler Bremsvorgang → mögliche kritische Situation)
- Komfortsituation (Shuttle verlangsamt, hält nicht an → sanfter Bremsvorgang → keine kritische Situation)

Es werden ebenfalls Daten zu Fahrtrichtung, Wetter, Hindernis Geschwindigkeit und Art sowie Fahrzeug-ID abgefragt.

Dokumentation außergewöhnlicher Verkehrssituationen

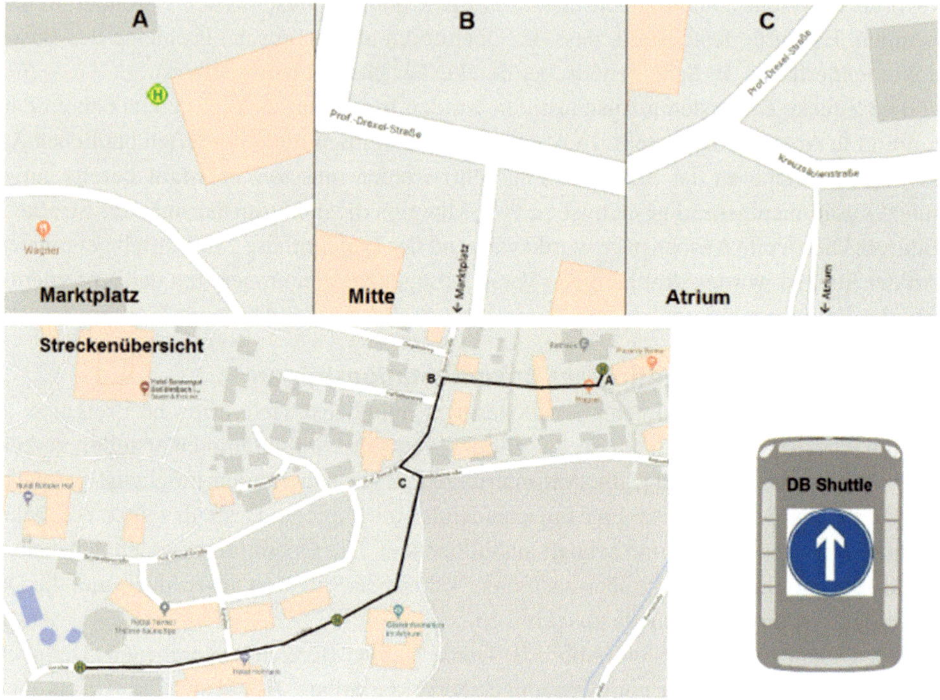

Operator: ______________   Datum: ______________   Uhrzeit: ____________ | Fahrzeug-ID

Not-Stop durch: ☐ Bus ☐ Operator ☐ _kein_ Not-Stop | ☐ G1-023
Soft-Stop durch: ☐ Bus ☐ Operator ☐ _kein_ Soft-Stop . | ☐ G1-034
Komfortsituation: ☐ ja ☐ nein

Fahrtrichtung	Wetter	Hindernis Geschwindigkeit	Hindernis Art
☐ Richtung Markt	☐ sonnig	☐ stehend	☐ keines
☐ Richtung Therme	☐ bewölkt	☐ langsam (bis 5km/h)	☐ Personen *einzeln*
	☐ Nebel	☐ schnell (ab 5km/h)	☐ Personen *Gruppe*
	☐ Regen		☐ Fahrrad
	☐ Hagel		☐ PKW
	☐ ______________		☐ LKW / BUS
			☐ ______________

Sonstige Bemerkungen:

Abb. 5.9 Dokumentationsbogen (eigene Darstellung)

Alle Daten im unteren Teil des Dokumentationsbogens – außer den Basisdaten – werden durch das Ankreuzen vorgegebener Antworten erfasst.

5.3.2.3 Phase 2.1 – Analyse der Dokumentationsbögen

Im Zeitraum vom 21.07.2018 bis 19.11.2018 wurden die Dokumentationsbögen der Operatoren gesichtet und ausgewertet. In Summe sind hier 304 Datensätze eingegangen. Die Ergebnisse werden im Folgenden als Ganzes in einem generellen Überblick und nach vereinzelten besonderen Vorkommnissen bewertet.

Abb. 5.10 zeigt die Fahrstrecke unterteilt nach Abschnitten (A, AB, B, BC, C, C1, C2 und C3). Der Marktplatz (A) und die Fußgängerbereiche, vom Einzelhandel geprägte Strecke durch die Innenstadt (AB) als auch die Ortsstraße (BC) können von Fußgängern und Kraftfahrzeugen gleichermaßen passiert werden. Der Bereich C hingegen markiert die Ein- und Ausfahrt in die Fußgängerzone (Kurallee), welche sich in Bereiche C1 und C2 unterteilt. Diese Bereiche sind von privaten Kraftfahrzeugen ausgeschlossen und als Fußgängerzone deklariert (Lieferverkehr frei). Der Bereich C3 ist ebenfalls Pkw-frei und nur für landwirtschaftliche Fahrzeuge freigegeben.

Auf der kurzen Strecke von ca. 1,5 km (von A bis Ende C3) kann es, durch die variablen Begebenheiten der Strecke, schnell zu unterschiedlichen Arten von Hindernissen kommen (Definition Hindernis: Bus stoppt bzw. verlangsamt seine reguläre Fahrt). Die Operatoren haben hierzu in den Dokumentationsbögen jeweils Stellung genommen und die Hindernis-

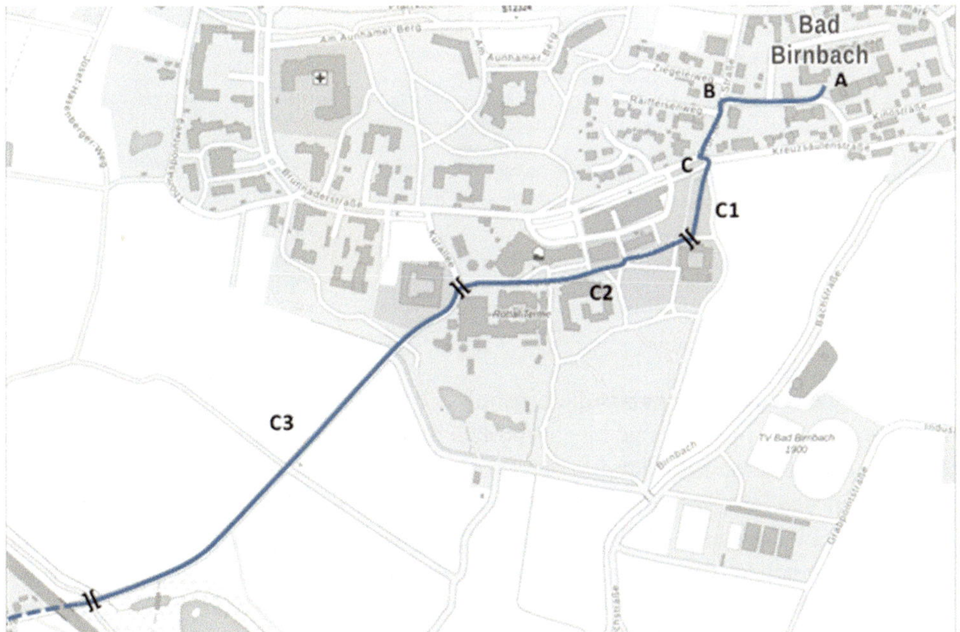

Abb. 5.10 Streckenverlauf des Shuttlebusses in Bad Birnbach (eigene Darstellung)

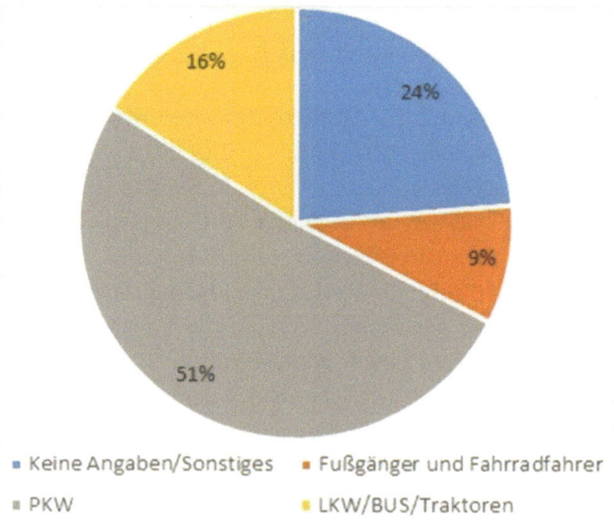

Abb. 5.11 Einteilung der Hindernisse nach ihrer Art (eigene Darstellung)

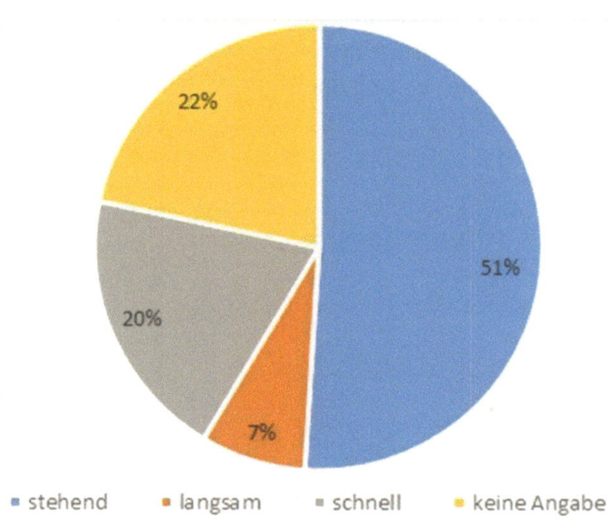

Abb. 5.12 Einteilung der Hindernisse nach ihrer Geschwindigkeit (eigene Darstellung)

art dokumentiert. Abb. 5.11 zeigt die Ergebnisse der Unterteilung nach Hindernisart. Pkw mit einem Anteil von 51 % sind hier als größter Störeinfluss auf den Bus zu nennen. Diese Störungen sind besonders häufig in den Bereichen A, AB, B, BC und C aufzufinden und bilden in diesen Bereichen einen Anteil von 78 % aller Störungen durch Pkw. Betrachtet man parallel zu diesen Erkenntnissen Abb. 5.12, welche die Hindernisse entsprechend ihrer Geschwindigkeit unterteilt, fällt auf, dass der größte Anteil auf stehende Hindernisse (51 %) zurückzuführen ist. Falsch parkende Fahrzeuge an Bäckereien, Banken und Restaurants sind als Ursache für die häufigen Behinderungen des Busses zu sehen. Lieferverkehr, welcher an der Straßenseite oder in zweiter Reihe parkt, zählt ebenso zu dieser

Gruppe der Störeinflüsse. Da der Bus in seiner aktuellen Konfiguration nicht selbstständig ausweichen bzw. seine Spur wechseln kann, müssen die Operatoren den Bus in solchen Situationen manuell steuern.

Weitere Hindernisse sind LKW und Busse, welche in den Bereichen C1, C2 und C3 ca. 16 % aller Unterbrechungen auslösen. Diese Gruppe ist ebenfalls den stehenden Hindernissen aus Abb. 5.12 zuzuordnen. Fußgänger und Fahrradfahrer bilden mit 9 % die kleinste Gruppe an Hindernissen und sind ebenfalls in den Bereichen C1, C2 und C3 (Fußgängerzone) anzutreffen, da es hier keine räumliche Trennung zwischen der Fahrbahn des autonomen Busses und dem Fußgängerweg gibt. Mit 20 % bilden schnelle Fahrzeuge den zweitgrößten Anteil (Abb. 5.12), welche nur auf dem öffentlichen Straßenbereich mit Gegenverkehr (Bereich BC) dokumentiert wurden.

Werden Abb. 5.11 und 5.12 in Relation gestellt und man betrachtet nur die größte Hindernisart Pkw, stellt man fest, dass 62 % aller Pkw stehend und 36 % schnell fahrend zu einem Hindernis wurden.

Wertet man die Hindernishäufigkeit auf den einzelnen Streckenabschnitten aus, erhält man das Diagramm in Abb. 5.13. Besonderes Augenmerk ist hier auf die Bereiche AB und C2 zu legen. Hier werden in Summe ca. 50 % aller Hindernisse gezählt. Die Ursache für diese Anhäufung ist die fehlende Trennung der einzelnen Verkehrsteilnehmer. Sowohl in der Innenstadt als auch in der Fußgängerzone erschweren Fußgänger, Lieferverkehr und

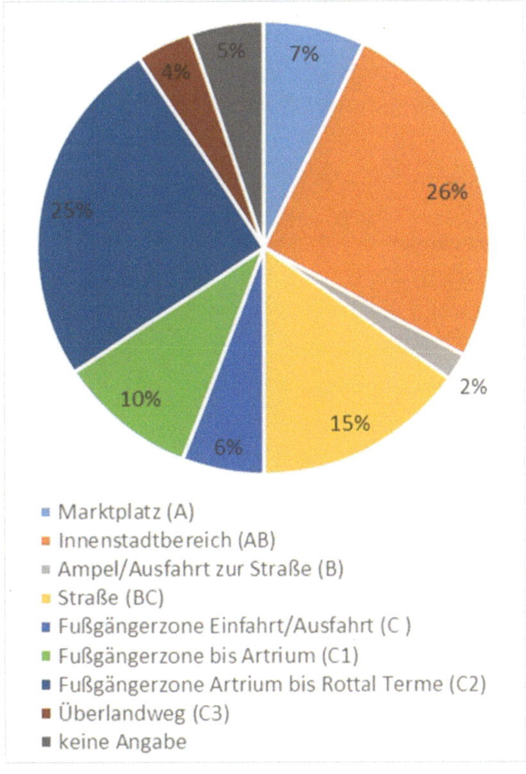

Abb. 5.13 Hindernishäufigkeit nach Streckenabschnitten (eigene Darstellung)

parkende Fahrzeuge den reibungslosen autonomen Fahrbetrieb des Busses. Häufig wird der Bus auch vorsätzlich an der Weiterfahrt gehindert, wenn z. B. Fahrbahnmarkierungen ignoriert werden. Ohne Operatoren, die manuell eingreifen können, wäre in diesen Bereichen ein reibungsloser Betrieb nicht möglich.

Wie bereits in Abschn. 5.3.2.2 erwähnt, verfügt der Bus über mehrere Möglichkeiten anzuhalten. Man unterscheidet einerseits das automatisch gesteuerte Verhalten des Busses mit Hilfe von Sensoren (d. h. Not-Stopp durch Bus: NB, Soft-Stopp durch Bus: SB) und andererseits das Verhalten der Operatoren (d. h. Not-Stopp durch Operator: NO, Soft-Stopp durch Operator SO), sowie die Komfortsituation. Eine Übersicht der Häufigkeitsverteilung der einzelnen Auslösungen zeigt Abb. 5.14. Man erkennt, dass bereits 76 % aller Haltemanöver durch den Bus autonom erfolgen (NB und SB). Am häufigsten kam es im Bereich BC zu Not-Stopp-Situationen durch den Bus. Die häufigsten Soft-Stopp-Situationen des Busses wiederum gab es in den verkehrsreichen Gebieten AB und C2. Die Operatoren mussten in nur 16 % aller Fälle mithilfe des manuellen Soft-Stopps den Bus abbremsen (ebenfalls in den Bereichen AB und C2). Ob der Bus in diesen von Operatoren gesteuerten Fällen nicht selbstständig angehalten hätte, bleibt allerdings offen. Die Auswertung hat gezeigt, dass einige Operatoren im Schnitt fünfmal häufiger den Soft-Stopp betätigen als ihre Kollegen. Einen Not-Stopp durch den Operator gab es in den dokumentierten Situationen nicht. Es sollte jedoch versucht werden, den Anteil der Not-Stopps durch den Bus auf ein Minimum zu reduzieren. Bei steigender Geschwindigkeit sind gerade die Not-Stopp-Situationen besonders gefährlich, da die Sitze nicht alle in Fahrtrichtung positioniert sind und der Bus schlagartig abgebremst wird.

Neben den Ankreuzmöglichkeiten des Dokumentationsbogens beinhaltete er ein weiteres Freifeld, in welches die Operatoren Besonderheiten eintragen konnten. Diese Beson-

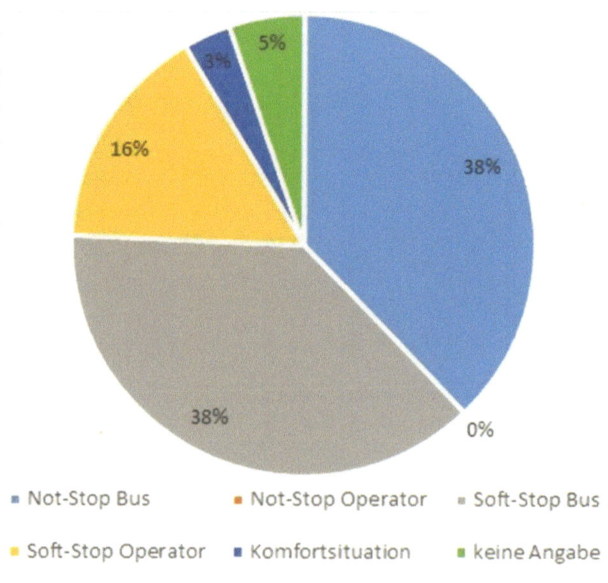

Abb. 5.14 Abbremsverhalten des Busses (eigene Darstellung)

derheiten aus den Fragebögen und Interviews waren meist Einzelvorkommnisse, spielen aber eine entscheidende Rolle in der Entwicklung eines autonomen Fahrzeuges. Soll der Bus autonom fahren, also ohne das Eingreifen von Operatoren, müssen auch diese Spezialfälle durch die Technik des Fahrzeuges abgedeckt werden. Im Folgenden sind diese Besonderheiten und Einzelvorkommnisse zusammengefasst:

- Geöffneter Kanaldeckel hat den Busfahrer zu einem Soft-Stopp und zum manuellem Eingreifen veranlasst
- Bewässerungsanlage löst Not-Stopp durch den Bus aus
- Überholender Pkw schert kurz vor dem Bus ein und provoziert einen Not-Stopp
- Vom Wind bewegte lange Grashalme und Blätter zwingen den Bus in den Not-Stopp
- Kreuzende Katze löst automatischen Not-Stopp aus
- Aufsteigende Dämpfe aus Kanaldeckel und vom Außenbereich Rottal Terme führen zum Abbremsen des Busses
- Entgegenkommende Fahrzeuge mit überhöhter Geschwindigkeit im Bereich BC lösen Not-Stopp durch den Bus aus
- Seitlich zum Bus „schlendernde" Fußgänger führen zu wiederholtem Abbremsen und Anfahren des Busses
- Unterschiedliche Reflektivität beim Einfahren in Bereich C führt zu Not-Stopp des Busses

Zusammenfassend kann gezeigt werden, dass der Bus trotz der umfangreichen Sensorik noch nicht gegen alltägliche Probleme gewappnet ist.

Als weiteres Problemfeld sind Systemfehler des Busses anzusehen, welche in allen Bereichen der Fahrstrecke auftraten. Bei dieser Art von Fehlern verliert der Bus ohne ersichtlichen Grund seine Lokalisierung und ist nicht in der Lage, autonom weiterzufahren. In diesen Situationen müssen die Operatoren den Bus manuell bewegen und das System neu starten. 22 % aller dokumentierten Situationen waren mit einem Systemfehler verbunden, von denen 87 % ohne Hindernis auftraten.

Damit der Bus zukünftig alle Situationen autonom bewältigen kann, muss die Sensorik optimiert werden. Durch Versuche mit dem Shuttlebus im Fahrbetrieb sollen bisher nicht aufgetretene Problemfälle aufgedeckt werden. Hierfür wurden im weiteren Verlauf des Projektes Versuchskonfigurationen definiert.

5.3.2.4 Phase 2.2 – Versuchskonfigurationen

Wie bei der Erstellung und Auswertung der Dokumentationsbögen wurden die Versuchskonfigurationen in Einzelbereiche untergliedert, um eine systematische Durchführung der Tests zu ermöglichen. Hierfür wurden drei Teilbereiche mit den entsprechenden Konfigurationen gebildet:

Bereich 1: Überprüfung und Ermittlung von Herstellerangaben bezüglich der Sensorfunktionen

In diesem Bereich sollen die Angaben von Sicherheitsabständen für den Not- bzw. Soft-Stopp des Busses evaluiert, Angaben und Einstellungen der Sensoren überprüft sowie Einbauhöhe und Öffnungswinkel verifiziert werden. Durch Versuche mit Hindernissen, die größer bzw. kleiner als 30 cm sind, soll die Notwendigkeit einer Sensorfusion deutlich gemacht werden.

Bereich 2: Überprüfung von Operatorenaussagen

Die größte Erfahrung mit auftretenden Problemen während des Betriebes haben die Operatoren bei ihren täglichen Fahrten gesammelt, in den Dokumentationsbögen niedergeschrieben und in Interviews geschildert. Diese Probleme sollen in der Versuchsdurchführung möglichst äquivalent nachgestellt und Ursachen für beschriebene Fehler definiert werden. Dazu zählen die bereits im Abschn. 5.3.2.3 erwähnten unterschiedlichen Verhaltensweisen des Busses bei starker Reflektion von Leitzylindern im Bereich C, parkenden Fahrzeugen am Straßenrand in unterschiedlichen Abständen und im Straßenbereich BC bei zu schnell entgegenkommenden Fahrzeugen. Weiterhin sollen Einflüsse der Umwelt wie Regen und Nebel nachgestellt werden. Aufgespannte (>30 cm) bzw. aufgestellte (<30 cm) Hindernisse sollen die realen Gegebenheiten nachstellen. Fahrzeuge sollen mit einem Fahrzeugtarget (4activesystems 2017) simuliert werden. Um Fahrzeugbewegungen (z. B. Gegenverkehr) zu simulieren, soll eine überfahrbare Roboter Plattform (DSD o. J.) verwendet werden.

Bereich 3: Nachstellung von Spezialfällen und besonderen Vorkommnissen

Spezielle Vorkommnisse, welche nur vereinzelt aufgetreten sind, scheinen aufgrund der geringen Häufigkeit nicht relevant. Dennoch muss auf diese Fälle besonderes Augenmerk gelegt werden, um unfallfreies autonomes Fahren zu ermöglichen. Zu diesen vereinzelten Vorkommnissen zählen Hindernisse (siehe Abschn. 5.3.2.3), welche jahreszeitbedingt auftreten. Verwirbeltes Laub im Herbst oder hohes Gras im Frühling sind als solche temporären Hindernisse einzuordnen und sollen in der Versuchsdurchführung nachgestellt und evaluiert werden. Die Auswertung der Dokumentationsbögen hat außerdem gezeigt, dass Spezialfälle, wie ein seitlich zum Bus schlendernder Fußgänger oder eine kreuzende Katze, den Bus an seine technischen Grenzen bringen und zu unkomfortablen Situationen führen. Diese speziellen, alltäglichen Gegebenheiten gilt es bestmöglich (z. B. ein Ball simuliert eine Katze) nachzustellen.

5.3.2.5 Phase 2.3 – Versuchsdurchführung

Alle Versuche wurden mit dem Bus Gen1 2.0 durchgeführt. Der laufende Betrieb an den Versuchstagen wurde für die Versuchsdurchführung zeitweise unterbrochen. Um die Unterbrechungen möglichst kurz zu halten, stand der Bus inklusive Operator zeitlich begrenzt zur Verfügung.

Die angegebenen Abstände zur Busfahrspur beziehen sich auf die Außenkante des Vorderrades. Die Herstellerangaben hinsichtlich der Sicherheitsabstände beziehen sich auf die Verkleidung der Sensorik, die 22 cm weiter nach außen ragt. Dieser Abstand wird in der Auswertung von den gemessenen Werten abgezogen.

In der ersten Versuchsreihe wurde geprüft, wie sensibel das System auf Hindernisse, die direkt im Fahrschlauch des Busses platziert sind, reagiert. Aufgrund der großzügigen Platzverhältnisse wurde Abschnitt C3 zum Durchführen der Tests gewählt. Die Testobjekte wurden in einem ausreichenden Abstand zur Startposition des Busses in der Mitte der Fahrbahn platziert, sodass der Bus seine Geschwindigkeit von 12 km/h, wie für diesen Streckenabschnitt vorgesehen, bei jedem Versuch erreichen konnte. Dadurch wurde sichergestellt, dass alle Versuche reproduzierbar durchgeführt werden konnten. Nach jedem Test wurde der Bus durch den Operator manuell zurück zur Startposition gefahren. Um den nächsten Versuch zu starten, leitete der Busoperator den autonomen Fahrbetrieb ein.

Begonnen wurde mit Holzelementen, deren Höhe schrittweise vergrößert wurde. Der Bus überfuhr ohne Reaktion das Holzelement mit einer Höhe von 1,6 cm und einer Breite von 150 cm (Versuch 1.1). Im zweiten Versuch wurde das Holzelement aufgestellt, sodass das Hindernis eine Höhe von 15 cm und eine Breite von 150 cm hatte. Der Bus überrollte ohne Reaktion das Brett, das durch den Reifenkontakt umgestoßen wurde, und führte die Fahrt wie gewohnt weiter (Versuch 1.2). Mehrere, übereinander platzierte Holzelemente mit einer Höhe von 18 cm wurden durch den Bus nicht erkannt. Erst als die Holzelemente von den Rädern erfasst wurden, kam es durch die Erschütterungen zu einem automatischen Not-Stopp (Versuch 1.6). Bei einer Hindernishöhe von 27 cm hielt der Bus kurz an, wartete einige Sekunden und beschleunigte anschließend wieder, sodass es zu einer Kollision mit dem Hindernis kam. Es wird vermutet, dass die Holzelemente kurzzeitig in den Sichtbereich der Umfeldsensorik gerieten, was auf Bodenunebenheiten und Fahrwerksbewegungen des Busses zurückzuführen sein könnte (Versuch 1.15). Bei der Wiederholung des Versuchs erkannte der Bus das Hindernis nicht und kollidierte ohne vorheriges Anhalten mit den aufgestellten Elementen (Versuch 1.16). Die Höhe des Hindernisses wurde um weitere 1,6 cm auf 28,6 cm erhöht. Es wurde jedoch keine Änderung im Verhalten des Busses festgestellt. Nach einem Soft-Stopp beschleunigte der Bus wieder automatisch und kollidierte mit dem Hindernis (Versuch 1.17). Zwei übereinander platzierte Holzelemente mit einer Gesamthöhe von 30 cm führten zu einem Soft-Stopp des Busses 2 m vor dem Hindernis (Versuch 1.3). Das gleiche Ergebnis ergab der Versuch mit einem 40 cm hohen, schwarzen Hindernis (Versuch 1.19). Zum Schluss der ersten Versuchsreihe wurden zwei Extremfälle nachgebildet. Im ersten Fall wurde ein Fußgängerdummy in der Fahrspur des Busses liegend platziert. Der Dummy wurde 2016 an der Technischen Hochschule Ingolstadt entwickelt. Seine Abmessungen repräsentieren die eines durchschnittlichen Erwachsenen (Doric 2017). Durch die geringe Höhe des Dummys konnte der Bus das Objekt nicht detektieren und folglich wurde kein automatischer Soft-Stopp eingeleitet. Zur Vermeidung einer Kollision musste der Operator den Not-Stopp manuell einleiten (Abb. 5.15, Versuch 1.21).

Abb. 5.15 Versuch 1.21 (eigene Darstellung)

Im zweiten Extremfall wurde ein weißes Tuch auf dem Boden platziert, welches ein stark reflektierendes, flaches Hindernis darstellt. Das Objekt wurde auch in diesem Versuch vom Bus ohne Reaktion überrollt (Versuch 1.20).

In der zweiten Versuchsreihe wurde der Einfluss des seitlichen Abstands eines Hindernisses zum vorbeifahrenden Bus untersucht. Gleichzeitig wurden die Auswirkungen des Reflexionsverhaltens betrachtet. In den einzelnen Versuchen wurde die Pylone teilweise mit Reflektor getestet, deren Reflektor auf Sensorhöhe ausgerichtet wurde. Zum Vergleich wurde eine Pylone verwendet, deren Reflektor mit schwarzem Tape überklebt wurde. Bei 0,9 m seitlichem Abstand der stark reflektierenden Pylone zur Fahrspur des Busses verzögerte der Bus auf 2 km/h und nahm im Nachgang wieder Fahrt auf (Abb. 5.16, Versuch 2.6). Die abgeklebte, schwächer reflektierende Pylone rief ein Abbremsen auf nur 9 km/h hervor (Versuch 2.7). Bei einem Abstand von 0,7 m verzögerte der Bus an der unveränderten Pylone auf weniger als 1 km/h und benötigte einige Zeit, bis die Vorbeifahrt beendet war. Anschließend beschleunigte der Bus auf die vorgegebene Geschwindigkeit (Versuch 2.10). Bei der schwächer reflektierenden Pylone bremste der Bus lediglich auf 6 km/h ab (Versuch 2.11). Eine weitere Verringerung des Abstandes auf 0,6 m führte bei dem reflektierenden Objekt zu einem kurzen Anhalten, gefolgt von herantastenden Anfahrversuchen. Zum Schluss blieb der Bus mittels Soft-Stopp stehen (Versuch 2.14). Die verklebte Pylone führte von anfänglichen Brems- und Beschleunigungsvorgängen zu einem automatischen Not-Stopp (Versuch 2.15). Verkürzt man den seitlichen Abstand erneut, auf diesmal 0,5 m, löste der Bus bei der reflektierenden Pylone einen Soft-Stopp in einem Abstand von 2 m aus (Versuch 2.12). Bei der abgeklebten Pylone tastete sich der Bus bis auf 45 cm heran, um dann einen Not-Stopp auszulösen (Versuch 2.13).

In einer weiteren Versuchsreihe wurde die Reaktion des Busses auf Pylonen mit größerem seitlichen Abstand untersucht. Bei einem seitlichen Abstand von 160 cm zwischen der Busfahrspur und der stark reflektierenden Pylone bremste der Bus von 12 km/h auf 9 km/h

Abb. 5.16 Versuch 2.6 (eigene Darstellung)

ab und passierte das seitlich stehende Hindernis (Versuch 8.1). Bei der abgeklebten Pylone bremste der Bus lediglich auf 11 km/h ab (Versuch 8.2). Eine Vergrößerung des seitlichen Abstandes auf 170 cm führte bei der reflektierenden Pylone zu einer Verringerung der Geschwindigkeit auf 11 km/h beim Passieren (Versuch 8.4). Bei der abgeklebten Pylone zeigte der Bus keine Reaktion auf das Hindernis (Versuch 8.3). Der Abstand von 180 cm führte bei keiner der Pylonen zu einem Abbremsvorgang des Busses (Versuch 8.5, Versuch 8.6).

Das 4activeC2-Fahrzeugtarget wurde innerhalb der nächsten Versuchsreihe in verschiedenen seitlichen Abständen zur Fahrspur des Busses platziert. An der getesteten Stelle erreichte der Bus ohne Hindernis eine Endgeschwindigkeit von 9 km/h. Die seitliche Außenkante des Fahrzeugtargets wurde im ersten Versuch in einem Abstand von 20 cm parallel zur Busfahrspur platziert. Der Bus hielt 2 m vor dem Target mittels Soft-Stopp an (Versuch 6.1). Das gleiche Verhalten zeigte sich bei Abständen von 30 cm und 40 cm (Versuch 6.2, Versuch 6.3). Bei 50 cm Abstand zur Fahrspur kam ein zögerliches Verhalten des Busses zustande, das während des Herantastens in einem Soft-Stopp in der Nähe des Targets endete (Versuch 6.4). Beim Platzieren des Targets mit einem Abstand von 60 cm tastete sich der Bus ebenfalls heran und passierte das Target mit einer Geschwindigkeit von 1 km/h (Versuch 6.5).

In der darauffolgenden Versuchsreihe wurde das 4activeC2-Fahrzeugtarget an einer Stelle platziert, an welcher der Bus ohne Hindernis 12 km/h erreicht. Bei 160 cm Abstand der Target-Außenkante zur Busfahrspur bremste der Bus auf 9 km/h ab und passierte das Target (Versuch 7.5). Bei einem eingestellten Abstand von 170 cm verlangsamte der Bus auf 11 km/h (Versuch 7.7). Die 180 cm Abstand führten dazu, dass der Bus ohne bemerkbare Reaktion mit 12 km/h am Target vorbeifuhr (Abb. 5.17, Versuch 7.6).

Die nächste Versuchsreihe beinhaltete Hindernisse, die nicht direkt auf dem Boden stehen. Sie wurden mittels einer Schnur, die über die Fahrbahn gespannt wurde, befestigt. Damit befanden sich die Elemente in 115 cm Höhe schwebend über der Fahrspur des Busses. Sowohl die schwebende Pylone als auch das in einem separaten Versuch

Abb. 5.17 Versuch 7.6 (eigene Darstellung)

aufgehängte weiße Tuch wurden durch den Bus nicht erkannt, sodass es zu einer Kollision kam (Versuch 3.1, Versuch 3.2).

Die Umwelteinflüsse konnten ebenfalls validiert werden. Am ersten Testtag konnte der reguläre Busbetrieb erst verspätet starten, da Nebel keine autonome Fahrt zuließ und der Betrieb währenddessen laut Zulassungsunterlagen untersagt ist.

Als der reguläre Fahrbetrieb möglich war, wurde Laub vor den fahrenden Bus geblasen. Nach zögerlicher Bremsung auf 8 km/h folgte ein automatischer Not-Stopp des Busses (Versuch 4.1). In einem weiteren Versuch wurde der rechte, vordere Lidarsensor vor Fahrtantritt mit Wasser besprüht. Die Benetzung mit Wasser führte dazu, dass sich der Bus nicht in den autonomen Fahrbetrieb überführen ließ (Versuch 12.1).

In einem neuen Versuch wurde ein Schild, das der Bus für die Lokalisierung benötigt, mit einem schwarzen Tuch verdeckt. Der Bus zeigte keine Reaktion und passierte das Schild anstandslos (Versuch 9.1).

Der Einfluss dynamischer Targets wurde in den nachfolgenden Versuchsreihen untersucht.

Ein elastischer Kunststoffball wurde seitlich in Richtung des fahrenden Busses gerollt. Der Ball näherte sich in den Versuchen schnell dem Bus an und berührte ihn jeweils seitlich vorne, seitlich mittig und seitlich hinten. Bei allen Versuchen erfolgte ein automatischer Not-Stopp (Versuch 10.1, Versuch 10.2, Versuch 10.3). Bei einem weiteren Versuch wurde der Ball von hinten an die Rückseite des Busses gerollt. Hierbei zeigte der Bus keine Reaktion (Versuch 10.5).

Das 4activeC2-Target wurde auf einer überfahrbaren Roboterplattform befestigt. Im ersten Versuch fuhr die Plattform vor dem Bus her und bremste an verschiedenen Stellen. Der Bus näherte sich mit 12 km/h an und verringerte die Geschwindigkeit bei Bedarf, damit ein Mindestabstand von 2 m eingehalten wurde (Versuch 5.1). Als die Plattform bis zum Stillstand bremste und rückwärts auf den Bus zufuhr, löste der Bus einen Not-Stopp aus (Versuch 5.4). Im folgenden Versuch wurde das Verhalten eines sich von hinten annähernden Fahrzeuges nachgestellt. Das Fahrzeugtarget fuhr bis auf wenige Zentimeter auf den Bus auf, ohne dass der Bus eine Reaktion zeigte (Versuch 5.6).

In den darauffolgenden Versuchen sollten Situationen mit Gegenverkehr nachgestellt werden. Hierfür wurden wieder die Plattform und das 4activeC2-Target eingesetzt. Als Versuchsstrecke diente der Abschnitt C1. Der Bus bewegte sich an der getesteten Stelle mit 9 km/h ohne Gegenverkehr. Im Abstand von 65 cm zum Sensor fuhr die Plattform inklusive Fahrzeugtarget mit jeweils 5 km/h, 10 km/h, 15 km/h entgegen der Busfahrrichtung. Bei allen drei Geschwindigkeiten verlangsamte der Bus seine Fahrt auf 3 km/h. Mit steigender Target-Geschwindigkeit erfolgte der Bremsvorgang spürbar schneller (Versuch 13.2, Versuch 13.3, Versuch 13.4).

In der letzten Versuchsreihe wurde der Einfluss des Verhaltens von Fußgängern auf den Fahrbetrieb untersucht. Eine Versuchsperson lief beim ersten Versuch längs der Straße mittig auf der Busfahrspur vor dem Bus mit variierenden Geschwindigkeiten. Der Bus hielt einen Mindestabstand von 2 m ein. Als der Fußgänger auf der Fahrbahn stehen blieb, hielt der Bus ebenfalls an (Versuch 11.1). Beim zweiten Versuch lief die Versuchsperson links neben der Busfahrspur mit einem Abstand von über 1 m längs der Fahrtrichtung. Der Bus wurde beim Annähern an den Fußgänger langsamer. Als der Fußgänger stehen blieb, passierte der Bus diesen mit einer Geschwindigkeit von 1 km/h (Versuch 12.2). Bei einer weiteren Versuchskonfiguration bewegte sich der Fußgänger erneut längs zur Busfahrspur und schlenderte dabei in Querrichtung. Dadurch änderte sich der Abstand zwischen Fußgänger und Bus fortlaufend. Der Bus variierte die Geschwindigkeit je nach Abstand des Fußgängers. Als sich der Fußgänger, der weiter vorne als der Bus war, schnell in die Fahrspur des Busses bewegte, kam bei zu geringem Abstand ein Not-Stopp zu Stande. Als der Bus am Fußgänger langsam vorbeifuhr und der Fußgänger sich dem Seitenteil des Busses bis auf Körperkontakt näherte, wurde in der Regel ein Not-Stopp ausgelöst. Lediglich ein Versuch ergab ein anderes Ergebnis (Versuch 11.3). Es konnte aber nicht geklärt werden, worin die Ursache für dieses Verhalten lag.

5.3.2.6 Phase 3 – Versuchsanalyse

An drei aufeinanderfolgenden Testtagen wurden 84 Einzelversuche durchgeführt. Die Versuchsanordnungen entsprechen den in Abschn. 5.3.2.4 festgelegten Versuchskonfigurationen. Die zu Beginn der Versuche durchgeführten Referenzmessungen auf der Teststrecke ohne Hindernisse ergaben, dass die gewählte Teststrecke keinen Einfluss auf die Versuchsergebnisse hat. Die Überprüfung der Sensorfunktionen durch Abdeckung der Sensoren zeigte, dass die Wirksamkeit selbiger den Herstellerangaben für den Bus Gen1 2.0 entspricht.

Die Überprüfung der Herstellerangaben der seitlich geltenden Sicherheitsabstände sowie die Ermittlung des Perimeters d1 an der Front des Busses zeigen, dass unbewegliche Objekte, die auf dem Boden stehen und eine Ausdehnung in der Höhe von >30 cm haben, zuverlässig erkannt werden. Die Geschwindigkeitsreduktion bei stehenden Objekten im Frontbereich sowie seitlich zum Bus im Abstand zwischen Perimeter d1 und d2 erfolgt zuverlässig. Beim Erreichen des Perimeters d1 stoppt der Bus wie vorgegeben.

Bei Objekten vor dem Shuttlebus verringert dieser den Abstand mit abnehmender Geschwindigkeit bis auf einen Abstand von 2 m, wo ein Soft-Stopp ausgelöst wird. Der Wert von 2 m wurde in mehreren Versuchen mit unterschiedlichen Hindernissen ermittelt und entspricht somit dem Perimeter d1 im Frontbereich. Der geschwindigkeitsabhängige Perimeter d2 konnte innerhalb der durchgeführten Versuchsreihen nicht ermittelt werden. Wie die Auswertung der Dokumentationsbögen vermuten lässt, zeigen die Versuche, dass auf gängige Objekte im Fahrschlauch mit ausreichender Sicherheit reagiert und ein Unfall verhindert wird.

Die Versuche mit stehenden Objekten im Seitenbereich des Shuttles bestätigen ebenfalls die Herstellerangaben und die Zuverlässigkeit der Sicherheitsvorschriften. Sowohl aufgestellte Pylonen als auch Fahrzeuge werden zuverlässig erkannt und reduzieren die Geschwindigkeit des Busses, sobald diese mit einem Abstand von <150 cm zum Bus stehen. Objekte mit einer Positionierung <30 cm seitlich zum Shuttle lösen einen Soft-Stopp aus.

Die Versuche mit bewegten Objekten bestätigten ebenfalls die angegebenen Abstände und deren Richtigkeit für den zugelassenen Geschwindigkeitsbereich. Sie zeigen zusätzlich, dass die Funktion des Soft-Stopps funktioniert und gut umgesetzt ist, da der Bus bei den entsprechenden Voraussetzungen eigenständig wieder anfährt. Ebenfalls wird die Funktion des Not-Stopps validiert.

Fahrzeuge und Fußgänger, die sich vor dem Shuttlebus bewegen, rufen die festgelegten Reaktionen hervor. Ab Unterschreitung des Perimeters d2, dessen Wert nicht ermittelt werden konnte, verringert der Shuttlebus seine Geschwindigkeit. Sobald der Abstand von 2 m erreicht wird, löst der Bus einen Soft-Stopp aus. Vergrößert sich der Abstand durch die Bewegung des Fahrzeuges oder Fußgängers wieder, setzt der Bus seine Fahrt fort.

Versuche im Heckbereich des Busses zeigen, dass es dort, wie angegeben, keinen Sicherheitsabstand gibt. Bei den Versuchen mit dem Fahrzeug-Target, das mittels Plattform auf den Bus auffährt, erfolgt bis zu dem getesteten Abstand von 1 m keine Reaktion. Selbst bei der Unterschreitung des Abstandes bis hin zum Kontakt, hervorgerufen durch einen Ball, ist keine Reaktion erkennbar. Die Reaktion entspricht dem Verhalten eines „echten" Fahrers der einen drohenden Auffahrunfall nicht erkennt.

Die Überprüfung der seitlichen Sicherheitszonen zeigt, dass die Perimeter d1 (= 30 cm) und d2 (= 150 cm) korrekt angegeben sind. Beim Passieren eines Fußgängers, der sich seitlich zum Fahrzeug bewegt, reduziert der Shuttlebus zuverlässig die Geschwindigkeit, sofern der Abstand zwischen den Perimetern d2 und d1 liegt. Schwankt der Abstand, reagiert der Bus entsprechend. Der ständige Geschwindigkeitswechsel wird nach eigenem Empfinden und Aussagen von Passagieren allerdings als störend empfunden. Nach Passieren des Fußgängers wird wieder auf die vorgegebene Geschwindigkeit beschleunigt. Gleiches gilt für entgegenkommende Fahrzeuge, selbst wenn diese mit unterschiedlichen Geschwindigkeiten vorbeifahren. Sollte der Abstand den Perimeter d1 unterschreiten, in den Versuchen durch einen Fußgänger, der an den Bus springt, abgebildet, vollzieht der Bus einen Not-Stopp.

Die Überprüfung der Herstellerangaben zeigt allerdings einige Schwachstellen auf. Bei Objekten, die sich von vorne auf das Fahrzeug zubewegen, reagiert der Bus wie beabsichtigt. Bei einem Abstand von 2 m wird die Fahrt gestoppt. Die weitere Verringerung des Abstandes, also das Unterschreiten des Perimeters d1, durch die Bewegung des gegnerischen Objektes, löst einen Not-Stopp aus. Sofern das nahende Objekt seine Bewegung nicht unterbricht, kommt es zur Kollision. Die Parallele zu dem einzigen Unfall des Shuttles, der bis Dezember 2018 erfolgte, bei dem ein ausparkendes Fahrzeug vorne an den Bus fuhr, ist hier deutlich zu erkennen (Passauer Neue Presse 2018). Zu einem Kontakt mit dem Bus kommt es ebenfalls bei Objekten, die sich von der Seite oder von hinten dem Bus nähern. Der klassische Seitenaufprall und Auffahrunfall kann, ähnlich wie bei Fahrzeugen mit „echten" Fahrern, nicht verhindert werden. Dass dies für den Einsatz des Busses kein K.O.-Kriterium darstellt, könnte an der Schuldfrage liegen. Schuld hätte in diesem Fall der Unfallgegner und nicht der Shuttlebus.

Sicherheitslücken, bei denen es zu einem Unfall mit Verschulden des Busses kommt, können bei den Versuchen mit stehenden Objekten, mit einer Höhe von unter 30 cm, und auf über 30 cm „schwebenden" Objekten festgestellt werden.

Objekte, die deutlich kleiner als 30 cm sind und sich im Fahrschlauch des Shuttlebusses befinden, werden durch den einstrahligen Lidarsensor nicht erkannt und lösen somit keine Reaktion aus. Im besten Fall wird dadurch lediglich der Bus beschädigt. Wobei es vorstellbar ist, dass sich die Insassen durch die ruckartige Bewegung des Busses verletzen. Der Versuch mit dem auf der Straße liegenden Dummy zeigt aber, dass es bei dieser Sicherheitslücke auch außerhalb des Busses zu Personenschäden kommen kann.

Bei einem Objekt, das sich über dem Abtastbereich des einstrahligen Sensors und dessen „Halterung" sich außerhalb der Sicherheitsabstände befindet, kommt es zum Unfall. Dies wäre der Fall, wenn eine Ladung nach hinten über das Fahrzeugende hinaussteht (Abb. 5.18). Laut Straßenverkehrsordnung (BfJ 2013) darf der Überstand bis zu 3 m lang

Abb. 5.18 Beispiel für überstehende Ladung (eigene Darstellung)

sein. Der Abstand des Perimeters d2 (= 2 m) würde damit nicht ausreichen, um vor dem Ende der Ladung zu stoppen.

Gleiches gilt für Fahrzeuge, bei denen der Fahrzeugboden mehr als 30 cm über der Straße liegt und sich die Räder mehr als 2 m vor dem Fahrzeugende befinden. Deutlich wird dies anhand eines Reisebusses mit rückseitig angebrachter Transportkiste (Abb. 5.19).

Aus den Ergebnissen der durchgeführten Versuche lässt sich schlussfolgern, dass die über die Dokumentationsbögen erfasste Situation eines offenen Kanaldeckels ebenso wenig durch die Sensoren des Busses erfasst wird.

Die aufgezeigten Sicherheitslücken der Technik des Shuttlebusses Gen1 2.0 bedingen, dass ein Operator an Bord für den unfallfreien Betrieb notwendig ist. Es ist davon auszugehen, dass bei dem Betrieb des Busses der Gen1 2.3, bei dem ein zusätzlicher Multi-Lidarsensor im Front- und Heckbereich zum Einsatz kommt, die meisten der aufgezeigten Sicherheitslücken geschlossen sind und der Shuttlebus auch ohne Eingreifen des Operators keinen Unfall verursacht.

Neben den Herstellerangaben werden dokumentierte Einzelfälle und Einschätzungen der Operatoren überprüft. Sofern möglich, wurden diese mittels Versuchen nachgestellt. Teilweise mussten diese den örtlichen Versuchsmöglichkeiten angepasst werden.

Eine der Aussagen besagt, dass die Geschwindigkeit des entgegenkommenden Fahrzeuges Ursache für einen Not-Stopp war. Bei den durchgeführten Versuchen, die lediglich mit einer Geschwindigkeit bis 15 km/h erfolgten, konnte kein Einfluss der Geschwindigkeit des Gegenverkehrs nachgewiesen werden.

Der Einfluss der Umwelt wird hingegen deutlich. Die Versuche mit Wasser auf der Sensorabdeckung zeigen deutlich, dass Regen oder, wie dokumentiert, Wasser von Beregnungsanlagen die Fahrt unterbrechen oder das Anfahren des Busses verhindern. Hierdurch entsteht keine Reduzierung der Sicherheit, da das Stoppen des Shuttlebusses nicht

Abb. 5.19 Reisebus mit Transportkiste (eigene Darstellung)

zwangsläufig eine Gefahrensituation auslöst. Allerdings wird deutlich, dass hierdurch kein durchgängiger und geregelter Betrieb im ÖPNV gewährleistet ist. Es ist davon auszugehen, dass eine andere Einstellung der Sensibilität der Sensorik leichten Regen und Verschmutzungen beherrschen könnte. Allerdings würde dies die gesamte Objekterkennung reduzieren, was wiederum zu einer Erhöhung der Unfallwahrscheinlichkeit führen würde. Daher ist die Vorgabe der Zulassungsauflagen, den Busbetrieb bei Regen und Schnee einzustellen, nachvollziehbar.

Zu den dokumentierten Auswirkungen von Nebel oder aus der Kanalisation aufsteigendem Dampf konnten keine Versuche durchgeführt werden. Bijelic et al. (2018) und Hasirlioglu und Riener (2017) zeigen allerdings auf, dass Nebel den Sichtbereich von Lidarsensoren einschränkt. Dies erklärt die Einschränkung durch die Zulassungsauflagen. Im Gegensatz zu Lidar- sind Radarsensoren weit weniger anfällig in Bezug auf Nebel (Hasirlioglu et al. 2017). Ein gleichzeitiger Einsatz von zwei Sensorprinzipien und die Fusion derer Signale liegt nahe und wird in diversen Veröffentlichungen empfohlen (z. B. Kutila et al. 2016).

Weitere Einflüsse durch die Umwelt werden an den Versuchen mit dem Laubbläser gezeigt. Da der Bus Objekte erkennt, aber keine Klassifizierung vornimmt, wird auf jedes Objekt gleich reagiert. Auch wenn von diesem keine Gefahr ausgeht. Dadurch wird der reguläre Betrieb des Busses behindert. Es ist anzunehmen, dass eine Objektklassifizierung die gezeigten Situationen erkennt und die Fahrt unbeeinflusst fortgesetzt würde.

Die Aussage eines Operators, dass neu aufgestellte Leitzylinder mit Reflektoren im Streckenabschnitt C die Fahrt beeinflussen, konnte nicht abschließend bewiesen oder entkräftet werden. Die Versuche mit seitlich stehenden Pylonen zeigen deutlich, dass die Reflektion von Gegenständen einen Einfluss auf die Abstandsmessung hat. Aufgrund der Ergebnisse wird ersichtlich, dass sich matte schwarze Oberflächen negativ auf die Erkennung von Gegenständen auswirken.

Die Versuchsergebnisse zeigen, dass die ausgewiesenen Funktionalitäten des Busses erfüllt werden. Allerdings decken diese nicht alle Verkehrssituationen ab, um ein unfallfreies Fahren zu gewährleisten. Daher ist der vorgeschriebene Einsatz eines Operators aus Sicherheitsgründen notwendig. Ebenfalls wird ersichtlich, dass eine erweiterte Sensorik sowohl bei der Sensortechnik als auch der Auswertesystematik große Teile der Sicherheitslücken des Busses Gen1 2.0 schließen kann. Zusätzlich würde dies unnötige Fahrtunterbrechungen verringern und den Fahrkomfort erhöhen, was den Einsatz im ÖPNV und die Akzeptanz des People Movers begünstigen würde.

5.4　Fazit

Vieles deutet darauf hin, dass der Bus sein Potenzial hinsichtlich autonomen Fahrens nicht ausschöpft bzw. nicht ausschöpfen darf. Die begrenzte Ausschöpfung wird zum Teil auch von den Zulassungsauflagen verursacht. Der Bus in diesem Entwicklungsstadium könnte aber auch nicht autonom fahren. Weder unfallfrei noch ohne Unterbrechungen. Somit kann der Shuttlebus keinesfalls als autonomes Fahrzeug eingestuft werden. Im Verbund mit den Zulassungsauflagen entspricht es einem Fahrzeug der Stufe L2 (vgl. Abschn. 5.2.1).

In Punkto Sicherheit haben die Zulassungsauflagen ihren Zweck erfüllt, da sie für einen unfallfreien Betrieb gesorgt haben, der ohne diese nicht gewährleistet wäre. Der einzige aufgetretene Unfall ist weder Eigenverschulden des Busses noch hätten die meisten „echten" Fahrer diesen Unfall verhindert. Technisch wäre eine Vermeidung dieses Unfalls möglich, solange kein weiteres Fahrzeug hinter dem Bus steht.

Durch die Erprobung des Busses der ersten Generation Version 2.0 konnte gezeigt werden, dass es Verkehrssituationen gibt, in denen es ohne den vorgeschriebenen Operator zu einem Unfall gekommen wäre. Während der viermonatigen Erhebung wurde aber lediglich eine dieser Situationen dokumentiert (offener Kanaldeckel). Anhand dessen wird ersichtlich, dass die Wahrscheinlichkeit für solche Situationen sehr gering ist, der Operator dadurch aber für den unfallfreien Betrieb in Bad Birnbach unabdingbar ist.

Es ist davon auszugehen, dass durch den Einsatz der richtigen Umfeldsensoren, deren Positionierung und der entsprechenden Analysealgorithmen alle dokumentierten und in der Erprobung konstruierten Verkehrssituationen erkannt werden und ein Unfall verhindert wird. Eine Detektion von Objekten mit einer Umfelderfassung, die lediglich in einer Ebene erfolgt, macht einen unfallfreien Betrieb nicht möglich. Hierfür müssen Sensoren den gesamten Bereich vor dem Fahrzeug in Höhe und Breite erfassen und analysieren. Weiterhin darf die Bewertung des Umfeldes nicht zu einzelnen Zeitpunkten stattfinden, sondern muss die erfassten Signale in einen logischen Zusammenhang bringen. Ohne Objektverfolgung und Abschätzung für die nahe Zukunft würden Objekte, die sich in toten Winkeln der Sensoren befinden oder in diese hineinbewegen, missachtet und einen Unfall erzeugen.

Ein Einsatz der genannten Systeme wäre ebenfalls für einen kontinuierlichen Verkehrsfluss notwendig. Die Zulassungsauflagen schreiben die Bestätigung des Operators zum Losfahren an drei Stellen der Route vor, da die vorliegende Technik diese mit der notwendigen Sicherheit nicht autonom durchfahren kann. Weitere acht Bestätigungen muss der Operator beim Losfahren an den Haltestellen durchführen. In Bezug auf den Einsatz von autonomen Fahrzeugen im ÖPNV ist das ein Punkt, der in Zukunft gelöst werden muss. Ohne eigenständige Entscheidung durch den Bus, ob alle Fahrgäste ein- bzw. ausgestiegen sind und ein Schließen der Türen gefahrlos erfolgen kann, ist ein autonomer Einsatz im ÖPNV nicht möglich. Änderungen der umliegenden Infrastruktur können weitere Unterbrechungen des Verkehrsflusses bewirken, da der Bus die Orientierung verliert oder Objekte scheinbar den Weg versperren. In solchen Fällen muss der Operator die Fahrt manuell fortsetzen. Daran ist zu sehen, wie eng die Streckenauswahl und -vorbereitung mit der technischen Ausführung des Busses zusammenhängt.

Weiterhin ist ein Abweichen von der festgelegten Route entsprechend der Zulassungsauflagen nur durch den Operator zu bewerkstelligen, auch wenn die Technik des Busses dies ebenfalls könnte. In vielen der erhobenen Fälle wäre eine Weiterfahrt des Shuttlebusses ohne Operator nicht möglich. Dadurch würde der Shuttlebus selbst zum Verkehrshindernis und der Zweck der Personenbeförderung innerhalb festgelegter Zeiten nicht erfüllt.

Im aktuellen Entwicklungsstadium des Busses und angesichts der damit einhergehenden Beschränkungen ist ein regulärer Betrieb im ÖPNV, der fahrplangebunden stattfindet, auch aus anderer Sicht nicht möglich. Wettereinflüsse schränken die Funktionen im Bereich der Orientierung und der Sicherheit derart ein, dass ein Betrieb bei Nebel, Regen und Schnee untersagt ist. Somit wird es zwangsläufig zu Ausfällen des automatisierten Betriebes kommen, deren Zeitpunkte des Auftretens und deren Dauer nicht vorhersagbar sind.

Nach heutigem Wissensstand sind Kombinationen verschiedener Sensortechniken und deren Datenfusion notwendig, um autonome sowie automatisierte Fahrfunktionen von Wetter unbeeinflusst zum Einsatz zu bringen.

Der Komfort für die Passagiere im Sinne einer gleichmäßigen Bewegung ist mit wenigen Ausnahmen sichergestellt. 3 % aller dokumentierten Situationen wurden als Komfortsituation eingestuft. Da die Wahrnehmung allerdings rein subjektiven Aspekten unterliegt, kann durch die angewandte Datenerhebungsmethode keine belastbare Aussage getroffen werden. Zur Bewertung des Komforts müssen gezielte Befragungen der Fahrgäste durchgeführt und messbare Kriterien definiert werden (Kap. 6, Wintersberger et al.). Durch die Interviews mit den Operatoren und Gesprächen mit Fahrgästen sowie eigenen Erlebnissen bei der Mitfahrt wird allerdings deutlich, dass es Situationen gibt, die als störend, also unkomfortabel, empfunden werden.

Zum Anfahr- und Abbremsverhalten sind keine abwertenden Aussagen den Komfort betreffend bekannt, ebenso wenig zu Situationen, bei denen der Shuttlebus auf stehende Objekte reagieren muss. Das Annähern an stehende Verkehrsteilnehmer oder Objekte im Fahrschlauch sowie das Passieren dieser im Abstand des Perimeters d2 erfolgt mit gleichmäßigen Übergängen. Gegenüber herkömmlichen Bussen finden Geschwindigkeitsänderungen reproduzierbarer statt, worin ein deutlicher Vorteil des automatisierten Fahrzeuges liegt.

Eingeschränkt wird der Fahrkomfort bei Objekten, die sich in Abständen zum Shuttlebus bewegen, welche den Übergängen der einzelnen Sicherheitszonen entsprechen. Die vorhandene Schwankung an den Grenzen der Sicherheitszonen bewirkt einen ständigen Wechsel der Geschwindigkeit, welcher als störend empfunden werden kann.

Am Komfort zeigt sich, dass bei der Auslegung der Sensorsysteme Unterschiede zwischen stehenden und bewegten Objekten beachtet werden müssen. Die Interaktion mit bewegten Objekten erfordert deutlich komplexere Algorithmen als mit stehenden, um einen hohen Fahrkomfort zu realisieren. Weitere Forschungen hinsichtlich des Zusammenhangs von Fahrkomfort und technischer Auslegung des Gesamtsystems Shuttlebus sind hierfür notwendig.

Die technische Ausstattung des in Bad Birnbach eingesetzten Busses reicht nicht aus, um autonom fahrend einen unfallfreien Betrieb, den notwendigen Verkehrsfluss und einen durchgängig akzeptablen Komfort sicherzustellen. Zur Erfüllung dieser Punkte müssen die eingesetzte Sensortechnik und die Verarbeitung der erfassten Signale deutlich erweitert werden. Weiterhin müssen Funktionen freigegeben werden, die ein sicheres Verlassen der vorgegebenen Route ohne Operator ermöglichen. Zusätzlich muss die Ausfallsicherheit der Technik, die bei 22 % der dokumentierten ungeplanten Unterbrechungen Ursache oder Folge war, deutlich erhöht werden.

Die Zulassungsauflagen sind ausreichend, um selbstverschuldete Unfälle zu vermeiden, beeinflussen aber deutlich den Komfort der Fahrt und deren Verkehrsfluss. Bei der Erstellung der Zulassungsauflagen müssen Aspekte der Sicherheit und des Komforts gegeneinander abgewogen werden, wobei der Sicherheit oberste Priorität eingeräumt werden muss. Somit ist das Vorgehen der technischen Prüfstelle bei der Erstellung der Zulassungsempfehlung nachzuvollziehen. Es ist aber zu vermuten, dass es möglich ist, durch Lockerung der Auflagen den Komfort zu erhöhen, ohne die Unfallwahrscheinlichkeit zu vergrößern.

Durch das Projekt in Bad Birnbach und zukünftige Projekte müssen weitere Erfahrungen mit den technischen und rechtlichen Aspekten gesammelt werden, um autonomes Fahren unfallfrei, unterbrechungsfrei und komfortabel in großem Umfang anbieten zu können.

Literatur

4activesystems (2017) Advanced testing technologies for active safety systems to reduce road fatalities. 4activesystems, Traboch

Bijelic M, Gruber T, Ritter W (2018) A Benchmark for Lidar Sensors in Fog: Is Detection Breaking Down? IEEE. doi:https://doi.org/10.1109/IVS.2018.8500543

BfJ – Bundesamt für Justiz (2013) StVO § 22 Ladung Absatz 4

DB Regio (o. J.) Streckenverlauf. DB Regio Bus, Ingolstadt

Doric I (2017) A Generalised Approach to Active Pedestrian Safety Testing. Dissertation, University of Warwick

DSD (o. J.) Ultraflat Overrunable Robot for experimental ADAS Testing. Resource document. DSD homepage. http://www.dsd.at/index.php?option=com_content&view=article&id=259:ufo-en&catid=16:crash-facilities&lang=de. Zugegriffen: 20.10.2019

EasyMile (o. J.) EasyMile EZ10 User Manual, EasyMile, Toulouse

Gängrich, P (2018) Autonome E-Busse für Hamburg – Das Projekt HEAT. Resource document. Hochbahn Blog. https://dialog.hochbahn.de/bus-in-zukunft/autonome-e-busse-fuer-hamburg-das-projekt-heat. Zugegriffen: 20.10.2019

Hasirlioglu S, Riener A (2017) Introduction to rain and fog attenuation on automotive surround sensors. IEEE. doi:https://doi.org/10.1109/ITSC.2017.8317823

Hasirlioglu S, Doric I, Kamann A, Riener A (2017) Reproducible Fog Simulation for Testing Automotive Surround Sensors. IEEE. doi:https://doi.org/10.1109/VTCSpring.2017.8108566

ioki (o. J.) Zulassungsprozess Bad Birnbach. Ioki, Frankfurt am Main

Krempl, S (2018) Berliner Charité und BVG testen autonome Kleinbusse. Resouce document. heise online. https://www.heise.de/newsticker/meldung/Berliner-Charite-und-BVG-testen-autonome-Kleinbusse-3789184.html. Zugegriffen: 20.10.2019

Kutila M, Pyykönen P, Ritter W, Sawade O, Schäufele B (2016) Automotive LIDAR sensor development scenarios for harsh weather conditions. IEEE. doi:https://doi.org/10.1109/ITSC.2016.7795565

Neumann, P (2018) Charité – Darum müssen die autonomen BVG-Busse noch lernen. Resource document. Berliner Zeitung. https://www.berliner-zeitung.de/berlin/verkehr/charit%C3%A9-darum-muessen-die-autonomen-bvg-busse-noch-lernen-31799014. Zugegriffen: 20.10.2019

Passauer Neue Presse (2018) Beim Ausparken mit autonomem Bus zusammengestoßen. Resource document. Passauer Neue Presse. https://www.pnp.de/lokales/landkreis_rottal_inn/pfarrkirchen/2955245_Beim-Ausparken-Zusammenstoss-mit-autonomem-Bus.html. Zugegriffen: 20.10.2019

SAE J3016. (2018). Taxonomy and definitions for terms related to driving automation systems for on-road motor vehicles, J3016_201806.

VDA – Verband der Automobilindustrie e. V. (2015) Automatisierung – Von Fahrerassistenzsystemen zum automatisierten Fahren.

VDI – Verein Deutscher Ingenieure e. V. (2018) Automatisiertes Fahren. VDI Statusreport, Düsseldorf

Teil IV

Teilaspekt: Gesellschaft und Akzeptanz

Philipp Wintersberger, Anna-Katharina Frison, Isabella Thang und Andreas Riener

Da erst wenige automatisierte Fahrzeuge auf öffentlichen Straßen in Betrieb sind, ist aktuell noch unklar, ob potenzielle Nutzer diese akzeptieren und ihnen vertrauen. Um diesen Fragen nachzugehen, wurde eine Feldstudie mit 24 (jeweils zwölf älteren und jüngeren) Teilnehmern durchgeführt, wobei ein automatisiertes Fahrzeug direkt mit einem von menschlicher Hand gesteuerten Gruppentaxi verglichen wurde. Benutzerakzeptanz und -erlebnis, Vertrauen sowie subjektives Zeitempfinden wurden sowohl vor als auch nach der Fahrt mit dem jeweiligen Transportmittel mit standardisierten Messverfahren und Interviews erfasst. Die Resultate zeigen, dass automatisierte Fahrzeuge in ähnlichem Ausmaß akzeptiert werden wie auch menschliche Fahrer, jedoch gerade jüngere Probanden aufgrund der geringeren Geschwindigkeit der neuen Technologie gegenüber noch skeptisch eingestellt sind. Für diese Zielgruppe wirkte sich jedoch eine Fahrt mit dem automatisierten Fahrzeug positiv auf das Vertrauen aus. Eine Berücksichtigung der gewonnenen Erkenntnisse ist für eine weitere Implementierung der Technologie zu empfehlen.

P. Wintersberger
Technische Hochschule Ingolstadt, Forschungszentrum CARISSMA, Ingolstadt, Deutschland
E-Mail: philipp.wintersberger@carissma.eu

A.-K. Frison · A. Riener (✉)
Technische Hochschule Ingolstadt, Ingolstadt, Deutschland
E-Mail: anna-katharina.frison@thi.de; andreas.riener@thi.de

I. Thang
Regensburg, Deutschland
E-Mail: isabella.thang@gmx.de

© Der/die Herausgeber bzw. der/die Autor(en) 2020
A. Riener et al. (Hrsg.), *Autonome Shuttlebusse im ÖPNV*,
https://doi.org/10.1007/978-3-662-59406-3_6

6.1 Einleitung

Automatisierte Fahrzeuge haben das Potenzial, das heute bekannte Mobilitätsverhalten von Grund auf zu verändern. Für den Endverbraucher entstehen eine Reihe an Vorteilen, etwa die Möglichkeit, während der Fahrt andere Tätigkeiten auszuführen oder Mobilität für die ältere Generation und/oder beeinträchtigte Menschen zu erhalten. Neben den positiven Aspekten, welche sich für Einzelpersonen ergeben, verspricht die Technologie auch Vorteile für die gesamte Gesellschaft. So sollen automatisierte Fahrfunktionen für mehr Sicherheit sorgen und durch intelligente Steuerung Staus vermeiden sowie Emissionen verringern (Innamaa et al. 2018). Für Mobilitätsanbieter bedeutet die Einführung automatisierter Fahrzeuge ebenfalls eine große Chance. Neue Verkehrskonzepte wie multimodaler Verkehr, Erste/Letze Meile oder „Mobility on Demand" (Mobilität auf Abruf, MoD) (Distler et al. 2018) könnten – richtig eingesetzt – dafür sorgen, dass Endkunden ihr Mobilitätsverhalten grundlegend ändern. Dabei könnte die klassische Abgrenzung zwischen öffentlichem und Individualverkehr verschwimmen oder in ferner Zukunft vollständig verschwinden.

All dies kann jedoch nur dann eintreten, wenn potenzielle Nutzer automatisierte Fahrzeuge auch akzeptieren, deren Fähigkeiten vertrauen und bereit sind, diese regelmäßig zu nutzen. Zum gegebenen Zeitpunkt kann davon jedoch nicht zwingend ausgegangen werden. Aktuelle Forschungsergebnisse zeigen, dass viele Menschen dieser neuen Technologie noch skeptisch gegenüber stehen und ihr Erfolg keineswegs garantiert ist (Wintersberger et al. 2016). Einer österreichischen Studie zufolge glauben nur 19 % der Befragten, dass automatisierte Fahrzeuge mehr Sicherheit bieten, während 25 % der Ansicht sind, dass Softwarefehler bei deren Einsatz zu einer Steigerung der Unfallzahlen führen werden (Grießmeier 2016). Diese Resultate wurden von anderen Studien bestätigt. Teilnehmer einer international durchgeführten Fragebogenstudie gaben großteils (ca. 80 %) an, dass sie sich zu jedem Zeitpunkt und in jeder Situation die Möglichkeit wünschen, die Kontrolle über die Fahrfunktionen übernehmen zu können, während sich weniger als ein Viertel (ca. 22 %) vorstellen kann, ein Fahrzeug zu besitzen, welches gänzlich auf traditionelle Systeme zur Fahrzeugsteuerung (Lenkrad und Pedale) verzichtet. Auch daher wird bereits befürchtet, dass sich die Einführung und Demonstration von nicht perfekten Systemen sogar negativ auf die Bevölkerungsmeinung auswirken könnte (Distler et al. 2018). Automatisierte Shuttles wie jenes in Bad Birnbach haben schließlich noch mit diversen, sich teils aus technischen oder gesetzlichen Gründen ergebenden, Nachteilen zu kämpfen. Etwa verlangt das Gesetz in Deutschland momentan noch, dass ein Operator das Fahrzeug permanent überwacht und im Fehlerfall eingreifen kann. Auch ist aus Sicherheitsgründen die Reisegeschwindigkeit oft weit geringer als technisch möglich – ein Umstand, der sich mitunter negativ auf die Akzeptanz bestimmter Zielgruppen (z. B. jüngere Personen) auswirken könnte. Das Shuttle in Bad Birnbach (Typ EasyMile EZ10) hat eine Maximalgeschwindigkeit von 40 km/h, die Genehmigung erlaubte (zum Untersuchungszeitpunkt; Juli 2018) jedoch nur maximal 15 km/h. Bevor das in diesem Referenzprojekt angedachte Konzept auf andere Einzugsgebiete oder gar den innerstädtischen Bereich aus-geweitet werden kann, ist eine möglichst allumfassende Untersuchung nötig.

In dieser Arbeit wird der Frage nachgegangen, ob ein mit niedriger Geschwindigkeit operierendes, automatisiertes Shuttle von potenziellen Nutzern akzeptiert wird und wie sich dieses in Punkto Benutzererlebnis und Vertrauen von etablierten Transportmitteln, wie einem manuell gesteuerten Gruppentaxi, unterscheidet. Die Studie versucht des Weiteren herauszufinden, ob (und inwieweit) sich eine initiale Systemnutzung positiv auf relevante Akzeptanzkriterien auswirkt, wobei speziell demographische Aspekte (unterschiedliche Altersgruppen) betrachtet werden. Um diese Fragen zu beantworten, wurden 24 Personen (zwölf Senioren und zwölf jüngere Probanden) bei einer Fahrt mit dem Shuttle von unserem Forschungsteam begleitet. Vor und nach der Fahrt wurden die Erwartungen und Impressionen der Probanden sowohl mit standardisierten Fragebögen als auch in Form von semi-strukturierten Interviews erhoben. Zusätzlich waren sämtliche Probanden auch Passagiere einer (zeitlich) vergleichbar langen Fahrt in einem von einem menschlichen Fahrer gesteuerten Gruppentaxi (siehe Abb. 6.1), wobei in der zweiten Fahrt die gleiche Kombination aus Evaluierungswerkzeugen zum Einsatz kam, um einen direkten Vergleich zu ermöglichen.

In diesem Kapitel werden Details dieser Benutzerstudie vorgestellt. Im ersten Teil werden für die Studie relevante Konzepte inklusive ihrer in der Wissenschaft gängigen Definitionen eingeführt, sowie die Ergebnisse anderer Forschungsarbeiten zu diesem Thema diskutiert. Anschließend wird die durchgeführte Studie im Detail erklärt und die Resultate erörtert. Das Kapitel schließt mit einer ausführlichen Diskussion der gewonnenen Erkenntnisse.

Abb. 6.1 Automatisiertes Shuttle (EasyMile EZ10, links) sowie das für den Vergleich verwendete manuell gesteuerte Gruppentaxi (VW Multivan, rechts), jeweils inkl. Innenraumaufnahme

6.2 Akzeptanz und Benutzererlebnis von automatisierten Fahrzeugen

Automatisiertes Fahren an sich ist erstmal „nur" eine Technologie, die es einem Fahrzeug erlaubt, je nach dem Automatisierungsgrad (SAE 2018), teilweise oder gänzlich die Fahraufgabe ohne menschlichen Operator auszuführen. Je nach Implementierung unterscheidet man zwischen verschiedenen Konzepten wie „personal automated vehicles" (Personen besitzen ihr eigenes Fahrzeug), „shared automated vehicles" (kein Privatbesitz, aber persönliches Fahrzeug nach Wunsch und Verfügbarkeit) oder „shared automated rides" (auch genannt „micro-transit" bzw. Mikrotransit; automatisierte Shuttles als Teil des öffentlichen Verkehrs) (Litman 2017). Die zu untersuchende Situation wird somit am besten von Letzterem (Mikrotransit) beschrieben, welche von den drei Konzepten als die günstigste, jedoch auch als die langsamste und am wenigsten Komfort bietende Lösung beschrieben wird (Litman 2017). Im Folgenden werden die für die durchgeführte Studie relevanten Konzepte Akzeptanz, Vertrauen, sowie Benutzererlebnis für den Kontext des automatisierten Fahrens definiert.

6.2.1 Akzeptanz

Benutzerakzeptanz ist einer der kritischen Faktoren, welche den Erfolg technischer Systeme bestimmen (Davis 1993). Sie ist für automatisiertes Fahren von besonderer Bedeutung, da die damit einhergehenden Konsequenzen für den Verkehr nicht nur einzelne Nutzer, sondern die gesamte Gesellschaft betreffen. Davis definiert Benutzerakzeptanz von Technologieprodukten als die Absicht (Intention) eines Benutzers, ein konkretes System, abhängig von seiner inneren Einstellungen, auch tatsächlich zu nutzen (Davis 1993). Hierfür postulierte er das „Technology Acceptance Model" (TAM), welches auf dem „Psychological Attitude Paradigm" (Fishbein und Ajzen 1975) basiert. Das Modell verbindet für die Systemnutzung relevante Kriterien – die wahrgenommene Nützlichkeit („perceived usefulness", PU) und der wahrgenommene Bedienkomfort („perceived ease of use", PEOU) beeinflussen die Einstellung gegenüber dem Produkt („attitude towards using a system", ATT, affective response), welche wiederum zu tatsächlichem Gebrauch bzw. Nichtgebrauch führt („Intent", behavioral response). Über die Jahre wurde das Modell immer weiter verfeinert (siehe TAM2, Venkatesh und Davis 2000, bzw. TAM3, Venkatesh et al. 2003). Belanche, Casalo und Flavian (2012) fügten dem Modell einen weiteren, für die Nutzung von sicherheitskritischen Systemen essenziellen, Aspekt hinzu: Vertrauen. Durch das Einbinden von Unsicherheit und Verwundbarkeit in das Modell kann somit ein Kausalzusammenhang von Vertrauen mit den oben genannten Modellparametern hergestellt werden.

6.2.2 Vertrauen

Technologievertrauen wiederum wird im Untersuchungskontext üblicherweise als die Einstellung bezeichnet, sich in einer von Unsicherheit und Verletzlichkeit charakterisierten Situation auf einen digitalen Agenten zum Erreichen seiner persönlichen Ziele zu verlassen (Lee und See 2004). Vertrauen bildet sich durch analytische und gefühlsbedingte Prozesse, wobei Benutzer immer auch Analogien zu bereits bekannten Systemen suchen (Lee und See 2004). Vertrauen existiert somit auf verschiedenen Ebenen und wird von Erfahrungen vor („dispositional trust"), während („situational trust") und nach („learned trust") direkter Systeminteraktion beeinflusst (Hoff and Bashir 2015). Ziel der Forschung zu diesem Thema ist es, das subjektive Vertrauen eines Benutzers auf den richtigen Level zu bringen, um sowohl Misstrauen (führt zur Nichtbenutzung) als auch Übervertrauen (führt zur unsachgemäßen Nutzung unter falschen Voraussetzungen) zu unterbinden (Muir 1987; Parasuraman und Riley 1997). Während Übervertrauen als äußerst wichtiges Thema aktuell in vielen Studien im Kontext des automatisierten Fahrens bearbeitet wird (Wintersberger et al. 2018a), spielt es in dem in dieser Arbeit untersuchten Szenario kaum eine Rolle, da es sich bei den Nutzern von „shared automated rides" um reine Passagiere handelt, die nicht in das System eingreifen. Damit stellt Übervertrauen in der gegebenen Situation kein Sicherheitsrisiko dar.

6.2.3 Benutzererlebnis (UX)

Sowohl Akzeptanz als auch Vertrauen beeinflussen das Benutzererlebnis (User Experience, UX), welches laut ISO-9241-210 als „Wahrnehmungen und Reaktionen einer Person, die aus der tatsächlichen und/oder der erwarteten Benutzung eines Produkts, eines Systems oder einer Dienstleistung resultieren", definiert wird, wobei derartige Wahrnehmungen sowohl vor, während, als auch nach der Nutzung mit einbezogen sind. UX integriert somit holistisch sämtliche Produkterfahrungen lange vor und nach dem konkreten Produkterlebnis. Dies ist im Kontext des automatisierten Fahrens besonders relevant, da bis dato nur wenige Menschen die Möglichkeit hatten, in einem derartigen Fahrzeug Passagier zu sein, während permanente Medienberichterstattung über dieses Thema die Meinung beeinflusst. Werden die für digitale Produkte relevanten Grundbedürfnisse (Hassenzahl et al. 2010) bei der Benutzung eines automatisierten Fahrzeuges erfüllt, führt dies zu positiven Erfahrungen und somit positiver UX (Frison et al. 2017). Während negative Erlebnisse dazu führen können, dass ein Benutzer ein System nicht weiter nutzt, sorgt ein positives Nutzererlebnis für die nötige Motivation, um ein Produkt mit Freude zu nutzen und es aktiv weiterzuempfehlen (Moser 2013).

6.2.4 Verwandte Studien zu Akzeptanz und User Experience

Aufgrund fehlender existierender Systeme wurden Studien zum Thema Akzeptanz und UX in automatisierten Fahrzeuge bisher vorwiegend in Form von Umfragen oder Fahrsimulatorstudien untersucht. Rödel et al. (2014) evaluierten diese Kriterien in einer Online-Umfrage mit 336 Probanden – mit dem Ziel, herauszufinden, wie sich unterschiedliche Automatisierungsstufen auf das Benutzererlebnis auswirken. Die Studie kam zu dem Ergebnis, dass Akzeptanz und UX mit zunehmendem Automatisierungsrad sinken, wobei jedoch anzumerken ist, dass existierende Erfahrungen mit Fahrassistenzsystemen auch zu mehr Akzeptanz gegenüber automatisiertem Fahren führt (Rödel et al. 2014). Ein Vergleich zwischen automatisierten und manuell gesteuerten Fahrzeugen wurde von Wintersberger et al. (2016) in einem Fahrsimulator durchgeführt. 48 Probanden mussten als Beifahrer eine Fahrt entweder mit a) einem automatisierten Fahrzeug, b) einem männlichen oder c) einem weiblichen Fahrer durchführen. Die Studie kam zu dem Schluss, dass sich zwischen den drei Fahrten keine relevanten Unterschiede hinsichtlich Akzeptanz und Benutzerzufriedenheit (gemessen mit quantitativen Daten wie Herzratenvariabilität und Emotionserkennung sowie standardisierten Fragebögen und Interviews) ergeben, und potenzielle Nutzer somit „bereit für automatisierte Fahrzeuge sind" (Wintersberger et al. 2016). Während viele existierende Arbeiten automatisierte, private Personenkraftwagen evaluieren, gibt es jedoch auch bereits Studien, welche explizit auf neuartige Mobilitätskonzepte wie Mikrotransit beziehungsweise automatisierte Mobilität auf Abruf (AMoD) abzielen. Distler et al. (2018) untersuchten, wie sich Akzeptanz- und UX-Kriterien (in Form psychologischer Bedürfnisse) vor und nach der Fahrt mit AMoD verändern. Ihre Ergebnisse zeigen, dass eine hohe Erwartungshaltung gegenüber automatisierten Fahrzeugen existiert, jedoch sank die Bewertung der wahrgenommenen Nützlichkeit nach der Fahrt. Benutzer hatten zwar keine relevanten Sicherheitsbedenken, empfanden AMoD jedoch nicht als besonders effektiv. Nordhoff et al. (2018) untersuchten Benutzererlebnisse in einem realen automatisierten Shuttle. Die Ergebnisse legen nahe, dass sich die Erwartungen nicht mit den Erfahrungen nach der Probefahrt deckten, obwohl sie dem Konzept prinzipiell positiv gegenüber standen. Die Teilnehmer wiesen dabei speziell auf die Wichtigkeit der Reisezeit für ihre Wahl des Transportmittels hin. Ein weiterer relevanter Punkt bei der Untersuchung von automatisierten Fahrzeugen ist die Einbeziehung verschiedener Nutzergruppen mit ihren speziellen Bedürfnissen und Erwartungen. Eine Studie von Frison et al. (2018a), welche explizit ältere und jüngere Probanden einbezog, zeigte, dass beide Altersgruppen eine grundsätzlich positive Erwartungshaltung gegenüber automatisierten Fahrfunktionen aufweisen, jedoch aufgrund unterschiedlicher kognitiver und physischer Belastungsgrenzen unabhängig betrachtet werden sollten.

Zusammenfassend legen verwandte Studien nahe, dass es im Kontext des automatisierten Fahrens nicht reicht, die allgemeine Akzeptanz von Technologie zu untersuchen, sondern wechselseitige Bedürfnisse und Erlebnisse in einem nutzerzentrierten Ansatz zu betrachten sind. Dabei sind vor allem Experimente im Realbetrieb notwendig, um die in Umfragen und Fahrsimulatoren gewonnenen Erkenntnisse auf Validität zu untersuchen.

6.3 Haushaltsbefragung

Im Rahmen der in Kap. 9 vorgestellten Haushaltsbefragung (N = 201) wurden auch Fragen zum von Belanche et al. (2012) erweiterten TAM-Modell inkludiert. Dabei wurden zwei Altersgruppen (mit gleicher Split-Bedingung wie bei der nachfolgend präsentierten Feldstudie; Jung <35, Alt >58 Jahre) gebildet. Die Resultate der statistischen Auswertung zeigen, dass jüngere Befragte (N = 27) das Shuttle signifikant weniger nützlich finden

Tab. 6.1 Personen, welche das Shuttle bereits nutzten, bewerteten dieses in sämtlichen Dimensionen des TAMs besser als jene, welche noch keine Erfahrungen damit gemacht hatten

	noch nicht genützt (Mdn)	bereits genützt (Mdn)	Mann-Whitney-U-Test
PU	3,00 (SD = 1,71)	4,00 (SD = 1,77)	U = 17.788,00; z = 4,96,p < 0,001
PEOU	5,00 (SD = 1,87)	6,00 (SD = 1,16)	U = 13.547,50, z = 5,73,p < 0,001
ATT	5,00 (SD = 2,21)	6,00 (SD = 1,20)	U = 19.101,50; z = 3,60,p < 0,001
Trust	4,17 (SD = 2,14)	5,57 (SD = 1,42)	U = 14.613.00; z = 3,65,p < 0,001
Intention	4,00 (SD = 2,18)	6,00 (SD = 1,57)	U = 11.105.50; z = 5,45,p < 0,001

(PU, $U = 3843{,}0$, $z = 4{,}04$, $p < 0{,}001$) und diesem auch weniger vertrauen (Trust, $U = 3165{,}0$, $z = 2{,}58$, $p = 0{,}01$) als ältere (N = 73) Teilnehmer. Jedoch ergibt sich auch, dass sämtliche Personen, welche angaben, das Shuttle schon einmal verwendet zu haben (n = 115), alle Faktoren des TAMs signifikant besser bewerteten als jene, die noch nicht mit dem Shuttle mitgefahren sind (N = 86, siehe Tab. 6.1).

6.4 Feldstudie

Um einen genaueren Einblick in die Erwartungen bestimmter Nutzergruppen vor und deren Beurteilung nach der Fahrt mit einem automatisierten Shuttle zu erhalten, wurde eine Feldstudie durchgeführt. Bei dem in der Studie betrachteten Fahrzeug handelt es sich um einen vollautomatisierten Kleinbus vom Typ EasyMile EZ10 (siehe Abb. 6.1), welcher seit Oktober 2017 im bayerischen Bad Birnbach im Regelbetrieb im Einsatz ist. Die gefahrene Strecke verbindet vier Haltestellen, welche in einer achtminütigen Fahrt das Stadtzentrum mit der Rottal-Terme verbindet. Dabei fährt der Bus mit einer Höchstgeschwindigkeit von etwa 12 km/h und bietet Platz für sechs Passagiere. Aufgrund gesetzlicher und zulassungstechnischer Restriktionen ist permanent ein Operator an Bord, welcher im Fehlerfall eingreifen, etwa den Notstopp betätigen oder manuell Hindernisse umfahren, kann.

6.4.1 Methode und Forschungsfragen

Die Studie untersucht Benutzerakzeptanz/Vertrauen, subjektives Zeitempfinden (zur Evaluierung des Effekts der langsamen Fahrgeschwindigkeit) sowie Nutzungserlebnis (UX) zweier Zielgruppen (Jung und Alt) vor und nach der Fahrt mit dem automatisierten Bus. Zusätzlich wird ein direkter Vergleich mit einem manuell gesteuerten Gruppentaxi durchgeführt (siehe Studienplan in Abb. 6.1). Dabei war es nötig, für die Fahrt mit dem manuellen Fahrzeug eine vergleichbare Alternativroute zu bewältigen. Es wurde darauf geachtet, bei gleichem Start- und Endpunkt eine längere Route mit ähnlicher Fahrtdauer zu definieren, um bei der Fahrt mit dem manuellen Gruppentaxi eine höhere Geschwindigkeit zu erreichen. Gleichzeitig sollte für Probanden nicht der Eindruck entstehen, dass bewusst lange Umwege gefahren werden. Aufgrund der Topologie der Umgebung konnte eine Strecke mit exakt gleicher Fahrtdauer nicht gefunden werden – eine Fahrt durch die am Ende gewählte Alternativroute dauerte je nach Verkehrslage ca. 6–7 Minuten.

Für die Erfassung der zu untersuchenden Konstrukte wurde großteils auf standardisierte Messverfahren zurückgegriffen. Neben den üblichen demographischen Daten wurden vor der Fahrt Informationen über Führerscheinbesitz, Fahrhäufigkeit, allgemeine Einstellung zu öffentlichem und Individualverkehr, sowie persönliche Einstellung gegenüber und Erfahrungen mit automatisierten Fahrzeugen erfasst. Zusätzlich wurde allgemeines Technikvertrauen mit der „Propensity to Trust Scale" (sechs Items) von (Merritt et al. 2013) erhoben. Sowohl vor als auch nach der Fahrt mit dem automatisierten Bus sowie dem manuell gesteuerten Shuttle wurde das um Vertrauen erweiterte Technology Acceptance Model (Belanche et al. 2012) sowie die Trust Scale von (Jian et al. 2000) mit zwölf Items, welche sowohl die Konstrukte Vertrauen und Misstrauen beinhaltet, abgefragt. Dabei wurden die Fragen je nach Kontext leicht angepasst (z. B. wurde die Frage „Das automatisierte Shuttle zu nutzen wäre für mich nützlich" für die Situation mit manuellem Fahrer umformuliert zu „Der Fahrservice mit einem Fahrer wäre nützlich für mich"). Alle Fragebögen bedienten sich dabei einer 7-Punkte-Likert-Skala. Nach der jeweiligen Fahrt wurden noch weitere Messinstrumente verwendet – der „Positive and Negative Affect Scale" (PANAS) zur Erfassung von Gefühlszuständen (gefühlte Intensität von 20 Adjektiven auf einer 5-Punkte-Likert-Skala, siehe Diefenbach und Hassenzahl 2010), ein Fragekatalog zur Messung von subjektivem Zeitempfinden (Hinz 2000), erweitert um die Frage „Wie lange, glauben Sie, hat die eben erlebte Fahrt gedauert (in Minuten)?", die UX-Curve Methode Kujala, Roto, Väänänen-Vainio-Mattila, Karapanos, Sinnelä (2011), bei welcher Probanden die Möglichkeit haben, eine erlebte Situation in einem X/Y-Diagramm (X = Zeitachse, Y = positive/negative Erlebnisse) zeitabhängig einzutragen, sowie ein freies Interview mit dem Ziel, zugrunde liegende Bedürfnisse zu erfassen.

Durch die statistische Auswertung der Ergebnisse sollen dabei folgende Hypothesen untersucht werden:

- **H1** Benutzerakzeptanz/Vertrauen gegenüber einem automatisierten Shuttle im öffentlichen Nahverkehr steigt, wenn das System benutzt wird.
- **H2** Benutzerakzeptanz und -erlebnis unterscheiden sich zwischen jüngeren und älteren Versuchsteilnehmern signifikant.
- **H3** Die Geschwindigkeit des Transportmittels wirkt sich signifikant auf das subjektive Zeitempfinden aus.
- **H4** Benutzerakzeptanz/Vertrauen zwischen einem automatisierten Shuttle und einem manuellen Gruppentaxi unterscheiden sich signifikant.

6.4.2 Studienablauf

Die Studie wurde an drei aufeinanderfolgenden Tagen im Juli 2018 durchgeführt. Rekrutierte Probanden mussten zuerst den Fragebogen über demographische und allgemeine Daten beantworten, bevor sie (zufällig) einer von zwei Gruppen zugeteilt wurden. Gruppe A führte zuerst die Fahrt mit dem automatisierten Bus und anschließend die Rückfahrt mit dem manuell gesteuerten Gruppentaxi durch, Gruppe B jeweils in umgekehrter Reihenfolge (siehe Abb. 6.2). Dieser Ablauf sollte sich durch die Reihenfolge oder Strecke ergebende Effekte möglichst minimieren. Pro Durchgang wurden bis zu vier Probanden gleichzeitig bedient. Vor und nach der Fahrt wurde von den Teilnehmern ein Fragebogen mit den oben beschriebenen Messmethoden ausgefüllt. Pro Teilnehmer dauerte ein Durchlauf rund 45–60 Minuten.

6.4.3 Versuchsteilnehmer

Insgesamt nahmen 24 Probanden aus den beiden Altersgruppen „Jung" (Alter<35, $M = 23$, $SD = 6,03$ Jahre) und „Alt" (Alter>58, $M = 70$, $SD = 9,70$ Jahre) an der Studie teil. Alle

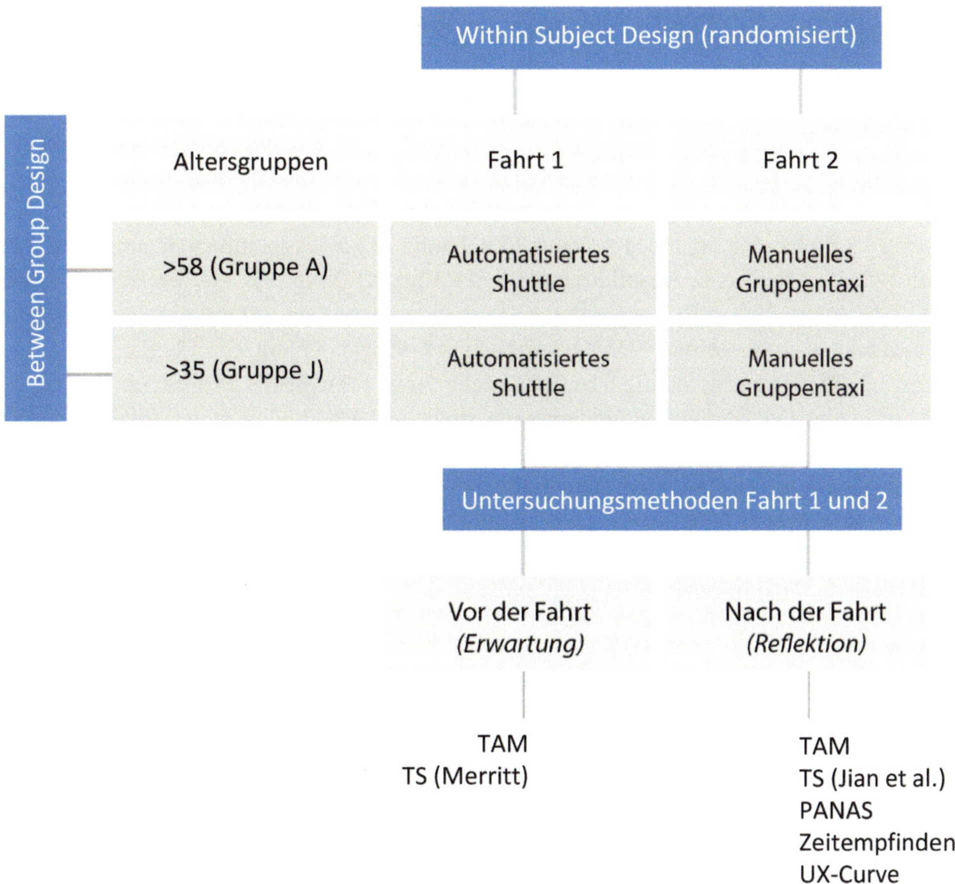

Abb. 6.2 Übersicht über den Studienablauf: Teilnehmer wurden ihrer jeweiligen Altersklasse zugeteilt und absolvierten je eine Fahrt mit dem automatisierten Shuttle und dem manuellen Gruppentaxi

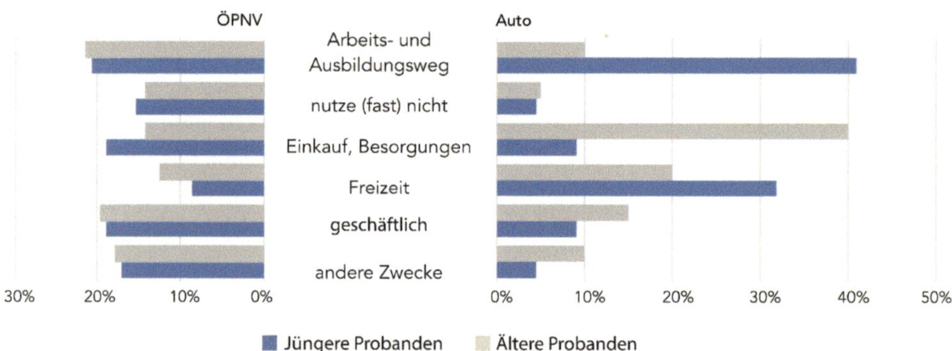

Abb. 6.3 Gründe für die Nutzung von öffentlichem und Individualverkehr der Vergleichsgruppen Jung und Alt

Teilnehmer gaben an, einen gültigen Führerschein zu besitzen. Studienteilnehmer wurden sowohl über Einladungsschreiben der Gemeinde Bad Birnbach, Social-Media Kanäle sowie direkt vor Ort rekrutiert. Probanden aus der Gruppe der älteren Personen waren in erster Linie Kurgäste und Besucher der lokalen Rottal Terme, jüngere Probanden vorwiegend Schüler einer im Ort angesiedelten Berufsfachschule für Physiotherapie.

Bezüglich der Eingangsfragen zur persönlichen Einstellung und Mobilitätsverhalten gaben 15 Probanden an, einen privaten Pkw häufig (62,5 %) zu nutzen, hauptsächlich für den Weg zu Arbeit oder Ausbildung (47,8 %), Einkauf (43,5 %), oder Freizeitaktivitäten (47,8 %, siehe Abb. 6.3). Insgesamt 17 Probanden gaben an, öffentliche Verkehrsmittel selten bis nie zu benutzen (70,9 %), lediglich vier Probanden nutzen öffentlichen Nahverkehr häufig bzw. sehr häufig (16,7 %, siehe Abb. 6.3). Sechs Probanden der älteren (54,6 %) und vier Probanden der jüngeren Gruppe (33,3 %) hielten sich selbst für technikaffin, während sich 36,4 % der älteren und 16,7 % der jüngeren als eher wenig technikaffin bezeichneten. Gegenüber dem automatisierten Fahren gaben insgesamt 62,5 % (sieben Ältere, acht Jüngere) an positiv eingestellt zu sein, 16,7 % eher negativ, 20,8 % neutral. Von den insgesamt 24 Probanden gaben sechs (alle aus der Gruppe der älteren Teilnehmer) an, bereits einmal mit dem Shuttle gefahren zu sein.

6.4.4   Resultate

Für die Auswertung der Daten wurden statistische Testverfahren mit IBM SPSS Version 24 durchgeführt. Je nach Typ der Auswertung wurden Wilcoxon-Signed-Rank-Tests für Innersubjekt- und Mann-Whitney-U-Tests für Zwischensubjekteffekte durchgeführt.

6.4.4.1 Technologieakzeptanz, Vertrauen und Affekt
Automatisiertes Shuttle vs. Gruppentaxi
Betrachtet man die einzelnen Dimensionen des TAM-Modells unter Berücksichtigung des Transportmittels (siehe Abb. 6.4), so wirkt das Gesamtbild hinsichtlich der Mediane rela-

Vor der Fahrt *(Erwartung)*

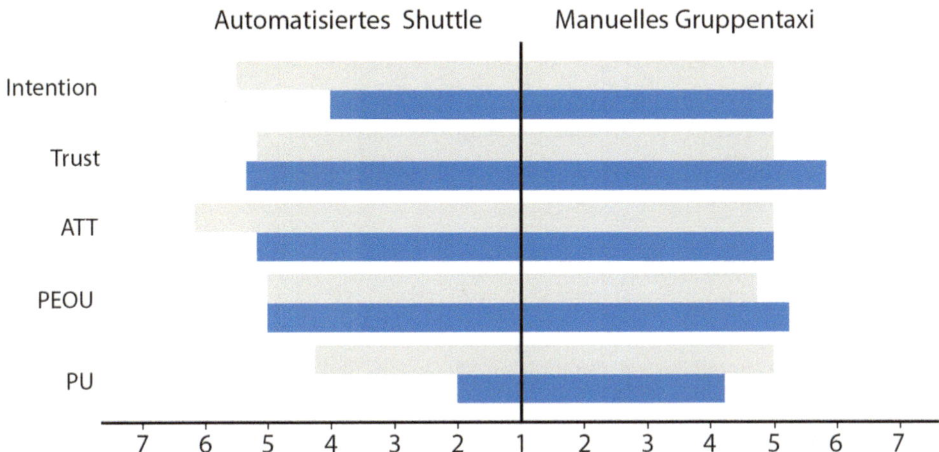

Nach der Fahrt *(Reflektion)*

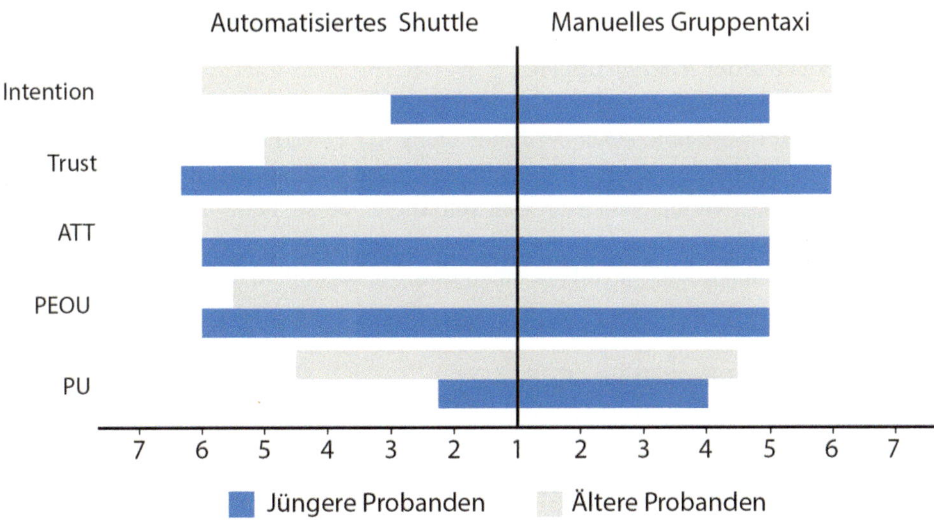

Abb. 6.4 Mediane der verschiedenen TAM-Dimensionen vor und nach der Fahrt mit dem jeweiligen Transportmittel für beide Altersgruppen. Die Unterschiede bei jüngeren Probanden (Intention, PU) nach der Fahrt erscheinen auffällig, sind jedoch statistisch nicht signifikant

tiv symmetrisch, mit leichten Nachteilen für das automatisierte Shuttle bei jüngeren Teilnehmern. Bei der statistischen Auswertung jedoch wurden bei jüngeren Teilnehmern keine signifikanten Unterschiede hinsichtlich positivem/negativem Affekt (PA/NA), Vertrauen/Misstrauen und den meisten TAM-Dimensionen festgestellt. Vor der Fahrt (Erwartung) wurde das Shuttle als weniger nützlich (PU) bewertet, nach der Fahrt (Reflexion) ergaben sich Vorteile gegenüber dem Gruppentaxi hinsichtlich TAM-Trust und Bedienkomfort

(PEOU). Diese drei ursprünglich signifikanten Unterschiede hielten der anschließenden Bonferroni-Korrektur jedoch nicht stand.

Bei älteren Teilnehmern ergibt sich ein ähnliches Bild. Bei Vertrauen/Misstrauen, NA und vier TAM-Dimensionen gibt es keine Signifikanz, Vorteile für das Shuttle bei ATT (Erwartung und Reflexion) erfüllen die Anforderungen nach Bonferroni-Korrektur nicht. Jedoch zeigt das Shuttle einen signifikant höheren PA als das Gruppentaxi nach der Fahrt ($z = 2,60$, $p = 0,009$).

Erwartung vs. Reflexion
Beim manuellen Gruppentaxi gibt es nach Bonferroni-Korrektur in keiner der evaluierten Skalen einen signifikanten Unterschied hinsichtlich Erwartung und Reflexion, was logisch erscheint, da diese Erfahrung den meisten Menschen wohlbekannt ist. Beim automatisierten Shuttle zeigt sich, dass das Shuttle im Wesentlichen den Erwartungen älterer Teilnehmer entspricht und sich deren Bewertung in der Reflexion nicht signifikant ändert (Intent über dem Signifikanzniveau nach Bonferroni-Korrektur). Bei jüngeren Probanden verpassten PEOU und ATT das Signifikanzniveau, dafür wirkte sich die erlebte Fahrt signifikant positiv auf das Vertrauen aus ($z = 2,73$; $p = 0,006$).

Direktvergleich der Altersgruppen
Auch hier werden beim manuellen Gruppentaxi keine Unterschiede bezüglich Erwartung und Reflexion festgestellt. Auch bei Betrachtung der Erwartungshaltung gegenüber dem automatisierten Shuttle gibt es keine signifikanten Unterschiede zwischen Jung und Alt, da PU (sowohl bei Erwartung und Reflexion von Älteren besser bewertet) und Vertrauen (Reflexion, Jung>Alt) die Bedingungen der Bonferroni-Korrektur nicht erfüllen. Nach der Fahrt jedoch können sich junge Probanden weniger vorstellen, das Shuttle zu nutzen, als ältere (Intention, $U = 128,00$; $z = 2,78$; $p = 0,005$).

6.4.4.2 Subjektives Zeitempfinden
Während der jeweiligen Fahrt wurden die Studienteilnehmer gebeten, nicht auf die Uhr zu blicken und am Ende eine Einschätzung über die Fahrtdauer in Minuten abzugeben. Ältere Probanden schätzten die Fahrtdauer beider Transportmittel annähernd gleich (Shuttle: $M = 8,87$, $SD = 3,48$, Gruppentaxi: $M = 8,50$, $SD = 4,33$ Minuten). Junge Teilnehmer jedoch schätzten die Fahrtdauer mit dem Gruppentaxi ($M = 4,62$, $SD = 1, 27$ Minuten) als signifikant kürzer ein, als jene mit dem automatisierten Shuttle ($M = 8,28$, $SD = 2,00$ Minuten, $z = 2,94$, $p = 0,003$). Dieser Effekt ist auch beim Direktvergleich zwischen den Altersgruppen bei Betrachtung des Shuttles sichtbar ($U = 95$, $z = 2,30$, $p = 0,023$). Diese Resultate lassen einen interessanten Einfluss von Geschwindigkeit auf subjektives Zeitempfinden vermuten: da die Dauer der Vergleichsfahrt mit dem Gruppentaxi leicht kürzer (Dauer ca. 6–7 Minuten) war, scheint es, als würde der Einfluss von Geschwindigkeit auf die Dauer von jungen Teilnehmern über- und von älteren Teilnehmern unterschätzt werden.

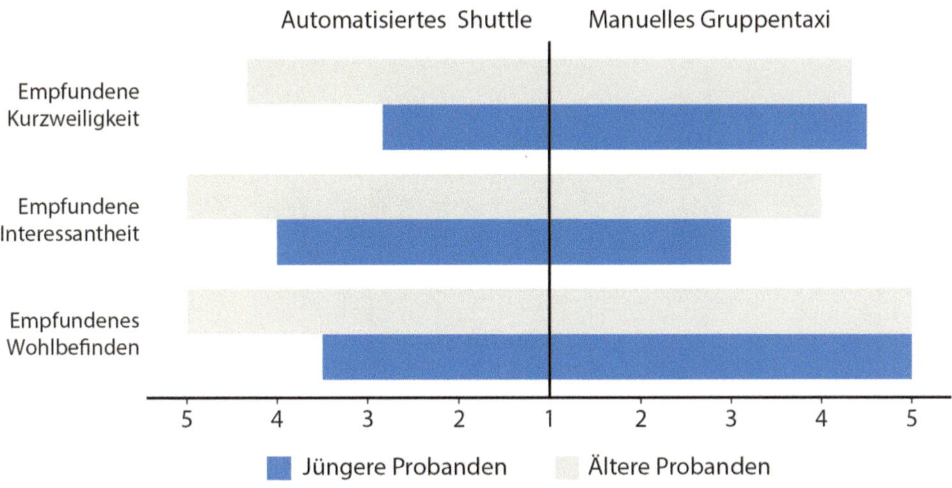

Abb. 6.5 Dimensionen zu subjektivem Zeitempfinden während der Fahrt mit dem jeweiligen Transportmittel. Jüngere Probanden empfanden die Fahrt mit dem Gruppentaxi als signifikant kurzweiliger

Dieser Einfluss spiegelt sich in nahezu allen Skalen zu subjektivem Zeitempfinden wieder (siehe Abb. 6.5). Jüngere Probanden empfanden die Fahrt mit dem Gruppentaxi als kurzweiliger ($z = 2,96$, $p = 0,003$) und ihnen kam die Fahrt mit dem Shuttle auch länger vor als den älteren Teilnehmern ($Z = 123$, $z = 2,46$, $P = 0,014$). Auch hinsichtlich des Wohlbefindens ergibt sich selbiges Bild: Junge bewerten das Vergehen der Zeit im Gruppentaxi als angenehmer ($z = -2,28$, $p = 0,023$) als im Shuttle, und die Fahrt in Zweiterem auch signifikant unangenehmer als ältere Probanden ($U = 124$, $z = 2,72$, $p = 0,011$). Zusätzlich schnitt das Shuttle bei der Frage, ob die Fahrt eher als interessant oder langweilig empfunden wurde, bei älteren Teilnehmern besser ab ($U = 119$, $z = 2,43$, $p = 0,026$). Bei jüngeren Probanden gab es hier keine Unterschiede, auch ansonsten unterschieden sich das Shuttle und das Gruppentaxi in dieser Frage nicht.

6.4.4.3 UX-Curves und Interviews

Nach dem Ende der jeweiligen Fahrt wurden Probanden gebeten, ihre Erfahrungen als UX-Curve (Kujala et al. 2011) in ein Diagramm einzuzeichnen. Ebenso wurden kurze Interviews über die jeweiligen Transportmittel geführt. Beim Betrachten der Kurven für das automatisierte Shuttle (siehe Abb. 6.6) fällt auf, dass es einen Unterschied in der Gefühlslage zwischen den Altersgruppen gibt. Während das positive Gefühl bei Älteren gegen Ende der Fahrt eher wieder sinkt (dies wurde mit der Fußgängerzone als schwieriger zu kontrollierendes Umfeld am Ende der Fahrt begründet), steigt es bei den Jüngeren. Zusätzlich sind die Linien bei Älteren generell positiver angesiedelt. Im Folgenden werden einige Kurven exemplarisch herausgegriffen und diskutiert: A1 (A = Alt, 1 = Probandennummer) fühlte sich während der gesamten Fahrt positiv, bei J10/J14/J15 (J = Jung) beginnt die Fahrt eher negativ aufgrund des Fahrverhaltens des Shuttles beim Wendemanöver, steigt

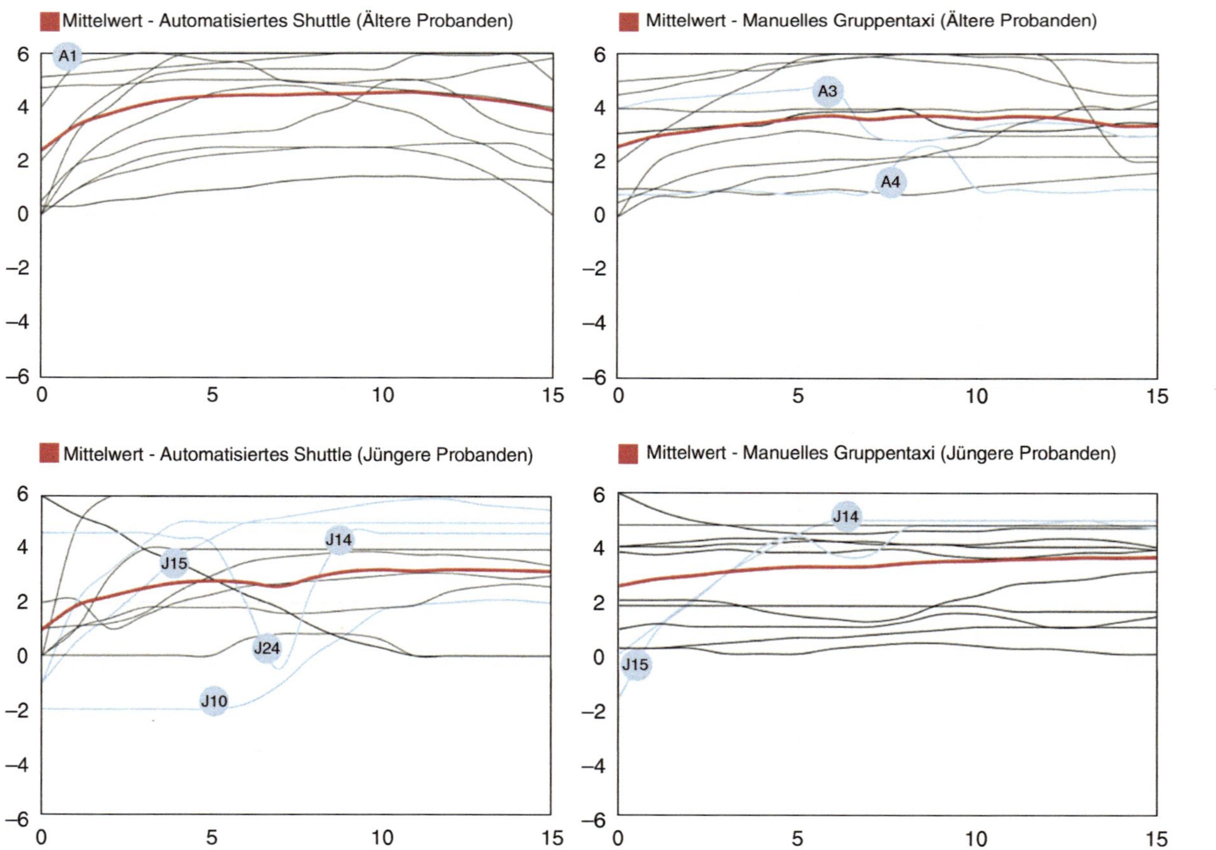

Abb. 6.6 Von den Probanden eingezeichnetes empfundenes Gesamterlebnis (positiv/negativ: Y-Achse) über die Zeit (X-Achse; in Minuten) für das automatisierte Shuttle (links) und das Gruppentaxi (rechts). Die rote Linie entspricht dem Mittelwert der eingezeichneten Kurven

jedoch bis zum Ende teils stark an. Bei J24 fiel die Linie kurzfristig stark ab, was mit dem Verhalten bei einer Haltestelle (Proband rechnete nicht mit einem Stopp) begründet wurde.

Beim manuellen Gruppentaxi waren fast alle Linien zumindest leicht im positiven Bereich, wobei die meisten Kurven kaum Ausschläge zeigen. Die sinkenden Kurven von A3 und A4 gingen auf eine unerwartete Situation zurück, in der sich der Kofferraum während der Fahrt öffnete. Dabei erwähnten diese Versuchsteilnehmer, dass kleine Fehler gerade bei menschlichen Akteuren im Straßenverkehr vorkommen. Zwei jüngere Probanden (J14/ J15) begründen ihre auffällige Kurve mit niedrigem Vertrauen in den menschlichen Fahrer bzw. starker Beschleunigung zu Beginn.

In Interviews beurteilten die Versuchsteilnehmer das Shuttle großteils positiv. Es wurde unter anderem hervorgehoben, dass es *„interessant ist, [das Shuttle] zu testen“* und ein *„positives Gefühl, das sich gesteigert hat und erhalten blieb“* erzeugt wurde. Ebenso wurden die konstante Geschwindigkeit und der durch den Elektroantrieb vermittelte positive Umweltaspekt betont. Es wurde jedoch auch mehrmals darauf hingewiesen, dass das Shuttle zu langsam ist. Jüngere Teilnehmer sagten, dass sich die Fahrt wenig lohnt, da man *„zu Fuß schneller unterwegs ist“*, und es somit *„besonders für den Alltag noch zu langsam“* ist. Besonders *„in einer Großstadt“* bzw. *„auf längeren Strecken“* wird die Geschwindigkeit als Hindernis gesehen. Bei schnellerer Geschwindigkeit (ca. 80 km/h) würde dafür jedoch *„das Vertrauen sinken“*, besonders *„wenn kein Operator anwesend ist“*. Dieser trägt somit zu subjektiv empfundenem Vertrauen und Sicherheitsgefühl bei. Das Gruppentaxi bezeichneten die Teilnehmer hingegen als *„flexibler, schneller und zuverlässiger“*, ergänzten jedoch auch, dass man *„an die Fahrt mit einem Auto gewöhnt ist“*. Obwohl manche das *„selber Fahren“* vermissen würden, sehen sie kein Problem darin, den Platz mit anderen Fahrgästen teilen zu müssen – vorausgesetzt, dass genügend Platz zur Verfügung steht. Die Fahrt mit dem Shuttle wurde zudem von vielen als aufregend beschrieben, dabei wurde aber auch angemerkt, dass es letztendlich *„wie eine normale Busfahrt“* sei, an welche man sich nur erst gewöhnen müsste.

6.5   Diskussion

Im Hinblick auf die zuvor definierten Hypothesen ergibt sich somit folgendes Bild: Zumindest in der untersuchten Stichprobe wirkte sich das Erlebnis der Fahrt mit dem Shuttle nicht signifikant positiv auf die Technologieakzeptanz (entsprechend der Akzeptanzkriterien des TAM) aus. Einige kleine Unterschiede (gestiegener Intent bei älteren, gestiegene ATT/PEOU bei jüngeren Teilnehmern) erfüllten die Bedingungen der Bonferroni-Korrektur nicht – man kann jedoch darüber spekulieren, ob eine größere Stichprobe hier einen entscheidenden Ausschlag geben könnte. Dafür wirkte sich bei jüngeren Probanden das Erlebnis der Fahrt signifikant positiv auf das Vertrauen aus. Das ist besonders interessant im Zusammenhang mit dem Ergebnis der Haushaltsbefragung, bei der Jüngere das Shuttle als weniger vertrauenswürdig beurteilt haben. Zusätzlich zeigt die Haushaltsbefragung auch, dass Personen, welche das Shuttle bereits nutzten, eine höhere Akzeptanz in allen TAM-Dimensionen aufweisen (im Vergleich zu jenen, die noch nicht damit gefahren waren). Dieses Gesamtbild erlaubt, *H1* vorsichtig zu akzeptieren.

Besonders jüngere Teilnehmer sind von dem Konzept des Shuttles nicht vollständig überzeugt – nach der Fahrt zeigen diese eine signifikant niedrigere Bereitschaft, das System zu nutzen (Intent), als ältere. Dies ist dahingehend relevant, da Intent als „Behavioral Response" den für die Nutzung entscheidenden Ausgangsparameter bildet. Auch andere TAM-Dimensionen lassen Unterschiede vermuten, erreichen jedoch nicht das nach Bonferroni-Korrektur heruntergesetzte Signifikanzniveau. *H2* kann trotzdem akzeptiert werden – Benutzerakzeptanz und -erlebnis unterscheiden sich signifikant zwischen den Altersgruppen.

Das Erlebnis wird dabei maßgeblich von der Geschwindigkeit beeinflusst. Jüngere Probanden schätzten die Fahrt mit dem bei höherer Geschwindigkeit fahrenden manuellen Gruppentaxi als signifikant kürzer (hinsichtlich der tatsächlichen Dauer sogar als zu kurz) ein, als die Fahrt mit dem Shuttle, bewerteten diese als signifikant kurzweiliger, und fühlten sich auch wohler als im automatisierten Shuttle. Diese Unterschiede existieren auch im Vergleich mit älteren Probanden, welche wiederum den Einfluss der Geschwindigkeit unterschätzten, und die Fahrt mit dem Gruppentaxi sogar als zu lang einschätzten. *H3* kann somit angenommen werden – die Geschwindigkeit des Transportmittels hat starken Einfluss auf das subjektive Zeitempfinden.

Insgesamt zeigen sich jedoch wenige Unterschiede im direkten Vergleich der beiden Transportmittel. Zwar gibt es auch hier Hinweise auf Unterschiede, welche das korrigierte Signifikanzniveau nicht erreichten, und bei älteren Teilnehmern zeigte sich ein signifikant stärkerer positiver Affekt (PA) beim automatisierten Shuttle, trotzdem können insgesamt nur wenige Unterschiede festgestellt werden. Auch die Interpretation der UX-Curves und Interviews legt nahe, dass die Akzeptanz gegenüber automatisierten Fahrzeugen hoch ist, womit *H4* abgelehnt wird. Dies deckt sich mit den im Fahrsimulator erhobenen Ergebnissen von Wintersberger et al. (2016) – generell sind potenzielle Nutzer schon bereit, automatisierte Fahrzeuge in ähnlicher Weise zu akzeptieren und diesen zu vertrauen, wie sie es auch mit menschlichen Fahrern tun.

6.6 Einschränkungen und zukünftige Arbeiten

Obwohl die Studie in einem im Regelbetrieb operierenden Fahrzeug und in realer Umgebung durchgeführt wurde, müssen einige Einschränkungen berücksichtigt werden. Die Stichprobe war mit insgesamt 24 Probanden relativ klein. Die statistische Auswertung sollte somit in weiteren Studien mit größerer Teilnehmerzahl wiederholt werden, um weitere Klarheit (z. B. im Hinblick auf Bonferroni-Korrektur) zu schaffen. Auch handelt es sich beim Referenzprojekt um eine fix definierte Route mit Haltestellen. Das betrachtete Szenario ähnelt damit eher klassischem, aber automatisiertem, Regelbetrieb im öffentlichen Verkehr. Ob die Ergebnisse Rückschlüsse auf einen Einsatz in erweiterten Mobilitätskonzepten, wie multi-modalem Verkehr, Erste/Letzte Meile oder „Mobilität auf Abruf", zulassen, ist in weiteren Studien zu klären. Auch muss angemerkt werden, dass nicht sämtliche Aspekte der Studie kontrolliert werden konnten. Etwa könnten sich die Anwesenheit des Operators, der Einsatz in nur leicht besiedeltem Gebiet, und/oder die geringe Geschwindigkeit auf das Vertrauen oder auch andere Messparameter ausgewirkt haben.

6.7 Fazit

In diesem Experiment wurden Benutzerakzeptanz, Vertrauen sowie subjektives Zeitempfinden zwischen langsam fahrenden automatisierten Shuttles und manuell gesteuerten Fahrzeugen (Gruppentaxi) unter Berücksichtigung zweier Altersgruppen in einer Feldstudie untersucht. Dabei zeigte sich, dass potenzielle Nutzer automatisierten Fahrzeugen gegenüber grundsätzlich positiv gestimmt sind, es jedoch Unterschiede zwischen den verschiedenen Zielgruppen gibt. So scheinen jüngere Nutzer eher Vorbehalte (wie geringeres Vertrauen) aufzuweisen, als ältere. Diese lassen sich jedoch zumindest teilweise reduzieren, wenn das System benutzt und somit kennengelernt wird. Bei einem nach direkter Nutzung beider Transportmittel durchgeführten Vergleich zeigt sich, dass ein automatisiertes Shuttle ähnlich akzeptiert wird, wie Fahrzeuge mit menschlichem Fahrer – ein klarer Sieger im Kampf zwischen „Mensch gegen Maschine" kann somit nicht ermittelt werden. Trotzdem bedeutet dies nicht, dass alle Nutzer in gleichem Ausmaß bereit sind, ähnliche langsam fahrende Fahrzeuge auch tatsächlich zu benutzen. Jüngere Probanden zeigten nach der Fahrt eine geringere Bereitschaft zur Systemnutzung, als ältere, wobei die Geschwindigkeit eine nicht zu unterschätzende Rolle spielen könnte. Für jüngere Teilnehmer scheint die Geschwindigkeit generell ein wichtiges Entscheidungskriterium für eine Mobilitätsform zu sein, möglicherweise sogar unabhängig davon, ob sich das Ziel in ähnlicher Dauer erreichen lässt. Für zukünftige Entscheidungen über Einsätze in weiteren Umgebungen sollten diese Aspekte berücksichtigt werden. Weitere Details zu dieser Studie finden Sie in Wintersberger, Frison und Riener (2018b) sowie in (Frison et al. 2018b).

6.8 Danksagung

Wir bedanken uns bei der Gemeinde Bad Birnbach sowie der Geschäftsführung der Rottal Terme für die Unterstützung bei der Rekrutierung der Versuchsteilnehmer sowie der Durchführung der Studie.

Literatur

Belanche, D., Casalo, L. V., Flavian, C. (2012). Integrating trust and personal values into the Technology Acceptance Model: The case of e-government services adoption. Cuadernos de Economia y Direccion de la Empresa, 15(4), 192–204.

Davis, F. D. (1993). User acceptance of information technology: system characteristics, user perceptions and behavioral impacts. International journal of man-machine studies, 38(3), 475–487.

Diefenbach, S., Hassenzahl, M. (2010). Handbuch zur Fun-ni Toolbox? User Experience Evaluation auf drei Ebenen. Retrieved March, 14, 2016.

Distler, V., Lallemand, C., Bellet, T. (2018, April). Acceptability and Acceptance of Autonomous Mobility on Demand: The Impact of an Immersive Experience. In Proceedings of the 2018 CHI Conference on Human Factors in Computing Systems (p. 612). ACM.

Fishbein, M., Ajzen, I. (1975). Belief, attitude, intention and behavior: An introduction to theory and research.

Frison, A. K., Wintersberger, P., Riener, A., Schartmüller, C. (2017, September). Driving Hotzenplotz: A Hybrid Interface for Vehicle Control Aiming to Maximize Pleasure in Highway Driving. In Proceedings of the 9th International Conference on Automotive User Interfaces and Interactive Vehicular Applications (pp. 236–244). ACM.

Frison, A. K., Aigner, L., Wintersberger, P., Riener, A. (2018a, September). Who is Generation A?: Investigating the Experience of Automated Driving for Different Age Groups. In Proceedings of the 10th International Conference on Automotive User Interfaces and Interactive Vehicular Applications (pp. 94–104). ACM.

Frison, A. K., Riener, A., Wintersberger, P., Schartmueller C. (2018b). Man vs. Machine: A Documentary About Automated Driving In 2018 Somewhere In Bavaria. In Adjunct Proceedings of the 10th International Conference on Automotive User Interfaces and Interactive Vehicular Applications (AutomotiveUI ,18). ACM, New York, NY, USA, 256-258. DOI: https://doi.org/10.1145/3239092.3267124

Grießmeier, A. Selbstfahrende Autos in den Augen der Österreicher. IMAS Report International, 7/2016:pp. 14, 2016.

Hassenzahl, M., Diefenbach, S., Göritz, A. 2010. Needs, affect, and interactive products – Facets of user experience. Interacting with computers 22, 5 (2010), 353–362.

Hinz, A. (2000). Psychologie der Zeit: Umgang mit Zeit, Zeiterleben und Wohlbefinden. Waxmann.

Hoff, K. A., Bashir, M. (2015). Trust in automation: Integrating empirical evidence on factors that influence trust. Human Factors, 57(3), 407–434.

Innamaa, S., Smith, S., Wilmink, I., Reed, N. (2018). Impact Assessment. In Road Vehicle Automation 4 (pp. 45–55). Springer, Cham.

Jian, J. Y., Bisantz, A. M., Drury, C. G. (2000). Foundations for an empirically determined scale of trust in automated systems. International Journal of Cognitive Ergonomics, 4(1), 53–71.

Kujala, S., Roto, V., Väänänen-Vainio-Mattila, K., Karapanos, E., Sinnelä, A. (2011). UX Curve: A method for evaluating long-term user experience. Interacting with Computers, 23(5), 473–483.

Lee, J. D., See, K. A. (2004). Trust in automation: Designing for appropriate reliance. Human factors, 46(1), 50–80.

Litman, T. (2017). Autonomous vehicle implementation predictions. Victoria, Canada: Victoria Transport Policy Institute.

Merritt, S. M., Heimbaugh, H., LaChapell, J., Lee, D. (2013). I trust it, but I don't know why: Effects of implicit attitudes toward automation on trust in an automated system. Human factors, 55(3), 520–534.

Moser, C. (2013). User experience design. In User experience design (pp. 1–22). Springer, Berlin, Heidelberg.

Muir, B. M. (1987). Trust between humans and machines, and the design of decision aids. International Journal of Man-Machine Studies, 27(5–6), 527–539.

Nordhoff, S., de Winter, J., Payre, W., van Arem, B., Happeee, R. (2018) What Impressions Do Users Have After a Ride in an Automated Shuttle? An Interview Study.

Parasuraman, R., Riley, V. (1997). Humans and automation: Use, misuse, disuse, abuse. Human factors, 39(2), 230–253.

Rödel, C., Stadler, S., Meschtscherjakov, A., Tscheligi, M. (2014, September). Towards autonomous cars: the effect of autonomy levels on acceptance and user experience. In Proceedings of the 6th International Conference on Automotive User Interfaces and Interactive Vehicular Applications (pp. 1–8). ACM.

SAE J3016. (2018). Taxonomy and definitions for terms related to driving automation systems for on-road motor vehicles, J3016_201806.

Venkatesh, V., Davis, F. D. (2000). A theoretical extension of the technology acceptance model: Four longitudinal field studies. Management science, 46(2), 186–204.

Venkatesh, V., Morris, M. G., Davis, G. B., Davis, F. D. (2003). User acceptance of information technology: Toward a unified view. MIS quarterly, 425–478.

Wintersberger, P., Riener, A., Frison, A. K. (2016, October). Automated Driving System, Male, or Female Driver: Who'd You Prefer? Comparative Analysis of Passengers' Mental Conditions, Emotional States and Qualitative Feedback. In Proceedings of the 8th International Conference on Automotive User Interfaces and Interactive Vehicular Applications (pp. 51–58). ACM.

Wintersberger, P., Noah, B. E., Kraus, J., McCall, R., Mirnig, A. G., Kunze, A., Walker, B. N. (2018a, September). Second Workshop on Trust in the Age of Automated Driving. In Adjunct Proceedings of the 10th International Conference on Automotive User Interfaces and Interactive Vehicular Applications (pp. 56–64). ACM.

Wintersberger, P., Frison, A. K., Riener, A. (2018b). Man vs. Machine: Comparing a Fully Automated Bus Shuttle with a Manually Driven Group Taxi in a Field Study. In Adjunct Proceedings of the 10th International Conference on Automotive User Interfaces and Interactive Vehicular Applications (AutomotiveUI '18). ACM, New York, NY, USA, 215-220. DOI: https://doi.org/10.1145/3239092.3265969

Philipp Wintersberger, Andreas Löcken, Anna-Katharina Frison und Andreas Riener

Es wurden bereits einige Lösungen vorgestellt, um die Kommunikation zwischen automatisierten Fahrzeugen und ungeschützten Verkehrsteilnehmern (sog. „Vulnerable Road Users", VRUs) zu unterstützen. Noch ist jedoch unklar, ob diese Systeme den Anforderungen zukünftiger Benutzer auch gerecht werden. Ziel dieser Arbeit war es, Benutzeranforderungen von VRUs nach direktem Kontakt mit einem automatisierten Fahrzeug zu erfassen. Hierfür wurde eine Feldstudie mit 32 Teilnehmern durchgeführt. Die Resultate, welche sowohl auf subjektiven (Fragebögen, Interviews) als auch objektiven (Videoanalyse) Daten basieren, legen nahe, dass ungeschützte Verkehrsteilnehmer einfache und bekannte Konzepte (beispielsweise Ampelsysteme oder Hupen) zur Kommunikation bevorzugen. Des Weiteren wurden diverse Problemszenarien identifiziert, welche für eine Bereitstellung von automatisierten Fahrzeugen in „Shared Spaces" von besonderer Bedeutung sind.

P. Wintersberger · A. Löcken
Technische Hochschule Ingolstadt, Forschungszentrum CARISSMA, Ingolstadt, Deutschland
E-Mail: philipp.wintersberger@carissma.eu; andreas.loecken@carissma.eu

A.-K. Frison · A. Riener (✉)
Technische Hochschule Ingolstadt, Ingolstadt, Deutschland
E-Mail: anna-katharina.frison@thi.de; andreas.riener@thi.de

© Der/die Herausgeber bzw. der/die Autor(en) 2020
A. Riener et al. (Hrsg.), *Autonome Shuttlebusse im ÖPNV*,
https://doi.org/10.1007/978-3-662-59406-3_7

7.1   Einleitung

Spätestens seit erste automatisierte Fahrzeuge im Realverkehr getestet werden, tritt eine neue Frage immer mehr in den Vordergrund: Wie können diese mit anderen Verkehrsteilnehmern kommunizieren, wenn kein Insasse mehr als Fahrer permanent am Geschehen teilnimmt (Mahadevan et al. 2018; Mirnig et al. 2018)? Menschliche Verkehrsteilnehmer nutzen üblicherweise formlose Kommunikation, um Konflikte, z. B. Entscheidung über Vorrang in nicht-geregelten Situationen, zu vermeiden beziehungsweise aufzulösen. Dies umfasst nicht nur explizite Kommunikation (etwa Blinken, Hupen oder das Suchen von Augenkontakt), sondern auch Fahrverhalten oder Bewegungsmuster (Färber 2015). Welche Verhaltensmuster hierbei ausschlaggebend sind, ist nicht direkt geregelt, trotzdem schaffen es Menschen üblicherweise, die Signale anderer korrekt zu interpretieren und dabei Konfliktsituationen, meist unbewusst, zu lösen. Um diese Art der Kommunikation in automatisierten Fahrzeugen zu ersetzen, wurden sowohl von Fahrzeugherstellern als auch Forschern bereits verschiedenste Lösungen vorgeschlagen, wie etwa in den Außenraum gerichtete Bildschirme, die situationsabhängige Projektion von Fußgängerüberwegen, Visualisierungen mit Licht- und Tonsignalen bis hin zu geräteübergreifenden Systemen mit Smartphones, Smartwatches oder anderen „Wearable Devices" (Dey et al. 2018; Mahadevan et al. 2018; Mirnig et al. 2018). Dabei ist jedoch anzumerken, dass es nicht reichen wird, „nur" technisch ausgefeilte Konzepte zu präsentieren. Um die Verkehrssicherheit beim Mischbetrieb mit automatisierten Fahrzeugen zu erhalten oder gar zu erhöhen, müssen derartige Systeme neuen, zu definierenden Standards folgen. Dabei könnte eine Koexistenz verschiedenster Lösungen potenziell für Verwirrung sorgen – ein Problem, welches gerade für ungeschützte Verkehrsteilnehmer/VRUs (wie etwa Fußgänger, Rad- oder Rollstuhlfahrer) kritisch werden könnte, da diese laut Statistiken einen immer größeren Teil der bei Unfällen verunglückten Personen ausmachen (OECD 2014).

Bevor man somit beginnt, technisch ausgefeilte Lösungen zu entwerfen, ist es notwendig, die Erwartungen von VRUs zu erfassen, und deren spezielle Anforderungen beim Systemdesign zu berücksichtigen. Unter diesem Gesichtspunkt können reale Interaktionen zwischen automatisierten Fahrzeugen und VRUs eine äußerst wertvolle Basis für weitere Forschung und potenzielle Systementwürfe bieten. Um Anforderungen von Fußgängern an derartige Kommunikationssysteme zu erheben, wurde eine Feldstudie mit einem im Realverkehr operierenden automatisierten Shuttle durchgeführt. Ziel der Studie war es, durch die Zusammenführung von Fragebögen, Interviews und Videobeobachtungen potenzielle Probleme und Anforderungen für derartige Kommunikationssysteme zu identifizieren. Dabei wurde die persönliche Sichtweise nur von jenen Personen erfasst, die unmittelbar zuvor als ungeschützte Verkehrsteilnehmer Kontakt mit einem automatisierten Shuttle hatten. Die Ergebnisse der Befragungen in Kombination mit den aus der Videobeobachtung erhaltenen Daten sollen helfen, Kommunikationssysteme zukünftiger Fahrzeuge einfacher und auch sicherer zu gestalten.

7.2 Stand von Wissenschaft und Technik

VRUs nutzen eine Reihe von Informationen, um Entscheidungen im Straßenverkehr (z. B. das Überqueren einer Straße) zu treffen, wie etwa Entfernung, Geschwindigkeit, Brems- und Beschleunigungsverhalten anderer Verkehrsteilnehmer, aber auch Sichtbedingungen und Sicherheitsabstände (Sucha et al. 2017). Wie Fußgänger sich beim Überqueren einer Straße verhalten, wurde bereits in Studien, hauptsächlich im Kontext des manuellen Fahrens, untersucht, und zwar sowohl in simulierter (Lehsing et al. 2016) als auch realer (Jiang et al. 2015; Jain et al. 2014) Umgebung. Einige Studien bescheinigen dem Suchen von Augenkontakt eine besondere Relevanz (Sucha 2014; Lundgren et al. 2017), andere fügten hinzu, dass explizite Kommunikation zumeist nur dann nötig wird, wenn sich Verkehrsteilnehmer auffällig verhalten (Dey und Terken 2017; Rothenbücher et al. 2016). Solange das Verhalten der einzelnen Akteure vorhersehbar ist, passen diese sich durch Vorhersagen der Trajektorien gegenseitig an. Jedoch wird bei automatisierten Fahrzeugen darauf hingewiesen, dass Verkehrsteilnehmer zusätzlich mit explizit kommunizierenden Systemen angesprochen werden sollten (Rothenbücher et al. 2016) Derartige, zumeist an Fußgänger gerichtete Systeme, wurden schon von einigen Fahrzeugherstellern vorgestellt (siehe Abb. 7.1). Der F 015 von Mercedes[1] projiziert einen Fußgängerüberweg auf die Straße, beim Nissan IDS[2] wurden mehrfarbige LED-Lampen an den Fahrzeugseiten angebracht. Der I.D. BUZZ Microbus[3] von VW versucht via LEDs an der Front Augen nach-

Abb. 7.1 Darstellung bereits vorgestellter Konzepte für AV-VRU-Kommunikation (von links nach rechts): Anblicken/Nachverfolgen eines VRUs mit künstlichen Augen, Projektion eines Fußgängerüberwegs, LED-Streifen und Displays, bzw. „Smart Infrastructure" (Fußgängerübergang in der Straße integriert). (Quelle: eigene Darstellung)

---

[1] https://www.theverge.com/2015/3/20/8263561/mercedes-benz-f-015-self-driving-video. Zugegriffen am 25.01.2019.

[2] https://www.forbes.com/sites/matthewdepaula/2015/10/28/nissan-ids-concept-showcases-the-future-of-autonomous-driving/. Zugegriffen am 25.01.2019.

[3] https://insideevs.com/volkswagen-id-buzz-iconic-microbus-reborn-270-electric-vehicle/. Zugegriffen am 25.01.2019.

zubilden, andere Konzepte setzen auf Displays, wie etwa Drive.ai[4] auf der Oberseite des Fahrzeuges, oder wie in einem Patent von Google beschrieben an der Fahrzeugfront sowie den Seiten. Auch von akademischer Seite wurden bereits mehrere Konzepte präsentiert. Eines der ersten war AEVITA vom Massachusetts Institute of Technology, welches jedoch weniger einem klassischen Fahrzeug, denn einem fahrenden Roboter entsprach. Dieser versuchte, über gerichteten Schall sowie Lampen bzw. farbwechselnde Räder menschliches Verhalten nachzubilden (Pennycooke 2012). Im Projekt AVIP wurden mehrere Lösungen, z. B. LED-Matrizen auf dem Kühlergrill, über der Windschutzscheibe, aber auch Laserprojektionen vorgestellt (Lagstrom und Lundgren 2015). Ein von Böckle et al. (2017) vorgestelltes, und in virtueller Realität evaluiertes, Projekt nutzte auch verschiedene Lichter an der Frontpartie eines automatisierten Shuttles. Mahadevan et al. (2018) verglichen vier prototypische Interfaces sowohl mit einem automatisierten Fahrzeug als auch mit einem Segway und hoben hervor, dass zukünftige Kommunikationssysteme mehrere Modalitäten gleichzeitig unterstützten sollten. So vielfältig die Konzepte auch sind, ein direkter Vergleich fällt schwer oder ist unmöglich. Wissenschaftliche Prototypen nutzen verschiedenste Methoden zur Evaluierung, bei Industrieprojekten werden oft keine Evaluationen durchgeführt bzw., falls doch, die Ergebnisse nicht veröffentlicht.

Andererseits muss jedoch die Frage gestellt werden, ob es überhaupt sinnvoll ist, eine hohe Anzahl teils komplett unterschiedlicher Konzepte einzusetzen bzw. zu genehmigen. Viele der vorgestellten Lösungen wurden zudem in nur wenigen Szenarien (und primär mit subjektiven Evaluierungsmethoden) getestet. Um für zukünftigen Einsatz gerüstet zu sein, sollen derartige Kommunikationssysteme jedoch verschiedenste Kriterien erfüllen (Mirnig et al. 2018): Sie müssen (in zu definierenden standardisierten Testverfahren) validierbar sein, kulturelle und auch individuelle Unterschiede berücksichtigen, in vielen verschiedenen Umgebungen (z. B. bei unterschiedlichen Sichtverhältnissen) funktionieren, dabei möglichst skalierbar (d. h. auch in komplexen Situationen mit mehreren Fahrzeugen und VRUs) arbeiten können. Die Zielerreichung ist dabei nicht zwingend widerspruchsfrei möglich – zum Beispiel wird darauf hingewiesen, dass Fußgänger Entscheidungen aufgrund von Bewegungsmustern (z. B. Abbremsen) treffen (Dey und Terken 2017), was sich jedoch negativ auf den Verkehrsfluss oder den Energieverbrauch auswirken kann. Zusätzlich zu den hier genannten Aspekten sollen diese Systeme auch den Erwartungen potenzieller Nutzer entsprechen und auf in der Realität vorkommende Probleme zugeschnitten sein – beides Punkte, welche im Rahmen der hier vorgestellten Studie untersucht wurden.

7.3 Feldstudie

Um die Anforderungen von VRUs besser zu verstehen, wurde eine Feldstudie mit einem im Realverkehr operierenden automatisierten Shuttle (EasyMile EZ10) durchgeführt.

---

[4] https://www.drive.ai/. Zugegriffen am 25.01.2019.

7.3.1 Methode und Forschungsfragen

Durch Triangulation verschiedener Forschungsmethoden sollen sowohl die subjektiven Erwartungen von Benutzern als auch sich durch das Zusammentreffen des Shuttles mit VRUs ergebende Probleme erhoben werden. Dabei wurden Personen, welche unmittelbar davor dem Shuttle begegnet waren, in semi-strukturierten Interviews befragt und ihre generelle Einstellung gegenüber automatisierten Fahrzeugen in Form eines kurzen Fragebogens erfasst. Dieser basiert auf der Studie von Reig et al.(2018), welche in einem ähnlichen Setting automatisierte Taxis von Uber evaluierte. Ein Ergebnis dieser Studie war, dass ein direkter Zusammenhang zwischen der Einstellung gegenüber automatisierten Fahrzeugen und künstlicher Intelligenz beruht. In der hier präsentierten Studie wurden zusätzlich noch weitere Fragen über allgemeine Technikakzeptanz sowie potenzielle Kommunikationsprobleme aufgenommen. Des Weiteren wurde die Kurzversion des AttrakDiff-Fragebogens (Hassenzahl et al. 2003) hinzugefügt. Dieser erfasst die für das Benutzererlebnis relevanten Konzepte Attraktivität, sowie pragmatische (Effektivität und Effizienz eines Produktes) und hedonische (über reine Nützlichkeit hinausgehende Produkteigenschaften, wie Identifikation, Stimulation, etc.) Qualität auf einer 5-Punkte Likert-Skala von -2 bis $+2$. Auch die Interviewfragen selbst wurden an die Studie von Reig et al. (2018) angelehnt und um zusätzliche Fragen ergänzt (siehe Anhang 2). Dadurch sollte eine Vergleichbarkeit zwischen der Studie von Reig et al. und unserer Evaluation gegeben sein. Für die Auswertung der Interviews wurde eine Inhaltsanalyse mit „Affinity Diagramming" (Courage und Baxter 2005) der Antworten durchgeführt. Dabei wurden häufig vorkommende Statements geclustert und bestimmten wiederkehrenden Themen zugeordnet.

Um nicht nur das subjektive Empfinden von VRUs zu evaluieren, sondern auch objektiv existierende Probleme im Umgang mit dem automatisierten Shuttle zu erfassen, wurde zusätzlich eine Videoanalyse durchgeführt. An zwei aufeinander folgenden Tagen (November 2018) wurde eine Kamera am Shuttle befestigt und damit Videoaufnahmen des Außenraumes aufgezeichnet. In einer manuellen Videoanalyse wurden potenziell problematische Situationen annotiert und anschließend, ähnlich wie bei der Analyse der Interviewdaten, in zusammenpassende Themenbereiche gegliedert. Durch die unterschiedliche Annäherung an das Thema sollen folgende Forschungsfragen beantwortet werden:

- **RQ1** Welche Anforderungen haben VRUs an die Kommunikation mit automatisierten Fahrzeugen und welche Lösungsansätze werden vorgeschlagen?
- **RQ2** Welche Situationen führen bei der Interaktion zwischen VRUs und automatisierten Fahrzeugen zu Problemen?

7.3.2 Studienablauf

Für die Fragebögen und Interviews wurden speziell Personen gesucht, welche unlängst mit dem automatisierten Shuttle interagiert hatten. Hierfür platzierte sich unser Versuchspersonal an markanten Punkten entlang der Strecke (z. B. Vorrangstraße, Fußgängerübergang, etc.) und sprachen Personen nach deren Zusammentreffen mit dem Shuttle an. Es wurde darauf geachtet, sowohl ältere (Kurgäste, Anwohner), als auch jüngere Personen (z. B. Schüler einer nahegelegenen Akademie) in die Evaluation aufzunehmen. Personen, welche sich zur Studienteilnahme bereit erklärten, füllten zuerst den Fragebogen mit demografischen Daten, den Fragen zu Akzeptanz und Kommunikationsproblemen, sowie den AttrakDiff Fragebogen aus. Anschließend wurde das semi-strukturierte Interview geführt und aufgezeichnet. Die Durchführung dauerte in etwa 20 Minuten pro Teilnehmer.

7.3.3 Resultate

Insgesamt nahmen 32 (19 männliche, 13 weibliche) Probanden im Alter von 17 bis 89 Jahren an der Studie teil. Es wurden speziell ältere und jüngere Probanden gesucht, um gegebenenfalls Unterschiede in den Altersgruppen zu identifizieren. Die Gruppe der jüngeren Probanden umfasste 17 Personen (M: 21, SD: 4,27 Jahre), darunter zwei, die keine genauen Angaben zu ihrem Alter machten, deren Zuteilung zu dieser Gruppe jedoch aufgrund des Aussehens möglich war, die Gruppe der älteren Probanden 15 Personen (M: 71,7, SD: 9,78 Jahre). Nachfolgend werden die Ergebnisse der Fragebögen, Interviews und der Videoanalyse präsentiert.

7.3.3.1 Fragebögen

Technikakzeptanz und Einstellung gegenüber automatisierten Fahrzeugen

Dieser Teil des Fragebogens umfasste 19 Items, wobei zwölf (jeweils vier) die Akzeptanz gegenüber automatisierten Fahrzeugen (AAV), künstlicher Intelligenz (AKI), sowie technischen Neuerungen (AT) allgemein, sowie zwei weitere Items die Vorhersehbarkeit (PRED) des Verhaltens des automatisierten Shuttles adressierten. Mit den restlichen fünf Fragen wurde das Verhalten (BEHAVIOR), die kognitive Belastung (MENTAL), die Risikobereitschaft (RISK), der Wunsch zur spielerischen Auseinandersetzung (PLAY) sowie die Schwierigkeit der Kommunikation (COMM) bei Interaktionen mit dem Shuttle erfasst (siehe Anhang 1). Bei Betrachtung der Mediane (siehe Tab. 7.1) fällt auf, dass sämtliche Konzepte von den Teilnehmern positiv bewertet wurden.

Da die jeweilig zusammengehörigen Items akzeptable Werte für die interne Reliabilität aufwiesen (Cronbach's alpha: $AAV = 0,80$, $AKI = 0,92$, $AT = 0,87$, $PRED = 0,81$) wurden Skalenvariablen (Mittelwerte) für die weitere Analyse gebildet. Anschließend wurde bezüglich der verschiedenen erfassten Konzepte eine Korrelationsanalyse (Spearman) durchgeführt. Diese zeigt, dass die jeweiligen Subskalen für Akzeptanz stark miteinander korrelieren (AAV/AKI: $r = 0,640$, $p < 0,001$, AAV/AT: $r = 0,473$, $p = 0,004$, AKI/AT: $r = 0,554$, $p = 0,004$). Dies bestätigt die Resultate von (Reig et al. 2018) und zeigt zusätzlich: Eine hohe Akzeptanz automatisierter Fahrzeuge geht einher mit Akzeptanz gegenüber künstlicher Intelligenz und technischen Neuerungen im Allgemeinen.

Tab 7.1 Deskriptive Statistik der im Fragebogen erhobenen Konzepte

Konzept	Inhalt	Mdn	IQR
AAV	Akzeptanz automatisierter Fahrzeuge	0,5	1,31
AKI	Akzeptanz gegenüber künstlicher Intelligenz	0,63	1,31
AT	Akzeptanz gegenüber neuen Technologien	1	1,06
PRED	Vorhersehbarkeit von Aktionen des automatisierten Fahrzeuges	0,5	1,1
BEHV	Verhaltensänderung gegenüber manuellen Fahrzeugen	1	1
RISK	Risikobereitschaft beim Queren der Straße	1	3
PLAY	Wunsch nach spielerischer Auseinandersetzung	1	3
COMM	Kommunikationsbedarf	1	2

Zusätzlich korreliert AAV negativ mit COMM ($r = -0,533$, $p = 0,001$). Personen, welche somit automatisierte Fahrzeuge akzeptieren, verneinen, dass es schwierig ist, mit diesen zu kommunizieren. Zwei weitere Korrelationen betreffen RISK. Hier wurde abgefragt, ob man einem automatisierten Fahrzeug aufgrund fehlender Kommunikationsmöglichkeiten generell die Vorfahrt gibt. RISK korreliert dabei negativ mit PRED ($r = -0,458$, $p = 0,005$) und positiv mit MENTAL ($r = -0,357$, $p = 0,026$). Personen, welche glauben, das Verhalten des Fahrzeugs vorhersagen zu können, haben somit keine Scheu vor diesem die Straße zu überqueren (und umgekehrt), während Probanden, welche glauben, im Umgang mit automatisierten Fahrzeugen überfordert zu sein, dies nicht riskieren. Statistische Vergleiche zwischen den jeweiligen Subskalen zeigen weder in Punkto Geschlecht noch Altersgruppe besondere Unterschiede – einzig, was die Akzeptanz betrifft, lieferte der durchgeführte Mann-Whitney U Test ein statistisch signifikantes Ergebnis ($p = 0,017$), wobei ältere Probanden eine höhere Akzeptanz gegenüber dem Fahrzeug aufwiesen.

AttrakDiff

Im Schnitt wurden sämtliche Produkteigenschaften von den Probanden positiv bewertet. Wie in Abb. 7.2 ersichtlich, beträgt der Median für Attraktivität in beiden Altersgruppen 0,5 (IQR_{jung}: 1,375, IQR_{alt}: 1), wodurch sich keine statistischen Unterschiede zwischen den Gruppen ergeben. Auch bei der hedonischen Qualität konnten keine Unterschiede zwischen den Gruppen gefunden werden (Mdn_{jung}: 0,5, IQR_{jung}: 0,5, Mdn_{alt}: 0,75 IQR_{alt}: 0,75). Pragmatische Qualität hingegen wurde von jüngeren Versuchspersonen (Mdn: 0,375, IQR: 1,375) um einiges niedriger bewertet als von älteren Teilnehmern (Mdn: 1, IQR: 1,5); ein, Effekt der sich nach Durchführung eines Mann-Whitney-U-Tests als statistisch signifikant erwies ($U = 44,5$, $Z = -2,27$, $p < 0,05$, $r = 0,44$).

7.3.3.2 Interviews

Die Aufnahmen der aus den direkt im Anschluss an die Fragebögen (siehe Anhang 7.7.2) geführten Interviews wurden transkribiert und in einzelne Statements unterteilt. Diese wurden anschließend mit „Affinity Diagramming" (Courage und Baxter 2005) einer Inhaltsanalyse unterzogen und in wiederkehrende Themenbereiche gegliedert. Im Folgenden

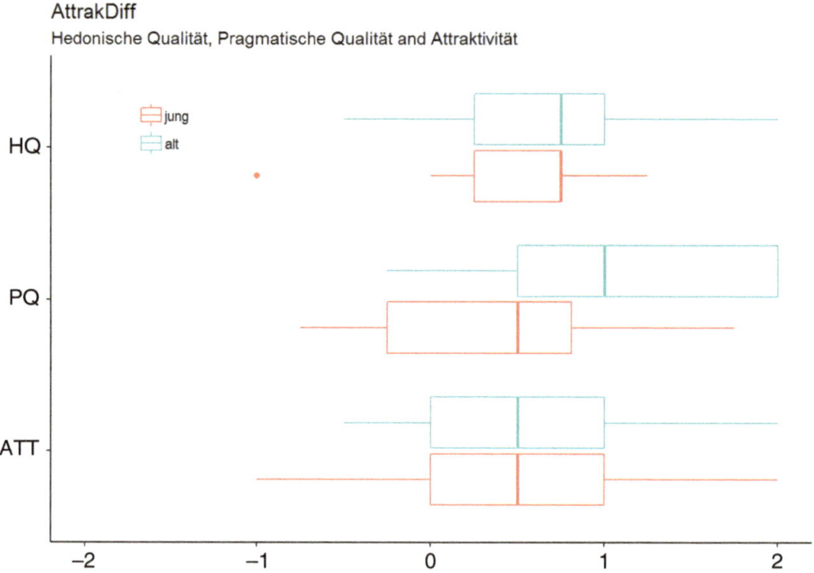

Abb. 7.2 Ergebnisse des AttrakDiff-Fragebogens aufgeschlüsselt nach Alter. Attraktivität (ATT) und hedonische Qualität (HQ) zeigen dabei kaum Unterschiede, während ältere Probanden die pragmatische Qualität (PQ) als signifikant besser bewerteten

werden die erarbeiteten Themenbereiche (Wissen, Erfahrung, Sicherheit und Vertrauen, sowie Kommunikation und Interaktion) mit den jeweiligen Statements vorgestellt.

Kommunikation und Interaktion

Der Großteil der im Interview gestellten Fragen betraf die Interaktion und Kommunikation mit dem Shuttle sowie automatisierten Fahrzeugen generell.

Unter anderem wurde die Frage gestellt, wie automatisierte Fahrzeuge mögliche Systemfehler nach außen hin kommunizieren sollten. (n = 6) Personen erwähnten in diesem Zusammenhang visuelle Warnungen durch Lichtsignale – manche Teilnehmer wiesen explizit auf existierende Konzepte wie Ampelsysteme oder Warnblinkanlagen hin. Ebenso viele (n = 6) erwarten auditive Warnungen durch Hupen oder Sprachausgabe. Auch eine Kombination aus beiden Warntypen wurde von (n = 6) Personen gewünscht. Auch sollte ein automatisiertes Fahrzeug einem VRU kommunizieren, dass er/sie gesehen wurde. (n = 8) Personen erwarten sich dabei multi-modale Nachrichten, welche VRUs sowohl visuell als auch auditiv benachrichtigen. (n = 6) Probanden kämen auch mit nur visuellen, (n = 3) mit rein auditiven Benachrichtigungen aus.

Bei der Frage, ob der Status von automatisierten Fahrzeugen sowie der Verkehrssituation im Allgemeinen auf digitalen Assistenten (wie Smartphones oder Smartwatches) wiedergegeben werden sollte, hat sich die Meinung der Stichprobe polarisiert. (n = 15) Personen konnten sich gut vorstellen, derartige Informationen (z. B. die Position die Route des Fahrzeuges, Anschlussverbindungen, etc.) auf mobilen Endgeräten zu erhalten. Gleich viele (n = 15) Teilnehmer gaben jedoch auch an, derartige Systeme abzulehnen. Die Hauptgründe dafür waren, dass nicht jeder ein solches Endgerät besitzt beziehungsweise benutzen möchte. Auch Datenschutzbedenken spielen eine Rolle – einige Teilnehmer lehnen es ab, Mobilitätsanbietern ihre privaten Daten zur Verfügung zu stellen.

Auf die Frage, wie man automatisierte Fahrzeuge sicherer gestalten könnte, gaben nur wenige Teilnehmer konkrete Antworten. (n = 5) Teilnehmer merkten an, dass zu jeder Zeit eine verantwortliche Person (wie der Operator des Shuttles) innerhalb des Fahrzeugs erreichbar sein sollte, (n = 4) gaben an, dass ein für jede(n) zugänglicher Notaus-Schalter angebracht sein sollte.

Es wurde auch explizit nach potenziell problematischen Situationen gefragt, welche bei der Interaktion mit automatisierten Fahrzeugen auftreten könnten. Die dabei erhaltenen Antworten lassen sich grob in drei unterschiedliche Problemsituationen einteilen: (1) keine oder missverständliche Kommunikation, welche von VRUs nicht eindeutig interpretiert werden kann, (2) dass VRUs von Systemen erst gar nicht erkannt werden, und (3) dass Kommunikationssysteme, wenn vorhanden, Probleme mit beeinträchtigten (wie etwa blinden oder tauben Personen) VRUs haben könnten.

Auf die Frage, ob das in dieser Studie betrachtete automatisierte Shuttle genug Informationen für VRUs bereitstellt, gaben (n = 17) Personen an, ausreichend über das Verhalten Bescheid zu wissen, jedoch in erster Linie durch Wissen über die Route bzw. durch Beobachten des Verhaltens. (n = 8) Teilnehmer gaben an, nicht ausreichend informiert zu sein.

Da das Shuttle zum Untersuchungszeitpunkt mit relativ geringer Geschwindigkeit unterwegs war, wurde auch die Frage gestellt, ob und wie sich der Kommunikationsbedarf ändern würde, wenn höhere Geschwindigkeiten erreicht würden. Für (n = 11) Teilnehmer würde es ausreichen, wenn sich derartige Fahrzeuge an die Verkehrsregeln halten bzw. ein mit menschlichen Verkehrsteilnehmern vergleichbares Verhalten an den Tag legen. Weitere (n = 11) Personen betonten, dass automatisierte Fahrzeuge nur dann schneller fahren sollten, wenn die Technologie auch ausgereift genug ist, um vorausschauend zu fahren, angemessen schnell zu reagieren, und dabei auch in der Lage ist, mit anderen Verkehrsteilnehmern zu kommunizieren. (n = 4) Teilnehmer betonten, dass zukünftige Kommunikationssysteme einem leicht zu erlernenden und zu definierenden Standard entsprechen müssen.

Sicherheit und Vertrauen
Ein großer Teil der Probanden (n = 19) gaben an, dass sie automatisierte Fahrzeuge für sicher hielten. Diese hatten ein hohes Vertrauen in Technologie und bescheinigten selbiger, sicherer und weniger fehleranfällig zu sein als Menschen – vor allem unter passenden Bedingungen („bei geringer Geschwindigkeit und guten Wetter- und Sichtverhältnissen"). Vorausgesetzt wird dabei, dass diese Fahrzeuge sich an die Straßenverkehrsordnung halten und rigorose Zulassungsprozesse durchlaufen müssen, denen in Deutschland üblicherweise vertraut wird. (n = 11) Teilnehmer gaben andererseits jedoch an, automatisierte Fahrzeuge für nicht besonders sicher zu halten. Gründe hierfür waren aktuelle Medienberichte über Unfälle mit automatisierten Fahrzeugen, Befürchtungen, dass die Technologie

noch zu wenig ausgereift ist, oder dass es im Mischverkehr mit manuell gesteuerten Fahrzeugen zu Problemen kommen könnte. Einige gaben auch explizit an, dass das Fehlen von Kommunikationsmöglichkeiten zu sicherheitskritischen Situationen führen wird. Trotzdem gaben auch fast zwei Drittel (n = 20) an, den Herstellern bei der Entwicklung der Fahrzeuge zu vertrauen. Insbesondere deutsche Hersteller wurden von den Teilnehmern hervorgehoben, mit dem Hinweis, dass diese auch in der Vergangenheit besonders in Sicherheitssysteme investiert haben.

Wissen

Fast die Hälfte der Versuchsteilnehmer (n = 15,47 %) gab an, bereits einiges über automatisierte Fahrzeuge und deren Funktionsweise zu wissen. Die dabei am häufigsten genannten Begriffe waren „Sensorik", „Kameras", und „Programmieren". Sechs Probanden gaben auch an, ein Basisverständnis von künstlicher Intelligenz zu besitzen, und stützten ihre Angaben mit Begriffen wie „digitale Sprachverarbeitung" oder „lernfähige neuronale Netze". Nur vier Teilnehmer gaben an, noch kaum etwas über automatisiertes Fahren zu wissen. Der Großteil (n = 23) gab an, ihr Wissen über automatisierte Fahrzeuge vor allem über Printmedien oder Fernsehbeiträge erlangt zu haben, fünf weitere in erster Linie über Mundpropaganda, z. B. durch Familienmitglieder.

Erfahrung

Die Versuchsteilnehmer wurden auch angehalten, existierende Erfahrungen im Umgang mit dem automatisierten Shuttle anhand konkreter Situationen zu beschreiben. (n = 10) Teilnehmer gaben an, dass das Shuttle ohne Probleme funktioniert. Einige gaben jedoch auch an, dass das Fahrzeug das Verhalten nicht klar genug signalisiert. (n = 13) Probanden sind auch schon als Passagiere mit dem Shuttle gefahren, wobei (n = 10) ihre diesbezüglichen Erfahrungen als angenehm bezeichneten. (n = 4) würden eine höhere Geschwindigkeit bevorzugen, (n = 2) Teilnehmer gaben explizit an, dass das Shuttle zu langsam fährt, während eine weitere Person überhaupt manuelles Fahren bevorzugte.

7.3.3.3 Videoanalyse

Zusätzlich zu den Interviews wurde an den beiden Tagen der Studie eine GoPro-Kamera am Shuttle angebracht, welche das Geschehen direkt in Sichtlinie des Fahrzeuges aufnahm (siehe Abb. 7.3). Durch den relativ engen Bildausschnitt war es zwar nicht möglich, das Geschehen an den Längs- und der Rückseite des Shuttles zu erfassen, trotzdem konnten einige interessante Aspekte identifiziert werden. Das Videomaterial (mit einer Gesamtdauer von mehr als fünf Stunden) wurde per Hand annotiert – dabei wurden sämtliche Situationen erfasst, welche Interaktionen des Fahrzeugs mit anderen Verkehrsteilnehmern beschrieben. Die Analyse bietet einen guten Einblick in die Schwächen der aktuell eingesetzten Technologie.

Probleme mit VRUs im Längsverkehr

Insgesamt wurden (n = 30) Situationen identifiziert, in denen ungeschützte Verkehrsteilnehmer (zumeist Fußgänger) dem Shuttle entgegen kamen und seitlich (links oder rechts)

Abb. 7.3 Typische wiederkehrende Situationen aus der Ego-Perspektive des Shuttles: Obwohl entgegenkommende Personen ausweichen, bremst das Shuttle (links), ein stehendes Fahrzeug verhindert die Weiterfahrt (rechts)

an diesem vorbeigingen, wobei das Shuttle aktiv einen Bremsvorgang einleitete. In vielen dieser Situationen war der Seitenabstand sogar größer als typischerweise beim Zusammentreffen mit manuell gesteuerten Fahrzeugen. Auch wichen VRUs manchmal sogar auf die Wiese oder das Bankett aus und waren darüber verwundert, dass das Shuttle trotzdem die Geschwindigkeit verringerte. Laut technischer Spezifikation verringert das Shuttle die Geschwindigkeit, wenn sich ein Objekt im Umkreis von 1,5 Metern befindet (siehe Kap. 5). Für VRUs ist es somit äußerst schwierig zu erkennen, welchen Abstand sie zum Fahrzeug halten müssen, um den Betrieb nicht zu beeinflussen. In weiteren (n = 6) Situationen gingen Fußgänger direkt vor dem Shuttle und zwangen dieses zu einem Bremsvorgang. In manchen dieser Situationen musste das Shuttle dabei aktiv ein akustisches Signal aussenden, um sein Kommen anzukündigen, in anderen hatte man als Beobachter sogar den Eindruck, dass bestimmte Personen von der Präsenz des Shuttles wussten, aber trotzdem ihre Pfade nicht anpassten.

Probleme beim Zusammentreffen mit anderen Fahrzeugen
In insgesamt (n = 7) Situationen musste das Shuttle wegen Fahrzeugen auf der Strecke vollständig anhalten. Um die Situation zu bereinigen, musste der Operator des Shuttles daraufhin die Hindernisse manuell umfahren oder warten, bis die Strecke wieder frei war. Einer der Operatoren vermutete, auf derartige Situationen angesprochen, dass manche (andere Verkehrsteilnehmer) dies sogar absichtlich machen würden, um den Betrieb zu beeinträchtigen. In (n = 12) Situationen mit Gegenverkehr bremste das Shuttle oder hielt vollständig an, obwohl genügend Platz zum Ausweichen vorhanden gewesen wäre. Das Shuttle selbst ist mit der aktuellen Programmierung nicht in der Lage, seine Route zu verlassen, um den vorhandenen Platz auszunutzen – was für die Fahrer der entgegenkommenden Fahrzeuge jedoch nicht selbstverständlich schien.

Probleme im Querverkehr
Durch die spezielle Topologie der Route konnten nur wenige (nicht-geregelte) Konfliktsituationen identifiziert werden, in denen VRUs vor dem Shuttle die Straße überquerten.

In (n = 3) Fällen überquerten Fußgänger relativ knapp (<10 Meter) die Straße, ohne das Shuttle zu beachten. Zwei Situationen wurden aufgezeichnet, in denen Fußgänger zuerst zögerten, das Überqueren jedoch einleiteten, als sie erkannten, dass das Shuttle die Geschwindigkeit verringert. Während des Überquerens wurde das Shuttle dabei genau im Auge behalten.

Überhaupt wurden zahlreiche Situationen erfasst, in welchen Fußgänger (querend oder entgegenkommend) ihre Aufmerksamkeit stark auf das Shuttle richteten. Aus den Videoaufzeichnungen kann jedoch nicht entnommen werden, ob dies aus allgemeinem Interesse an automatisierten Fahrzeugen geschah, oder ob die Fußgänger dies aus Sicherheitsgründen für notwendig hielten.

7.4 Diskussion

Die Ergebnisse der Feldstudie liefern einige interessante Erkenntnisse in Hinblick auf die gestellten Forschungsfragen. Bezüglich der evaluierten Fragebögen lässt sich feststellen, dass die allgemeine Akzeptanz gegenüber automatisierten Fahrzeugen hoch ist, und die von Reig et al. (2018) gewonnenen Ergebnisse bestätigt werden können. Aus der Sicht von VRUs zeigt sich zusätzlich ein Zusammenhang zur allgemeinen Einstellung gegenüber künstlicher Intelligenz und neuartigen Technologien im Allgemeinen. Personen, welche diesbezüglich aufgeschlossen sind, scheinen automatisierten Fahrzeugen gegenüber offen und glauben auch, dass diese einen Sicherheitsgewinn darstellen. Dies ist insbesondere wertvoll, da es sich bei dieser Studie nicht nur um eine andere Stichprobe unter anderen kulturellen Voraussetzungen, sondern auch um ein anderes Fahrzeug handelt. Des Weiteren legen die Ergebnisse nahe, dass zumindest aus der Sicht von VRUs keine großen Unterschiede zwischen jüngeren und älteren Personen erkennbar sind. Ältere Personen haben das Shuttle bezüglich Akzeptanz und pragmatischer Qualität zwar signifikant besser bewertet, allerdings könnte dieser Unterschied auch durch Interviewer-Bias entstanden sein – möglicherweise wollten sich ältere Probanden gegenüber den Experimentleitern als besonders aufgeschlossen zeigen. Auch was die Erwartungen an die Kommunikationssysteme automatisierter Fahrzeuge betrifft, waren in der Inhaltsanalyse der Interviews kaum Unterschiede zwischen den beiden Zielgruppen zu erkennen. Im Gegensatz zu den bisher präsentierten und technisch ausgefallenen Lösungen, scheinen VRUs in erster Linie Konzepte zu bevorzugen, die bereits aus dem Straßenverkehr bekannt sind, wie Ampelsysteme oder Klingeln/Hupen. Wichtig erscheint vor allem der Wunsch nach unmissverständlich klaren und standardisierten Systemen (*RQ1*).

Die Ergebnisse der durchgeführten Videoanalyse, bei der potenziell missverständliche Situationen beim Zusammentreffen von VRUs mit automatisierten Fahrzeugen identifiziert werden sollten, decken sich mit den subjektiv erhobenen Daten. Vorhersehbares Verhalten von automatisierten Fahrzeugen erscheint besonders wichtig zu sein, um VRUs zu ermöglichen, sich selbst an die Situation anzupassen. Ein Szenario, welches dabei oft betrachtet wird, kam in der Videoanalyse selten vor: Kommunikation beim Überqueren der Straße. Ähnlich wie bei Rothenbücher et al. (2016) scheinen VRUs nicht häufig über den

Vorrang zu verhandeln, sondern die Straße dann zu überqueren, wenn das Fahrzeug noch weit genug entfernt ist bzw. die Geschwindigkeit verringert. Dafür trat in der Videoanalyse eine ganz andere Situation in großer Häufigkeit in den Vordergrund: Kommen dem automatisierten Shuttle VRUs oder manuell gesteuerte Fahrzeuge entgegen, so führt im manuellen Verkehr gelerntes Verhalten schnell zu Problemen. Erstens bewegt sich das Shuttle auf einer festen Bahn zwischen den Spurmarkierungen und weicht auch dann nicht aus, wenn genügend Platz vorhanden wäre. Zusätzlich ist es für VRUs kaum erkennbar, welche Abstände sie einhalten müssen, um den Betrieb des Shuttles nicht zu beeinträchtigen. Studienteilnehmer wiesen in Interviews darauf hin, dass das Shuttle kommunizieren sollte, ob ein VRU erfasst wurde, und waren oft verwundert, warum das Shuttle die Geschwindigkeit verringert, obwohl sie doch einen an sich ungefährlichen und großen Seitenabstand einhielten (*RQ2*). Dies zeigt, dass automatisierte Fahrzeuge anderen Verkehrsteilnehmern kommunizieren sollten, wenn diese dem Fahrzeug zu nahe kommen – hierfür könnte man zum Beispiel den einzuhaltenden Sicherheitsabstand rund um das Fahrzeug auf den Boden projizieren oder ein Eindringen in diesen mit LED-Streifen/Lichtsignalen sichtbar machen. Im Hinblick darauf, dass moderne Verkehrsplanung oft die Wichtigkeit von sogenannten „Shared Spaces" (Hamilton-Baillie 2004) betont, in welchen sämtliche Verkehrsteilnehmer gleichwertig behandelt werden, müssen derartige Konflikte vermieden werden.

7.4.1 Einschränkungen und zukünftige Arbeiten

Zukünftige Studien müssen die Größe und Diversität der Stichprobe erhöhen, um die erhobenen Erkenntnisse zu generalisieren. Auch die niedrige Geschwindigkeit des Shuttles, sowie die – im Vergleich zu größeren und dichter besiedelten Städten – niedrige Einwohnerzahl in Bad Birnbach könnten die Studie beeinflusst haben. Man könnte allerdings auch vermuten, dass die Anzahl der hier demonstrierten Problemsituationen in dichter besiedelten urbanen Regionen weiter steigt. Durch den engen Bildausschnitt der verwendeten GoPro-Kamera lässt sich des Weiteren nicht ausschließen, dass andere wichtige Situationen erst gar nicht erfasst wurden. Nichtsdestotrotz können aus den gewonnenen Erkenntnissen einige Empfehlungen für zukünftige Arbeiten abgegeben werden:

7.4.1.1 Implikationen für AV/VRU-Interaktionsdesign

Ungeschützten Verkehrsteilnehmern sollte ermöglicht werden, zukünftige Aktionen von automatisierten Fahrzeugen vorherzusagen. Diese erwarten sich ein ähnliches Verhalten wie auch bei manuell gesteuerten Fahrzeugen. Automatisierte Fahrzeuge sollen sich an die Verkehrsregeln halten und die Geschwindigkeit verringern, wenn ein VRU die Straße überqueren möchte. Sollte Kommunikation doch notwendig sein, reichen einfache Hinweise (Lichtsignale, Hupen, etc.), welche bekannten Konzepten wie Ampelsystemen oder Verkehrsschildern ähneln sollen. Dabei ist es ebenfalls wichtig, auch Personen mit Einschränkungen (z. B. Personen mit Seh- oder Gehörschwäche) zu berücksichtigen. Auch wünschen sich VRUs ein ähnliches Verhalten von allen Fahrzeugen, was die Dringlichkeit von Standards für Kommunikationssysteme hervorhebt.

7.4.1.2 Implikationen für zukünftige Arbeiten

Ein automatisiertes Fahrzeug sollte VRUs explizit kommunizieren, dass diese von den Sensorsystemen erkannt wurden. Während das klassische Überqueren der Straße vor dem Fahrzeug nicht häufig zu Unsicherheiten führte, traten Probleme vor allem dann auf, wenn VRUs dem Fahrzeug entgegen kamen oder sich neben diesem befanden. Speziell in Shared Spaces, in welchen häufige Interaktionen zwischen VRUs und automatisierten Fahrzeugen zu erwarten sind, muss klar sein, wo der Bereich beginnt/endet, in dem das Fahrzeug auf andere Verkehrsteilnehmer reagiert.

7.5 Fazit

In diesem Kapitel wurde die Akzeptanz von automatisierten Fahrzeugen aus Sicht ungeschützter Verkehrsteilnehmer evaluiert. Dazu wurden (1) potenziell problematische Situationen identifiziert, welche sich durch Interaktion im Außenraum ergeben sowie (2) Anforderungen an zukünftige Kommunikationssysteme erhoben. Die Resultate zeigen, dass die Akzeptanz gegenüber automatisierten Fahrzeugen hoch ist und stark von der Einstellung gegenüber technischen Neuerungen allgemein abhängt. Zusätzlich wurde gezeigt, dass häufig genannte Problemsituationen (wie explizite Kommunikation beim Überqueren der Straße) in der Realität in nur geringer Häufigkeit vorkamen, während andere Situationen regelmäßig zu Problemen führten. In besonders vielen Situationen reagierte das Fahrzeug aktiv auf Personen, welche eigentlich versuchten, den Einflussbereich des Shuttles zu verlassen. Für einen reibungslosen Betrieb sollen zukünftige Fahrzeuge ihre Absichten und ihren Systemzustand kommunizieren, und dabei die im Rahmen der Studie erhobenen Benutzeranforderungen erfüllen. Ungeschützte Verkehrsteilnehmer bevorzugen dabei einfache und schnell interpretierbare Kommunikationsmethoden, welche standardisiert sind und anderen aus dem Verkehr bekannten Konzepten ähnlich sind. Weitere Details zu dieser Studie finden Sie in Löcken et al. (2019).

7.6 Danksagung

Wir bedanken uns bei der Gemeinde Bad Birnbach, der Geschäftsführung der Rottal Terme, sowie Isabella Thang für die Unterstützung bei der Rekrutierung der Versuchsteilnehmer sowie der Durchführung der Studie.

Anhänge

Anhang 1 – Fragebogen

Für folgende Statements mussten Studienteilnehmer auf einer 5-Punkte-Likert-Skala angeben, inwieweit sie den jeweiligen Aussagen zustimmen (0 = Stimme überhaupt nicht zu; 5 = Stimme voll und ganz zu):

1. **AAV** Automatisiertes Fahren ist wichtig für mich.
2. **AAV** Automatisiertes Fahren ist wichtig für die Gesellschaft.
3. **AAV** Automatisierte Fahrzeuge sind vertrauenswürdig.
4. **AAV** Ich bin an automatisierten Fahrzeugen interessiert.
5. **AKI** Künstliche Intelligenz ist wichtig für mich.
6. **AKI** Künstliche Intelligenz ist wichtig für die Gesellschaft.
7. **AKI** Künstliche Intelligenz ist vertrauenswürdig.
8. **AKI** Ich bin an künstlicher Intelligenz interessiert.
9. **AT** Neue Technologien (wie Smartphones, Virtual Reality, etc.) sind wichtig für mich.
10. **AT** Neue Technologien (wie Smartphones, Virtual Reality, etc.) sind wichtig für die Gesellschaft.
11. **AT** Ich vertraue neuen Technologien (wie Smartphones, Virtual Reality, etc.).
12. **AT** Ich bin an neuen Technologien (wie Smartphones, Virtual Reality, etc.) interessiert.
13. **PRED** Ich hatte zu jeder Zeit das Gefühl, darüber informiert zu sein, was das Fahrzeug als nächstes tun wird.
14. **PRED** Ich konnte das Verhalten des automatisierten Fahrzeuges vorhersagen.
15. **BEHAVIOR** Ich verhalte mich anders, wenn ich einem automatisierten Fahrzeug begegne (im Vergleich zu einem manuell gesteuerten Fahrzeug).
16. **MENTAL** Ich fühle mich bei Begegnungen mit dem automatisierten Fahrzeug überfordert.
17. **RISK** Ich halte auch am Fußgängerüberweg an, da ich nicht weiß, ob das automatisierte Fahrzeug stehen bleibt.
18. **PLAY** Ich würde gerne austesten, ob das Fahrzeug bremst, wenn ich mich in den Weg stelle.
19. **COMM** Wenn kein Mensch am Steuer ist, ist es schwieriger, zu kommunizieren (z. B. Vorfahrt verhandeln).

Anhang 2 – Interviewfragen

Folgende Fragen wurden von den Studienteilnehmern in Form semi-strukturierter Interviews beantwortet und durch Inhaltsanalyse ausgewertet. Dabei wurden zusammenpassende Statements, unabhängig von der jeweilig gestellten Frage, zu verschiedenen Themengebieten aggregiert.

1. Beschreiben Sie die gerade erlebte Verkehrssituation mit dem automatisierten Shuttle. Hat es sich fehlerfrei verhalten? Haben andere Verkehrsteilnehmer (Fahrzeuge, Fußgänger) darauf reagiert? Haben andere Verkehrsteilnehmer den Eindruck erweckt, dem Shuttle zu vertrauen?
2. Glauben Sie, dass automatisierte Fahrzeuge sicher sind? Warum/warum nicht?
3. Haben Sie bereits viel über automatisierte Fahrzeuge gehört? Wenn ja, aus welchen Quellen?

4. Vertrauen Sie der Vorgehensweise der Hersteller bei der Entwicklung von automatisierten Fahrzeugen?

5. Haben Sie Angst, dass automatisierte Fahrzeuge versagen könnten? Falls ja, nennen sie bitte ein bis drei Szenarien, in welchen Sie glauben, dass automatisierte Fahrzeuge versagen könnten.

6. Wenn ein Fehler passiert, wie könnte ein automatisiertes Fahrzeug dies einem Fußgänger, Radfahrer, oder Fahrer eines Fahrzeuges klar machen?

7. Was könnte ein automatisiertes Fahrzeug machen, damit Sie weniger Angst vor Fehlern haben?

8. Benützen Sie regelmäßig einen persönlichen Assistenten mit künstlicher Intelligenz, wie etwa Apple Siri, Amazon Alexa oder Google Now? Wenn ja, für welche Zwecke?

9. Würden Sie es begrüßen, wenn Ihnen derartige Assistenten, Smartphones oder Smartwatches Informationen über automatisierte Fahrzeuge in der Nähe geben würden?

10. Fahren Sie regelmäßig selbst mit einem Fahrzeug?

11. Sind Sie schon einmal mit einem automatisierten Fahrzeug mitgefahren? Wenn ja, beschreiben Sie bitte kurz Ihre Erfahrungen.

12. Was wissen Sie über die Funktionsweise von automatisierten Fahrzeugen?

13. Was wissen Sie über die Funktionsweise von künstlicher Intelligenz?

14. Hatten Sie zu jeder Zeit das Gefühl, ausreichend darüber informiert zu sein, was das Fahrzeug als nächstes tun wird (z. B. ob es für andere Verkehrsteilnehmer anhält, etc.)?

15. Können Sie ein Szenario beschreiben, von welchem Sie glauben, dass ein automatisiertes Fahrzeug überfordert wäre?

16. Wie müsste ein automatisiertes Fahrzeug sich verhalten, damit Sie sicher sein können, dass Sie gesehen wurden, bzw. es auf Sie wartet?

17. Können Sie ein oder mehrere Beispiele für schlechte Kommunikation zwischen einem automatisierten Fahrzeug und anderen Verkehrsteilnehmern (Fahrer manueller Fahrzeuge, Fußgänger, Radfahrer, etc.) angeben, oder sich eines ausdenken?

18. Wie müsste sich das automatisierte Fahrzeug verhalten, wenn es mit höherer Geschwindigkeit fahren würde (z. B. ähnliche Geschwindigkeit wie „normale" Fahrzeuge)?

Literatur

Böckle, M. P., Brenden, A. P., Klingegard, M., Habibovic, A., Bout, M. (2017, September). SAV2P: Exploring the Impact of an Interface for Shared Automated Vehicles on Pedestrians' Experience. In Proceedings of the 9th International Conference on Automotive User Interfaces and Interactive Vehicular Applications Adjunct (pp. 136–140). ACM.

Courage, C., Baxter, K., Understanding your users: A practical guide to user requirements methods, tools, and techniques. GulfProfessional Publishing, 2005.

Dey, D., Terken, J. (2017, September). Pedestrian interaction with vehicles: roles of explicit and implicit communication. In Proceedings of the 9th International Conference on Automotive User Interfaces and Interactive Vehicular Applications (pp. 109–113). ACM.

Dey, D., Martens, M., Wang, C., Ros, F., Terken, J. (2018, September). Interface Concepts for Intent Communication from Autonomous Vehicles to Vulnerable Road Users. In Adjunct Proceedings of the 10th International Conference on Automotive User Interfaces and Interactive Vehicular Applications (pp. 82–86). ACM.

Färber, B. (2015). Kommunikationsprobleme zwischen autonomen Fahrzeugen und menschlichen Fahrern. In Autonomes Fahren (pp. 127–146). Springer Vieweg, Berlin, Heidelberg.

Hamilton-Baillie, B., „Urban design: Why don't we do it in the road? modifying traffic behavior through legible urban design," Journal of Urban Technology, vol. 11, no. 1, pp. 43–62, 2004.

Hassenzahl, M., Burmester, M., Koller, F. (2003). AttrakDiff: Ein Fragebogen zur Messung wahrgenommener hedonischer und pragmatischer Qualität. In Mensch und Computer 2003 (pp. 187–196). Vieweg + Teubner Verlag.

Jain, A., Gupta, A., Rastogi, R. (2014). Pedestrian crossing behaviour analysis at intersections. International Journal for Traffic and Transport Engineering, 4(1), 103–116.

Jiang, X., Wang, W., Bengler, K., Guo, W. (2015). Analyses of pedestrian behavior on mid-block unsignalized crosswalk comparing Chinese and German cases. Advances in mechanical engineering, 7(11), 1687814015610468.

Lagstrom, T., Lundgren, V. M. (2015). AVIP-Autonomous vehicles interaction with pedestrians. Master of Science Thesis, Chalmers University of Technology.

Lehsing, C., Benz, T., Bengler, K. (2016). Insights into interaction-effects of human-human interaction in pedestrian crossing situations using a linked simulator environment. IFAC-PapersOnLine, 49(19), 138–143.

Löcken, A., Wintersberger, P., Frison, A., Riener, A. (2019). Investigating user requirements for communication between automated vehicles and vulnerable road users. 2019 IEEE Intelligent Vehicles Symposium (IV), Paris, France, pp. 879–884.

Lundgren, V. M., Habibovic, A., Andersson, J., Lagström, T., Nilsson, M., Sirkka, A., … Saluäär, D. (2017). Will there be new communication needs when introducing automated vehicles to the urban context?. In Advances in Human Aspects of Transportation (pp. 485–497). Springer, Cham.

Mahadevan, K., Somanath, S., Sharlin, E. (2018, April). Communicating Awareness and Intent in Autonomous Vehicle-Pedestrian Interaction. In Proceedings of the 2018 CHI Conference on Human Factors in Computing Systems (p. 429). ACM.

Mirnig, A. G., Wintersberger, P., Meschtscherjakov, A., Riener, A., Boll, S. (2018, September). Workshop on Communication between Automated Vehicles and Vulnerable Road Users. In Adjunct Proceedings of the 10th International Conference on Automotive User Interfaces and Interactive Vehicular Applications (pp. 65–71). ACM.

OECD/ITF. 2014. Road Safety Annual Report. Technical Report. OECD Publishing.

Pennycooke, N. (2012). AEVITA: designing biomimetic vehicle-to-pedestrian communication protocols for autonomously operating and parking on-road electric vehicles (Doctoral dissertation, Massachusetts Institute of Technology).

Reig, S., Norman, S., Morales, C. G., Das, S., Steinfeld, A., Forlizzi, J. (2018, September). A Field Study of Pedestrians and Autonomous Vehicles. In Proceedings of the 10th International Conference on Automotive User Interfaces and Interactive Vehicular Applications (pp. 198–209). ACM.

Rothenbücher, D., Li, J., Sirkin, D., Mok, B., Ju, W. (2016). Ghost driver: A field study investigating the interaction between pedestrians and driverless vehicles. 2016 25th IEEE International Symposium on Robot and Human Interactive Communication (RO-MAN), New York, NY, pp. 795–802.

Sucha, M. (2014). Road users' strategies and communication: driver-pedestrian interaction. Transport Research Arena (TRA).

Sucha, M., Dostal, D., Risser, R. (2017). Pedestrian-driver communication and decision strategies at marked crossings. Accident Analysis Prevention, 102, 41–50.

Teil V

Teilaspekt: Gesellschaftliche Akteure

Die gesellschaftliche Einbettung autonomer Fahrzeuge am Beispiel Bad Birnbach

Alexandra Appel, Jürgen Rauh, Maximilian Graßl und Sebastian Rauch

Innovationen und Neuerungen stehen in permanenter Wechselwirkung mit gesellschaftlichen Akteuren und Kontexten. Dazu gehören u. a. organisatorische oder Unternehmenskontexte, rechtliche Rahmenwerke, Nutzer und Nicht-Nutzer, Diskurse in der breiteren Öffentlichkeit sowie transnationale Kontexte. Diese Kontexte tragen dazu bei, Neuerungen und Innovationen gesellschaftlich zu legitimieren oder zu blockieren. Am Fallbeispiel des Pilotprojekts zu autonom fahrenden Kleinbussen im ÖPNV in Bad Birnbach werden relevante Akteure und Prozesse für die erfolgreiche Umsetzung in zwei Schritten analysiert. Im ersten Schritt wird das Gesamtnetzwerk aller involvierten Akteure erstellt und hinsichtlich wichtiger Mediatoren im Netzwerk untersucht. Im zweiten Schritt werden die einzelnen Projektphasen mit Hilfe der zuvor genannten fünf Dimensionen gesellschaftlicher Einbettungsprozesse analysiert. Es kann gezeigt werden, dass Einbettungsprozesse in die unterschiedlichen Dimensionen zeitversetzt erfolgen und teilweise aufeinander aufbauen. Schlüsselrollen nehmen dabei Akteure ein, die Erfahrungen in oder Zugang zu unterschiedlichen gesellschaftlichen Teilbereichen haben oder die Handlungsmacht anderer Akteure durch Legitimation und Befürwortung begünstigen können. Methodische Grundlage bilden Leitfadeninterviews und soziale Netzwerkanalyseverfahren.

A. Appel (✉) · J. Rauh · M. Graßl · S. Rauch
Julius-Maximilians-Universität Würzburg, Würzburg, Deutschland
E-Mail: alexandra.appel@uni-wuerzburg.de; juergen.rauh@uni-wuerzburg.de; maximilian.grassl@stud-mail.uni-wuerzburg.de; sebastian.rauch@uni-wuerzburg.de

© Der/die Herausgeber bzw. der/die Autor(en) 2020
A. Riener et al. (Hrsg.), *Autonome Shuttlebusse im ÖPNV*,
https://doi.org/10.1007/978-3-662-59406-3_8

8.1   Einleitung

Autonome und fahrerlose Fahrzeuge erhalten zunehmend Aufmerksamkeit im öffentlichen Diskurs über den möglichen Wandel bestehender Verkehrs- und Mobilitätsysteme und -technologien. Dabei kann bislang noch nicht von autonomen Fahrzeugen auf öffentlichen Straßen gesprochen werden. Zu unzuverlässig sind die Technologien noch in unvorhersehbaren Situationen, rechtliche Rahmenwerke sind noch nicht angepasst und ethische und moralische Grundlagen müssen noch verhandelt werden. Die meisten der derzeit vermeintlich autonom fahrenden Fahrzeuge sind laut Kategorisierung der Society of Automotive Engineers International (SAE, deutsch: Verband der Automobilingenieure) nur (teil-)automatisiert und können zwar eigenständig bestimmte Manöver durchführen, stehen aber permanent unter Überwachung durch einen menschlichen Operator, also einem Bereitschaftsfahrer, der jederzeit eingreifen kann (Kap. 5, Kolb et al.). Das gilt auch für das Pilotprojekt in Bad Birnbach, wo seit Oktober 2017 die „erste autonome Buslinie Deutschlands im öffentlichen Straßenraum" getestet wird (DB 2018).

Im öffentlichen Diskurs wird trotzdem wiederholt von autonomen oder fahrerlosen Fahrzeugen gesprochen. Das heißt, auch wenn die einzelnen Fahrzeuge im engeren Sinne nicht autonom verkehren, tragen Projekte wie in Bad Birnbach dazu bei, technologische Neuerungen im Bereich autonomer und (teil-)automatisierter Fahrzeugsysteme gesellschaftlich auszuhandeln, zu legitimieren und eine Verbreitung der Technologien zu befördern (oder zu verhindern). Diese Prozesse werden im vorliegenden Beitrag als „societal embedding" bzw. gesellschaftliche Einbettungsprozesse konzeptualisiert (z. B. Deuten et al. 1997, S. 131; Geels und Verhees 2011; Kanger et al. 2018).

Grundannahme ist, dass soziale Akteure (individuell und kollektiv) sowie ihre Interaktionen und die daraus entstehenden Netzwerke von grundlegender Bedeutung für die gesellschaftliche Akzeptanz und erfolgreiche Einführung von (technologischen) Neuerungen und Innovationen sind. Pilotprojekte, wie das in Bad Birnbach, können als anfängliche Diffusionsprozesse einer Technologie und eines Produkts (Kanger et al. 2018) angesehen werden, deren zukünftige Ausgestaltung allerdings noch keineswegs klar ist. Vielmehr handelt es sich bei dem automatisierten Kleinbus EZ10 (EasyMile 2018; Kap. 2, Barillère-Scholz et al.) um eine Fahrzeuginnovation, deren Potenziale – auch im Hinblick auf die gesellschaftliche Legitimation der Technologie und des Produkts – im Rahmen einer Testphase unter möglichst realen Bedingungen analysiert werden können.

Solche technologischen Neuerungen stehen in Wechselwirkung mit den sie umgebenden sozialen, gesellschaftlichen, politischen oder wirtschaftlichen Systemen, die die Verbreitung der Technologie steuern (z. B. rechtliche Rahmenwerke, Mobilitätsroutinen, Verkehrspolitik). Allerdings beeinflussen die Anforderungen der Technologie auch die sie umgebenden räumlichen und gesellschaftlichen Kontexte und Strukturen (z. B. Infrastrukturen, rechtliche Neuregelungen, Alltagspraktiken). Wegen dieser Wechselwirkungen können gesellschaftliche Einbettungsprozesse auf unterschiedlichen Ebenen auch als Co-Konstruktion von Technologie und gesellschaftlichem Kontext verstanden werden. Co-Konstruktion ist „[…] a process of societal embedding, in which technologies find their place in wider societal domains, which include immediate user contexts, cultural meanings, policies, and infrastructures" (Kanger et al. 2018, S. 1). Diese Prozesse sind nicht gerichtet, sondern verlaufen schleifenartig und haben Rückkopplungen, die sowohl auf die Technologie als auch auf den gesellschaftlichen Kontext zurückwirken. Auch wenn im Fall von Bad Birnbach also noch nicht von einer weitreichenden Disruption bestehender Systeme gesprochen werden kann (Kap. 1, Derer und Geis), tragen das Projekt und die Präsenz in der Öffentlichkeit dazu bei, automatisierte und autonome Fahrzeugtechnologien gesellschaftlich einzubetten.

Ziele des vorliegenden Beitrags sind die Identifikation und Analyse von Akteuren, Netzwerken und Prozessen für die Umsetzung und Legitimation (teil-)automatisierter Fahrzeugsysteme durch gesellschaftliche Einbettungsprozesse. Das ist nicht nur für das Fallbeispiel Bad Birnbach interessant, sondern für Technologieinnovationen und ihre gesellschaftliche Legitimation/Einbettung allgemein. Zudem sind diese Fragestellungen im Rahmen des vorliegenden Projekts von besonderer Bedeutung, da es sich bislang deutschlandweit um das erste Projekt eines automatisierten Systems im öffentlichen Personennahverkehr (ÖPNV) auf öffentlichen Straßen und im ländlichen Raum handelt. Kleine Kommunen werden bislang weitestgehend ausgeblendet in Diskussionen um Mobilitätswandel. Daraus können auch Rückschlüsse auf die Anforderungen einer Region oder Kommune zur Einführung solcher Art Projekte gezogen werden.

Im Folgenden werden zunächst die theoretischen Grundlagen zu Prozessen der gesellschaftlichen Einbettung und das methodische Vorgehen vorgestellt. Methodische Grundlagen des vorliegenden Beitrags bilden qualitative Interviews, inhaltsanalytische Auswertungsverfahren sowie qualitative und quantitative soziale Netzwerkanalysen. Auf dieser Grundlage werden zuerst die eher statische Netzwerkarchitektur des Gesamtnetzwerks aller relevanten Akteure für die Umsetzung rekonstruiert und Mediatoren im Netzwerk identifiziert. Im nächsten Schritt werden drei charakteristische Projektphasen definiert und die Dynamiken in der sich ändernden Netzwerkkonfiguration nachvollzogen.

8.2   Gesellschaftliche Einbettung

Das Konzept Embeddedness stammt aus der Soziologie (Polanyi 1957; Granovetter 1985) und beschreibt die Annahme, dass wirtschaftliche Aktivitäten eingebettet sind in Systeme aus sozialen und gesellschaftlichen Beziehungen. Diese Strukturen sozialer Beziehungen bestimmen die Organisation, Strategien und Handlungen von (kollektiven und individuellen) wirtschaftlichen Akteuren mit (Pike et al. 2000). Embeddedness kann als Zustand oder als Prozess konzeptualisiert werden. Vor dem Hintergrund der Forschung zu sozio-technologischem Wandel und Systemtransformationen haben Deuten et al. (1997) das dynamische Konzept *societal embedding* (gesellschaftliche Einbettungsprozesse) entwickelt. Grundgedanke des Konzepts ist, dass die Verbreitung von Neuerungen und Innovationen einer gesellschaftlichen Legitimation bedarf, die von weit mehr Faktoren als der Akzeptanz durch Nutzer bestimmt wird. Vielmehr müssen weitreichende und vielschichtige gesellschaftliche Einbettungsprozesse in bestehenden und neuen gesellschaftlichen Bereichen stattfinden. Dazu gehören neben den häufig betrachteten Marktstrukturen und Nutzergruppen (z. B. Early Adopters/Erstanwender) auch rechtliche und institutionelle Rahmenwerke, zahlreiche Interaktionen und Prozesse sowie Akteure und Akteursgruppen aus Wirtschaft, Politik und Zivilgesellschaft: „Societal embedding of new products – that is, their integration in relevant industries and markets, their admissibility with regard to regulation and standards, and their acceptance by the public […]" (Deuten et al. 1997, S. 131).

Deuten et al. (1997, S. 132) definieren drei unterschiedliche Dimensionen gesellschaftlicher Einbettungsprozesse neuer Produkte oder Technologien, die für eine gesellschaftliche Legitimation und ggf. Integration notwendig sind: a) das *Unternehmensumfeld* (oder: *Organisationsumfeld)*, in dem Technologien in relevante Branchen, Unternehmensstrukturen und Märkte integriert werden müssen, b) das *Regelungsumfeld,* in dem Technologien mit Vorschriften, Regeln und Standards übereinstimmen müssen, und c) die *Gesellschaft im weiteren Sinne*, in der Technologien von der breiteren Öffentlichkeit akzeptiert werden und mit bestehenden gesellschaftlichen Normen und Überzeugungen übereinstimmen müssen (Kanger et al. 2018, S. 3). Während sich das *Unternehmensumfeld* auf die wirtschaftliche Tragfähigkeit bezieht, beziehen sich *Regelungsumfeld* und *Gesellschaft im weiteren Sinne* auf die regulatorische und kulturelle Legitimität. An dieser Stelle soll zudem der Begriff *Unternehmensumfeld* im weiteren Sinne verstanden werden, nämlich im weitesten Sinne einer Unternehmung, die bspw. auch als Institution oder Gemeinde verstanden werden kann. Dabei ähneln sich die Aspekte der Einbettung vor allem dahingehend, dass jeder Unternehmung eine Form von Organisationsstruktur und Wirtschaftlichkeit zugrunde liegt. Im Folgenden wird also die Dimension *Unternehmensumfeld* mit *Organisationsumfeld* übersetzt und dadurch auch für politische und Verwaltungs-Einrichtungen anwendbar gemacht.

Die oben genannten Einbettungsdimensionen wurden im Rahmen weiterführender Arbeiten ergänzt, sodass momentan von fünf Dimensionen gesellschaftlicher Einbettungsprozesse gesprochen werden kann. Dabei werden die vorher genannten um die folgenden zwei ergänzt: e) Einbettungsprozesse in das *Nutzerumfeld*, gekennzeichnet durch kulturell spezifische und räumlich differenzierte Routinen, Möglichkeiten, Praktiken oder Bedeutungszuschreibungen (Kanger et al. 2018; Mylan et al. 2018) und f) Einbettungsprozesse in ein *transnationales Umfeld*, da die Entstehung neuer Technologien, die das Potenzial haben, ganze sozio-technische Systeme zu verändern, auch Einfluss auf Entwicklungen an ganz anderen Orten oder internationale Standards haben können (Kanger et al. 2018, S. 3). Während das Nutzerumfeld oft im Rahmen von Akzeptanzuntersuchungen (Kap. 9, Rauh et al.; Kap. 6, Wintersberger et al.) Berücksichtigung findet, lässt sich als Beispiel für Einbettung in ein transnationales Umfeld die europäische Gesetzgebung (z. B. Wiener Übereinkommen über den Straßenverkehr) anführen.

Neue Technologien und ihre gesellschaftliche Adoption werden grundlegend geprägt von gesellschaftlichen Sinnzuschreibungen (Geels und Verhees 2011) und Diskursen *über* die jeweiligen Produkte und Technologien. So können selbst nachhaltige oder sinnvolle

Produkte wieder vom Markt verschwinden, wenn die öffentlichen Diskurse negativ oder von Ängsten und Befürchtungen geprägt sind. Solche Diskurse wirken sich nicht nur auf die Wahrnehmungen und Meinungen von zivilgesellschaftlichen Akteuren aus, sondern auch auf potenzielle Geldgeber, oder rechtliche Rahmenwerke, die Innovationen befördern oder blockieren.

Zentral für das Konzept gesellschaftlicher Einbettungsprozesse ist die Reflexivität zwischen Technologie/Produkt und Kontext, die einen Aushandlungsprozess darstellt. Wiederholt wird also auf Co-Konstruktions-Prozesse zwischen Technologie und gesellschaftlichem Kontext verwiesen (z. B. Kanger et al. 2018). Produktinnovationen und ihre gesellschaftliche Einführung sind keineswegs linear oder stringent, sondern vielmehr gekennzeichnet durch eine Vielzahl von Anpassungsprozessen (z. B. Produktanpassungen, rechtliche Rahmenwerke, Infrastrukturen), Rückkopplungen (z. B. Innovationsprozesse) oder Interessenkonflikten unterschiedlicher Akteursgruppen (z. B. unternehmerische vs. ökologische Interessen), die nur begrenzt im Rahmen von Konzepten wie Marktstrukturen mit statischen Eigenschaften, Nutzergruppen mit definiertem Adoptionsverhalten oder Betrachtungen von Barrieren für die Anwendung, dargestellt werden können (Kanger et al. 2018). Auch wenn Aspekte wie Nutzeranforderungen oder Adoptionsverhalten nützliche Ansätze zur Produktverbesserung oder zur Einstufung einer Marktreife sein können, bleiben sie lückenhaft im Hinblick auf das Erklärungspotenzial der komplexen Dynamiken und Akteurskonstellationen, die zu gesellschaftlichen Legitimations- und Adoptionsprozessen von Neuerungen und Innovationen führen.

Die Bedeutung gesellschaftlicher Einbettungsprozesse und die daraus entstehende Legitimität für neue Produkte oder Technologien wurde vielfach in der Transitionsforschung vor dem Hintergrund neuer Technologien mit weitreichender gesellschaftlicher Relevanz, wie etwa neue Energiesysteme, angewendet. Dazu gehören Arbeiten z. B. zur historischen Perspektive auf die gesellschaftliche Legitimation nuklearer Energiequellen in den Niederlanden (Geels und Verhees 2011), in Bezug auf die Verbreitung erneuerbarer Energien in Deutschland (Jacobsson und Lauber 2006) oder in Bezug auf Niedrigenergiehäuser in Großbritannien (Lovell 2008). Aber auch in anderen Kontexten und Disziplinen wurde das dynamische Konzept angewendet. Mylan et al. (2018) beschreiben sog. Nischen-Regime-Wechselwirkungen im Rahmen gesellschaftlicher Einbettungsprozesse bei Produktinnovationen im Milchsektor, Appel (2016) analysiert unterschiedliche Einbettungsdimensionen vor dem Hintergrund von Online-Lebensmitteleinzelhandel für Unternehmen, Märkte und Kunden und Coe und Lee (2013, S. 330) schreiben von einer „deepening territorial embeddedness" bei der Internationalisierung einer Supermarktkette in Süd-Korea.

Vor dem Hintergrund von Transformationsprozessen im sozio-technischen System Automobilität (Verbrennungsmotor und Elektroantrieb) erheben Kanger et al. (2018, S. 2) den Anspruch, die Ersten zu sein, die das Konzept societal embedding anwenden. Ihre Gegenüberstellung der historischen Entwicklungen der Antriebstechnologien in den USA und in den Niederlanden stellt gut nachvollziehbar die unterschiedlichen Diskurse über die jeweiligen Technologien und ihre Auswirkungen auf und Wechselwirkungen mit der gesellschaftlichen Einbettung dar.

In dem vorliegenden Beitrag dient das Konzept als Analyserahmen zur Identifikation der im konkreten Fallbeispiel stattfindenden Prozesse und Einbettungsdimensionen. So können einerseits wichtige Dynamiken und Prozesse dargestellt, die jeweiligen gesellschaftlichen Einbettungsdimensionen und die Handlungsmacht der einzelnen Akteure rekonstruiert und andererseits Rückschlüsse auf die Relevanz der einzelnen Dynamiken, Beziehungen und Akteure für die Legitimation der neuen Technologie abgeleitet werden. Methodische Grundlage dafür bilden Leitfadeninterviews und soziale Netzwerkanalysen. Im Folgenden wird das methodische Vorgehen erläutert.

8.3 Methoden – soziale Netzwerkanalyse und Leitfadeninterviews

8.3.1 Soziale Netzwerkanalyse

Innerhalb der sozialen Netzwerkforschung können grundsätzlich zwei methodische Ansätze unterschieden werden: qualitative und quantitative. Zudem muss zwischen Methoden der Datenerhebung und -auswertung unterschieden werden. Qualitative Erhebungs- und Auswertungsmethoden in der Netzwerkanalyse erlauben einen detaillierten Einblick in spezifische Beziehungen zwischen einzelnen Akteuren und sind in der visuellen Gestaltung der Ergebnisdarstellung offen. Daneben kann untersucht werden, wie und unter welchen Bedingungen einzelne Verbindungen zustande gekommen sind. Dabei haben sich Interviews als qualitative Erhebungsmethode ebenso bewährt, wie das Ermitteln spezifischer Beziehungsausprägungen mithilfe konzentrischer Kreise, die (räumliche, soziale oder kulturelle) Distanzen abbilden können (Hollstein 2006). Während qualitative Methoden spezifische Erklärungsansätze zur Interpretation bestimmter Phänomene liefern können, gelingt es mit standardisierten und quantitativen Vorgehensweisen besser, große Mengen an Akteuren und Verbindungen innerhalb eines Beziehungsgeflechts umfassend zu analysieren und visualisieren. Dabei können grundlegende Strukturen auf drei wesentlichen Analyseebenen mit entsprechenden statistischen Indikatoren untersucht werden. Während eine Charakterisierung einzelner Akteure zumeist über Zentralitätsmaße erfolgt (z. B. closeness centrality und betweeness centrality), dient die Dichte als Indikator der gesamten Netzwerkeinschätzung und ermöglicht somit unter anderem einen Vergleich unabhängiger Netzwerke. Als dritte Ebene kann das statistische Identifizieren einzelner Akteursgruppen herangezogen werden, was vornehmlich als Modularität bezeichnet wird (Jansen und Diaz-Bone 2014).

Auch wenn beide methodischen Richtungen in der Vergangenheit, teils auch heute noch üblicherweise getrennt in der Netzwerkforschung angewendet werden (Jack 2010; Schnegg 2010), existieren einige neuere Studien, die sich die Vorteile einer Verbindung zunutze machen (u. a. Czernek-Marszałek 2017). Um innerhalb der vorliegenden Forschungsergebnisse einen möglichst umfassenden Einblick in die Entstehung und Struktur des Akteur-Netzwerks zu erhalten, wird auch hier sowohl bei der Datenerhebung, als auch bei der -auswertung unter

Verwendung einer Methoden-Triangulation bzw. eines *mixed methods*-Ansatzes (Hollstein 2014) ein multimethodisches Vorgehen gewählt. Eine solche Kombination wird unverzichtbar, wenn über Effekte und Strukturen hinaus festgestellt werden soll, welche Strategien Akteure innerhalb des Netzwerks verfolgen (Franke und Wald 2006).

8.3.2   Erhebungs- und Auswertungsmethoden

Methodische Grundlage bildeten vor allem leitfadengestützte Interviews mit Vertretern kommunaler (z. B. Kurverwaltung, Bürgermeister) und regionaler (z. B. Landratsamt Rottal-Inn, Regierung von Niederbayern) Institutionen und Unternehmen (z. B. TÜV Süd, Regionalbus Ostbayern – RBO). Hinsichtlich der Auswertungsmethoden wurden zum einen Techniken der qualitativen Inhaltsanalyse für ein detailliertes Verständnis der komplexen Prozesse und der Akteurskonstellationen im zeitlichen Verlauf angewendet. Zum anderen wurden qualitative und quantitative soziale Netzwerkanalysen, zur Darstellung der Akteurskonstellationen und der Identifikation von wichtigen Mediatoren und hybriden Akteuren, die Zugang zu unterschiedlichen gesellschaftlichen Teilbereichen (z. B. kommunale und landesweite Politik) im Netzwerk haben, durchgeführt.

Insgesamt konnten elf Interviews im Zeitraum von Februar bis September 2018 durchgeführt werden. Die Interviewpartner wurden entlang des Schneeballsystems ausgewählt. Das heißt, zentrale Akteure wurden nach weiteren wichtigen Akteuren und Personen, mit denen sie im Laufe des Projekts in Kontakt standen, gefragt. Die Interviewdauer lag zwischen einer und drei Stunde/n. Rückfragen konnten telefonisch oder per E-Mail geklärt werden. Zwei Interviews wurden telefonisch durchgeführt. Ein Interview fand als Gruppeninterview mit zwei Gesprächspartnern gleichzeitig statt. Alle Interviews konnten mit Zustimmung der Interviewpartner aufgezeichnet und im Nachgang transkribiert werden.

Nach Durchführung der Interviews folgten im Wesentlichen vier Phasen der Auswertung und Differenzierung der Daten. In einem ersten Schritt wurden die Interviews transkribiert. Auf Grundlage der Interviewtranskripte konnte in einem zweiten Schritt ein Gesamtnetzwerk an Akteuren rekonstruiert und Akteur-Matrizen (inklusive Informationen zur zeitlichen Dynamik und Relevanz der Akteure) angelegt werden, die den jeweiligen Interviewpartnern zur Bestätigung und Ergänzung zugesandt wurden. In einem dritten Schritt konnte eine detaillierte Inhaltsanalyse durchgeführt werden. Auf Grundlage der Interviewtranskripte, des rekonstruierten Akteur-Netzwerks und der Akteur-Matrizen mit den zeitlich-dynamischen Informationen, konnten einerseits die charakteristischen Projekt- und Prozessphasen und andererseits die jeweils relevanten Akteurskonstellationen und ihre Charakteristika sowie Bedeutung für die Dimensionen der gesellschaftlichen Einbettung abgeleitet werden. In einem vierten Schritt wurde auf Basis der Interviewtranskripte, der Akteur-Matrizen und der identifizierten Phasen eine Datenbank angelegt, auf deren Grundlage die empirischen Ergebnisse der qualitativ ausgewerteten Netzwerkanalyse, mittels quantitativer Auswertungsmethoden der sozialen Netzwerkanalyse, überprüft werden konnten.

Unter Berücksichtigung der Aussagen befragter Akteure kann des Weiteren eine Auswertung bestimmter Beziehungsstrukturen und Akteurskonstellationen zu unterschiedlichen Zeitabschnitten betrachtet werden. Eine solche dynamische Netzwerkanalyse gilt als eine der größten Herausforderungen der Netzwerkforschung und ermöglicht weiterführende Aussagen sowohl über die Netzwerkentstehung und -veränderung als auch über die Orientierungen und Handlungsstrategien einzelner Akteure (Hollstein 2006).

8.4 Gesellschaftliche Einbettung (teil-)automatisierter Fahrzeugsysteme

Die Reaktionen auf das Pilotprojekt zur Einführung des „autonom fahrenden Kleinbusses in Bad Birnbach" sind gekennzeichnet durch ein hohes Maß an Unterstützung über alle Akteursgruppen hinweg. Es gab keinerlei Widerstände und Proteste gegen die Einführung. Auch die Anwohner und Nutzer zeichnen sich grundsätzlich durch Offenheit gegenüber neuen Mobilitätsmodellen und -technologien aus – auch wenn individuelle Zweifel an Finanzierbarkeit und Zukunftsfähigkeit des derzeitigen Shuttle-Busses durchaus bestehen können (Kap. 9, Rauh et al.). Trotzdem haben während des gesamten Einführungsprozesses diverse Rückkopplungs- und Anpassungsprozesse zwischen den unterschiedlichen gesellschaftlichen Dimensionen stattgefunden. Besonders hervorzuheben sind die Wechselwirkungen (Co-Konstruktion) während der Vorbereitungsphase, in die auch der Zulassungsprozess des Fahrzeugs fällt. Von einem linearen Prozess kann jedenfalls keine Rede sein.

In den folgenden Abbildungen werden qualitative (Position und Farbe) und quantitative (Größe) Merkmale der Akteure kreisförmig dargestellt. Die Größe beschreibt die Zentralität der Akteure im Netzwerk gemessen an seiner *betweenness centrality* oder *Zwischenzentralität*, also die Anzahl der kürzesten Verbindungen, die durch diesen Knoten/Akteur verlaufen. Zentralität als netzwerkanalytisches Konzept dient als Indikator für die Rolle eines einzelnen Akteurs innerhalb einer Akteurskonstellation (Jansen 2006). Zwischenzentralität ist vor allem ein Maß für die mediale Rolle eines Akteurs, also über wie viele direkte und indirekte Kontakte er verfügt und so auch zwischen unterschiedlichen Teilbereichen vermitteln und kommunizieren kann. Je größer ein Akteur demnach visualisiert ist, desto höher ist seine Zwischenzentralität im Gesamtnetzwerk (Abb. 8.1) und während der einzelnen Projektphasen (Abb. 8.2).

Allerdings ist diese visualisierte Größe der Akteure im vorliegenden Netzwerk mit Vorsicht zu betrachten, da nur ein Teil der genannten und dargestellten Akteure persönlich befragt werden konnte. Es ist davon auszugehen, dass die befragten Akteure daher hinsichtlich der Verbindungen im Netzwerk überrepräsentiert sind. Gerade in der Darstellung des Gesamtnetzwerkes ist die Aussagekraft der Größe der Akteure teilweise begrenzt, in den Darstellungen der zeitlichen Abfolge hingegen kann über die sich verändernde Größe der einzelnen Akteure gut visualisiert werden, wie sich die Relevanz der Akteure zu unterschiedlichen Projektphasen verändert hat.

Die Position der Akteure innerhalb des Netzwerks gibt Auskunft über die Zuordnung der Akteure zu einer der räumlichen und verwaltungsrechtlichen Ebenen Kommune, Region, Land (Freistaat Bayern) oder Bund (Deutschland). Die außerhalb dieser konzentrischen Kreise angeordneten Akteure sind als transnationale Akteure zu verstehen, die über Ländergrenzen hinweg agieren. Die Farbe zeigt die Zuordnung der Akteure zu einem der gesellschaftlichen Teilbereiche Wirtschaft (rot), Verwaltung (grün), Politik (blau), Zivilgesellschaft (gelb) oder Presse (orange) an.

Die Verbindungslinien stellen rein qualitative Informationen dar, und enthalten keine Informationen über Häufigkeiten oder Relevanzen von Interaktionen. Auch die Farben der Verbindungslinien enthalten keine statistischen Informationen, sondern dienen auf qualitativer Ebene der leichteren Erkennbarkeit von Akteurs-Clustern, die dem gleichen gesellschaftlichen Teilbereich angehören, bzw. daran ist zu erkennen, zwischen welchen Institutionen der Austausch über gesellschaftliche Teilbereiche hinaus stattgefunden hat.

8.4.1 Legitimation des Projekts durch Mediatoren und hybride Akteure im Gesamtnetzwerk

In Abb. 8.1 wird das Gesamtnetzwerk, also die Gesamtheit aller Akteure und Interaktionen, die aus den Interviewtranskripten und den Akteurs-Matrizen abgeleitet wurden, dargestellt. Abgebildet ist der aus den Interviews abgeleitete Gesamtzeitraum (Anfang des Jahres 2015 bis Dezember 2018) von dem ersten eher informellen Kontakt zwischen Vertretern der Gemeinde Bad Birnbach und Vertretern der Deutschen Bahn (DB). Als besonders relevant werden die Akteure angesehen, die zwischen unterschiedlichen Teilbereichen der Gesellschaft kommunizieren und vermitteln können, da sie entweder Zugang zu oder Erfahrungen in mehreren Teilbereichen haben und so auch über die entsprechenden Kontakte und Wissen über milieuspezifische Codes verfügen. Diese Akteure tragen dazu bei, die Legitimation einer Technologie in anderen Teilbereichen der Gesellschaft voranzutreiben und können verlängerter Arm der Handlungsmacht der Akteure sein, die ohne Kontakte und Beziehungen zu Akteuren aus anderen gesellschaftlichen Teilbereichen eingeschränkt wären. Gesellschaftliche Teilbereiche können sowohl vertikal, als auch horizontal gegliedert sein. Beispielsweise können Wirtschaft und Ökologie ebenso als unterschiedliche Teilbereiche aufgefasst werden, wie kommunale Politik und Bundespolitik.

Insgesamt ließen sich aus den Datengrundlagen 60 (kollektive und individuelle) Akteure und 106 Verbindungen ableiten. Während die Anzahl der Akteure im Netzwerk als repräsentativ einzustufen ist, da die genannten Akteure in mehreren Interviews bestätigt werden konnten, ist davon auszugehen, dass die Anzahl der einzelnen Interaktionen und Beziehungen weniger zuverlässig und repräsentativ im statistischen Sinne abgefragt werden konnten. Grund dafür ist auch, dass nicht jede genannte Person im Netzwerk im Rahmen eines Leitfadeninterviews befragt wurde. Teilweise stellen die Interviewpartner daher Repräsentanten ihrer Unternehmen oder Institutionen dar. In den Interviews wurden demnach nicht nur egobasierte Netzwerke abgefragt und erhoben, sondern auch Strukturen des Gesamtnetzwerks. Es kann zuverlässig dargestellt werden, welche Beziehungen zwischen einzelnen Institutionen und Einzelakteuren bestehen, die Intensität ist wegen der fehlenden Daten aber nur bedingt darstellbar.

Außerdem ist darauf hinzuweisen, dass die Akteure der Begleitforschung, die insbesondere ab Februar 2017 immer wieder mit unterschiedlichen Akteuren und dem automatisierten Bus interagieren, nicht im Netzwerk dargestellt sind. Darauf wurde verzichtet, da sie eher eine beobachtende Funktion übernehmen und für die Umsetzung des Projekts über keine spezifische Relevanz verfügen. Trotzdem muss berücksichtigt werden, dass die publizierten Ergebnisse der Begleitforschung zukünftig – gewollt oder nicht gewollt – zur Legitimation solcher oder ähnlicher Projekte herangezogen werden können. Auch ist davon auszugehen, dass die Interaktionen der Akteure mit den Vertretern der Begleitforschung zu Wechselwirkungen und Co-Konstruktionen führen können bzw. z. T. sogar darauf abzielen, dass das Produkt beispielsweise nutzerfreundlicher wird. Diese Aspekte werden in diesem Beitrag jedoch nicht berücksichtigt, da im Mittelpunkt die Akteure und Prozesse, die zur Umsetzung des Projekts führten, stehen.

Für die bessere Übersichtlichkeit und die Darstellung im vorliegenden Format wurden die Akteure zu Akteursgruppen aggregiert, sodass in dem aggregierten Netzwerk noch 39 Akteure bei gleicher Anzahl von Verbindungen (109) vorliegen. Aggregiert wurden Akteure, die gemeinsam in einer/m Institution/Unternehmen agieren. Nicht aggregiert wurden Akteure, denen eine zentrale, hybride Rolle im Netzwerk zugewiesen wurde. Personen mit repräsentativen Funktionen wurden ebenfalls nicht aggregiert, da ihnen eine besondere Rolle bei der Interaktion mit anderen Teilbereichen des Netzwerks zukommt.

Das soziale Netzwerk zur Umsetzung des Pilotprojekts in Bad Birnbach ist gekennzeichnet durch eine hohe Dichte an Akteuren und Verbindungen auf kommunaler, regionaler und Landes-Ebene (Abb. 8.1).[1] Eine zentrale Rolle nimmt der Leiter der Kurverwaltung von Bad Birnbach *(KurVW BaBi)* ein. An dieser Stelle laufen die meisten Verbindungen, auch über die räumlichen Ebenen hinweg zusammen. Zudem bestehen von hier aus Kontakte zu allen gesellschaftlichen Teilbereichen (Zivilgesellschaft, Wirtschaft, Verwaltung, Politik und Presse). Dieser Akteur ist außerdem als hybrider Akteur anzusehen, da er sowohl im Verwaltungsapparat der Marktgemeinde (grün), als auch im Bereich der lokalen Presse- und Öffentlichkeitsarbeit (orange) aktiv ist. Dadurch ist dieser Akteur ein Mediator mit hoher Zwischenzentralität, der neben den institutionellen Akteuren auch in engem Kontakt mit zivilgesellschaftlichen Akteuren auf kommunaler und regionaler Ebene (z. B. Landwirte, Anwohner, Schulen, Regionalpresse) steht. Als Mediator zwischen kommunaler und regionaler Verwaltung und Politik und Zivilgesellschaft auf kommunaler und regionaler Ebene kann dieser Akteur öffentliche Diskurse und Wahrnehmungen des Pilotprojekts aktiv mitgestalten.

Eine weitere Instanz mit hoher Zentralität auf kommunaler Ebene stellt das Landratsamt Rottal-Inn *(LRA Ro-I)* dar. In der vorliegenden Abbildung ist die Zwischenzentralität dieses Akteurs eher gering dargestellt, da sowohl der Landrat *(LR Ro-I)* als auch der Leiter

---

[1] Nachfolgend werden alle Verweise auf im Netzwerk dargestellte Akteure im Text kursiv kenntlich gemacht.

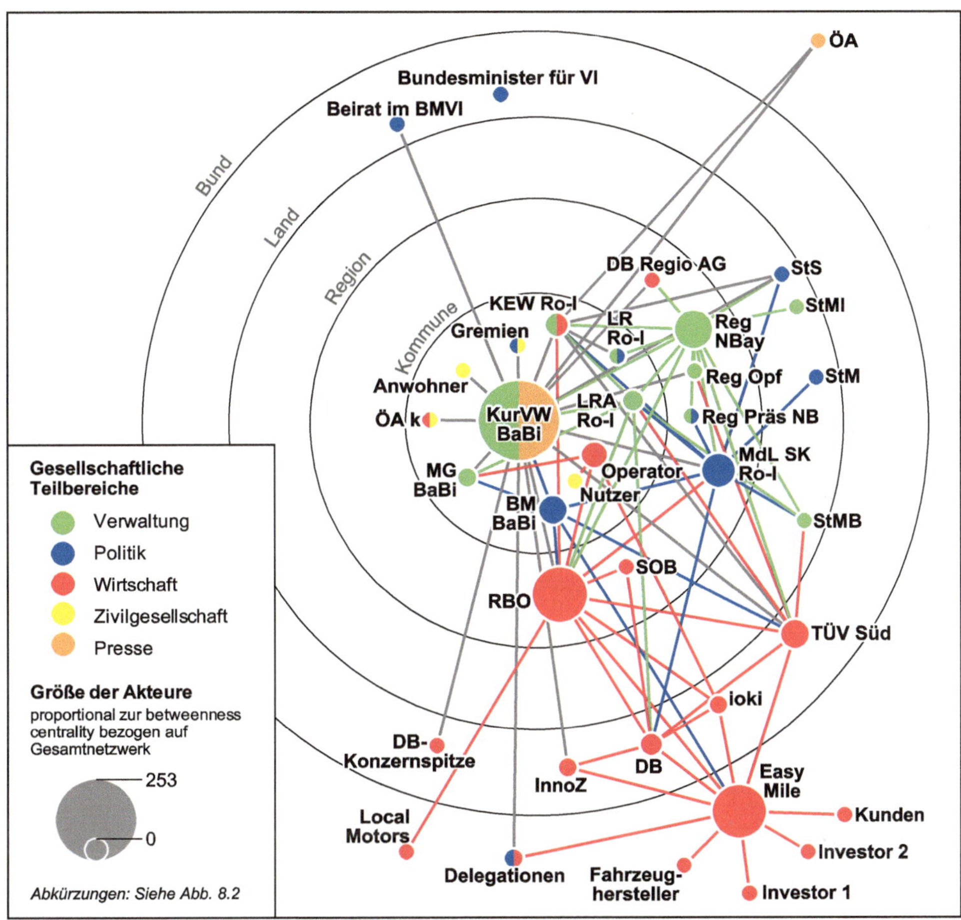

Abb. 8.1 Gesamtnetzwerk der Akteure für die Umsetzung des Pilotprojekts (Anfang 2015 – Januar 2019). (Quelle: eigene Darstellung)

der Kreisentwicklung *(KEW Ro-I)*, die beide wichtige Vertreter des Landratsamtes Rottal-Inn sind, als eigene Knoten/Akteure dargestellt sind. Insgesamt verfügt die Institution mit ihren Vertretern aber über eine hohe Zwischenzentralität – vor allem in der Initial- und der Durchführungsphase (Abb. 8.2). Neben dem Landrat, der die Behörde nach außen repräsentiert, und den Mitarbeitern der Institution, die alle Operationen durchführen, kann der Leiter der Kreisentwicklung als zentral angesehen werden. Die Zentralität dieses Akteurs wird weniger durch die Vielzahl an Verbindungen definiert, als durch sein Selbstverständnis seiner Rolle als Leiter der Kreisentwicklung, in der er zwar für eine Verwaltung arbeitet, aber einen beruflichen Erfahrungshintergrund auch aus der freien Wirtschaft mitbringt: „Meine Vorgeschichte war Wirtschaftsförderer, ich war Regionalmanager, ich war Leader-

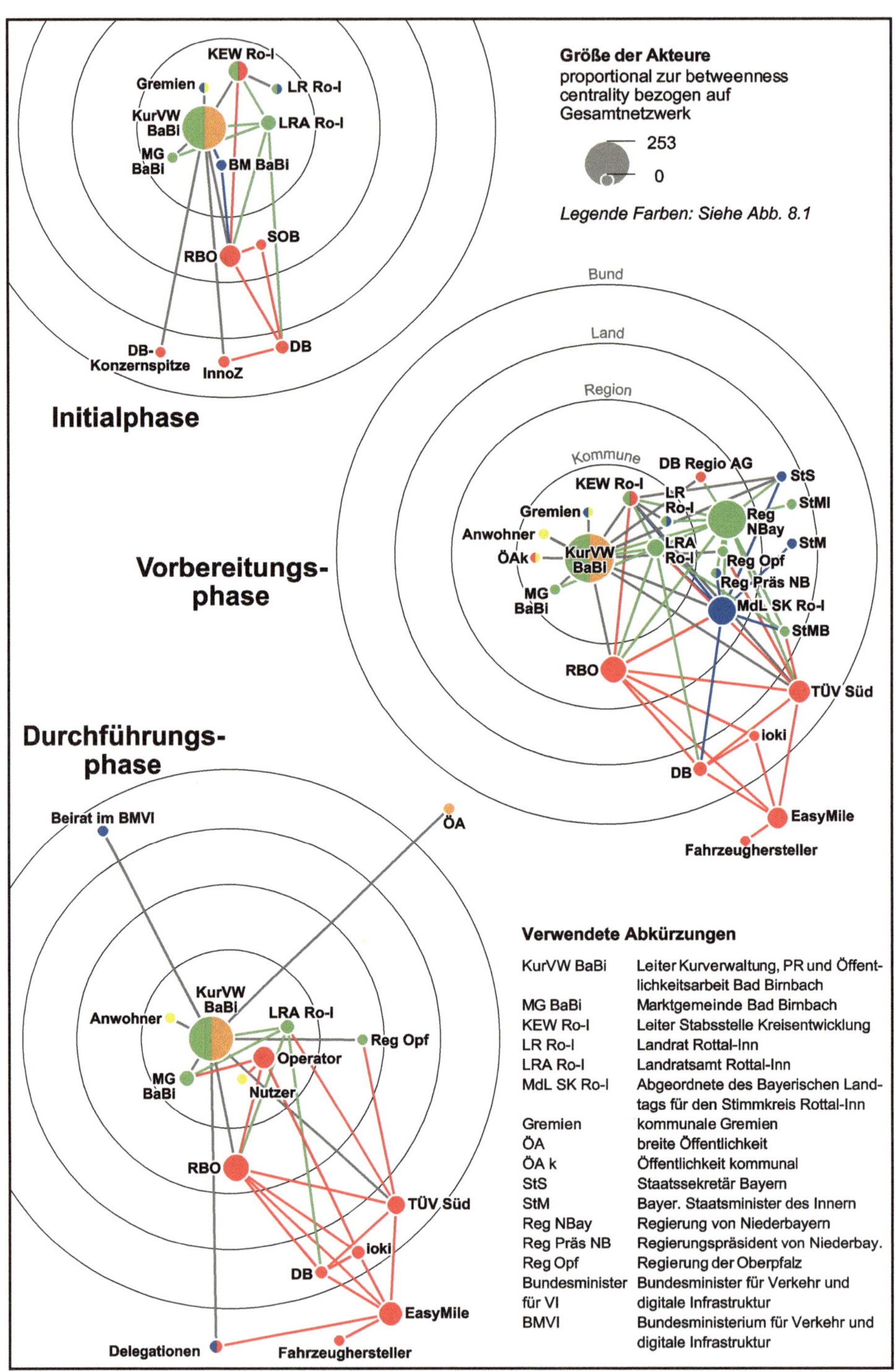

Abb. 8.2 Akteur-Netzwerke im zeitlichen Verlauf. (Quelle: eigene Darstellung)

Manager und dann hat mich der neue Landrat in diesen Landkreis geholt und hat gesagt, ich soll da eine entsprechende Stelle für Regionalentwicklung aufbauen. […] Ich sehe mich da nicht als Verwalter." (Interview Kreisentwicklung Rottal-Inn, 2018). Dieser Akteur hat demnach Erfahrungen und Kenntnisse in unterschiedlichen gesellschaftlichen Teilbereichen (Wirtschaft und Verwaltung) und kennt branchen- und milieuspezifische Handlungsweisen und Codes. Dadurch kann er als wichtiger Mediator zwischen diesen Teilbereichen angesehen werden.

Weniger zentral im Sinne der Zwischenzentralität erscheinen die Bürgermeister der Marktgemeinde Bad Birnbach *(BM BaBi)*, da sie in den Interviews vergleichsweise wenige Kontakte zu anderen Institutionen angeben. Allerdings unterstützten und legitimieren sie das Pilotprojekt, indem sie die untergeordneten Verwaltungseinheiten (z. B. die Bauverwaltung) mit entsprechenden Aufgaben betrauen.

Auf regionaler Ebene stellen vor allem die Landtagsabgeordnete für den Stimmkreis Rottal-Inn *(MdL SK Ro-I)* (Teilbereich Politik), das DB-Tochterunternehmen Regionalbus Ostbayern *(RBO)* (Teilbereich Wirtschaft) und die Regierung von Niederbayern *(Reg NBay)* (Teilbereich Verwaltung) wichtige Akteure mit hoher Zwischenzentralität dar. Die Landtagsabgeordnete stellt die wichtigste Mediatorin zwischen den unterschiedlichen politischen und verwaltungsrechtlichen Ebenen Kommune, Region und Land dar. Sie kommuniziert die Projektidee und ihre Befürwortung auf den der Kommune übergeordneten Verwaltungs- und politischen Ebenen, sodass die Finanzierung und die politische Unterstützung des Pilotprojekts auf den unterschiedlichen politischen Ebenen gewährleistet werden kann. „Mein Part war, nach oben zugehen […] also sprich, ganz klar Minister zu begeistern und zu sagen, wir haben da was und das wollen wir jetzt in Bayern und speziell im Landkreis Rottal-Inn machen." (Interview Abgeordnete Stimmkreis Rottal-Inn, 2018).

Die RBO übernimmt ebenfalls eine zentrale Rolle einerseits als Geldgeber, andererseits als Projektkoordinator sowie als Akteur mit zahlreichen Verbindungen. Die RBO verfügt über Wissen hinsichtlich des Projektmanagements, Erfahrung im Bereich des straßenbasierten ÖPNV und der dazugehörigen verwaltungsrechtlichen Vorgehensweisen. „Eine Hauptrolle hatte die RBO. Damit haben wir auch einen sehr erfahrenen Betriebsleiter bekommen. Sie müssen sehen, da war ein Haufen junger Entwickler, die nichts anderes sehen als ihren Bus, da gibt's Strategen von der Bahn, und dazwischen drin waren dann wir [Vertreter von Bad Birnbach] und der Landkreis, und das hat natürlich schon sehr gut getan, jetzt wirklich mal einen expliziten Fachmann zu haben, der auch irgendwann mal gesagt hat: ‚Leute, wie stellt ihr euch das denn vor? Das funktioniert in der Praxis nie!' Und ja, das war die Zutat, die gefehlt hat bei dem Ganzen, und seitdem die RBO da wirklich mit dabei ist, mit im Boot sitzt, seitdem hat das Ganze auch praxistaugliche Formen angenommen." (Interview Kurverwaltung Bad Birnbach, 2018). Die Rolle der RBO wurde ab 2017 durch die offizielle Ausgründung von ioki unterstützt.

Die Regierung von Niederbayern ist gerade hinsichtlich der verwaltungsrechtlichen Regelungen als Instanz mit hoher Zwischenzentralität anzusehen. Dort wird auch über die Verteilung öffentlicher finanzieller Ressourcen in Niederbayern entschieden. Das heißt, die grundsätzliche Befürwortung durch den Regierungspräsidenten von Niederbayern gegenüber höher gestellten politischen Institutionen (z. B. Bayerisches Staatsministerium des Innern – StMI, Bayerisches Staatsministerium für Wohnen, Bau und Verkehr – StMB) ermöglicht die Umsetzung des Projekts durch die Regelung der Finanzierbarkeit sowie der Zuständigkeiten im Zulassungsprozess, der keineswegs standardisiert ist, sondern durch Sonderzulassungen charakterisiert ist. „Also am Anfang, wenn wir irgendwo hingekommen sind, z. B. ins Innenministerium oder in eine Fachbehörde, dann war die Haltung eher die, ‚Hoppla, warum kommt ihr zu mir? Ich bin nicht zuständig.' Je länger das Projekt dann gelaufen ist und je mehr man dort auch erkannt hat, die Politik will es, die Öffentlichkeit will es, desto mehr hat sich hier auch die Stimmung gedreht, und plötzlich sind Strukturen entstanden […]." (Interview Kurverwaltung Bad Birnbach, 2018).

Auf Ebene des Freistaats Bayern übernehmen der Staatssekretär *(StS)* und der Staatsminister des Innern *(StM)* sowie weitere Vertreter des *StMI* und das *StMB* eine relevante Rolle für die Legitimation des Projekts und für die Vergabe von Geldern zur Umsetzung des Projekts. Auch wenn diese Instanzen im Gesamtnetzwerk als weniger zentral im Sinne der Zwischenzentralität erscheinen, ist die hybride Funktion der Institutionen und ihrer Repräsentanten als politische Befürworter und verwaltungsrechtliche Koordinatoren unerlässlich für die Definition von Zuständigkeiten und öffentliche Repräsentation der politischen Unterstützung. Sie stellen keine aktiven projektbegleitenden Partner dar, sondern tauchen zeitlich nur vergleichsweise kurz mit hohen Zwischenzentralitätswerten (vgl. Abb. 8.2) im Netzwerk auf, sind aber von erheblicher Relevanz für die politische, verwalterische und gesellschaftliche Befürwortung und Legitimation.

Der TÜV Süd ist letztlich die prüfende Instanz im Bereich des Zulassungsprozesses des Fahrzeugs. Diese Institution hat wesentlichen Einfluss auf den Abgleich der Potenziale der neuen Technologien mit den rechtlichen Rahmenwerken und Bestimmungen. Indirekt werden darüber auch ethische, moralische und gesellschaftliche Fragen ausgehandelt. Der TÜV Süd nimmt eine zentrale Rolle im Hinblick auf die Einhaltung von gesellschaftlich definierten und über lange Zeit ausgehandelten Sicherheitsstandards ein (Kap. 10, Wuth und Dorner). Die dort stattfindenden Lernprozesse und die Erteilung von Ausnahmegenehmigungen können weitreichenden Einfluss auf die gesellschaftliche Legitimation von Neuerungen und Innovationen hinsichtlich ihrer Sicherheit und Zuverlässigkeit haben. Indirekt können durch die genauen Prüfungen und Lernprozesse Grundlagen für neue rechtliche Rahmenwerke geschaffen werden. Dabei sollte nicht unterschätzt werden, dass veränderte deutsche und europäische Regelungen auch Einfluss auf internationale Regelungen und Standards nehmen können.

Auf Bundesebene spielen vor allem politische und wirtschaftliche Repräsentanten eine wichtige Rolle. Beispielsweise wird durch die Bekanntgabe der Durchführung des Pilotprojekts in Bad Birnbach durch die DB-Konzernspitze im Rahmen einer Pressekonferenz in Berlin Ende des Jahres 2016 eine Teilfinanzierung sowie die Koordination des Projekts indirekt zugesagt.

Durch die Beteiligung von Repräsentanten aus Bad Birnbach an einem *Beirat des BMVI* kann das Pilotprojekt in Bad Birnbach Einfluss auf bundesweite Entwicklungen hinsichtlich Neuerungen und Innovationen haben. Der einzige Akteur, der laut Aussage einiger Interviewpartner das Pilotprojekt zusätzlich hätte legitimieren und unterstützen können, wäre der Bundesminister für Verkehr und Infrastruktur *(Bundesminister für VI)* gewesen.

Auf transnationaler Ebene ist vor allem das Unternehmen *EasyMile* zu nennen. Easy-Mile ist ein französisches Unternehmen, das die Software für automatisierte Fahrzeugsysteme entwickelt. Gemeinsam mit dem französischen Fahrzeughersteller Ligier haben sie den Shuttlebus EZ10 entwickelt. Etwas irreführend ist die Darstellung von EasyMile im Gesamtnetzwerk hinsichtlich der Größe, trotz vergleichsweise wenigen projektrelevanten Verbindungen. Dafür hat EasyMile wichtige Verbindungen zu Investoren (z. B. Continental und Alstom) und Fahrzeugherstellern (z. B. Ligier) und verfügt in diesem Sinne über eine hohe Zwischenzentralität. Ohne Unternehmen wie EasyMile, könnte es Projekte wie in Bad Birnbach nicht geben. Weltweit gibt es Anfang des Jahres 2019 offiziell nur drei Hersteller für automatisierte Shuttlebussysteme (EasyMile, Local Motors, Navya).

Darüber hinaus ist die Presse- und Öffentlichkeitsarbeit – wenngleich mit geringer Zwischenzentralität dargestellt – zum Teil als transnational und international zu verstehen. Die Berichterstattung erfolgt teils in englischer Sprache und wird über digitale Medien verbreitet. Zudem sind die Erzählungen und Bewertungen von internationalen Touristen, die mit dem Shuttlebus in Bad Birnbach gefahren sind, nicht unerheblich für eine internationale Repräsentation, sodass das Projekt potenziellen Einfluss auf die internationale Wahrnehmung autonomer und (teil-)automatisierter Fahrzeugsysteme haben kann. Auch *Delegationen* aus Politik und Wirtschaft, die sich für das Projekt in Bad Birnbach interessieren und sich über eigene Anwendungsmöglichkeiten in anderen Kontexten und Orten informieren möchten, kommen nicht nur aus Deutschland, sondern teils aus ganz Europa und sind daher als transnational einzustufen.

8.4.2 Phasenmodell und Akteur-Netzwerke

Für eine differenzierte und dynamische Analyse der Relevanz der einzelnen Einbettungsdimensionen wurden die stattfindenden Prozesse in Projektphasen eingeteilt und skizziert. Auf dieser Grundlage wurden Akteur-Netzwerke für die definierten drei Projektphasen erstellt. Darüber können unterschiedliche Relevanzen einzelner Akteure, im Sinne ihrer Zwischenzentralität, in den jeweiligen Phasen, und die Entstehungsdynamiken des Netzwerks rekonstruiert werden. Für eine bessere Übersicht sind die Projektphasen, die dominanten Akteure und die identifizierten Einbettungsdimensionen in Tab. 8.1 dargestellt. Anschließend werden die sozialen Netzwerke der einzelnen Phasen abgebildet und detailliert beschrieben (Abb. 8.2).

Initialphase: Anfang 2015 bis Januar 2017 (Abb. 8.2)
Als Initiatoren des Pilotprojekts in Bad Birnbach werden Vertreter der DB und ihre Tochtergesellschaften Südostbayernbahn *(SOB)* und *RBO* gesehen. Bereits gegen Anfang des Jahres 2015 (Interview Kurverwaltung Bad Birnbach, 2018) sind Vertreter der DB, bzw. des bis Dezember 2018 mehrheitlich von der DB finanzierten *InnoZ* in Berlin, während

Tab. 8.1 Zusammenfassung der Projektphasen und Charakteristika. (Quelle: eigene Darstellung, Leitfadeninterviews, 2018)

Initialphase: Anfang 2015 bis Januar 2017
„Meilensteine"
- ca. Anfang 2015: erster informeller Kontakt zwischen Vertretern aus Bad Birnbach, InnoZ-Vertreter, Vertretern des LRA Rottal-Inn
- 09/16: erste offizielle Einladung von BaBi-Vertretern durch die DB nach Leipzig (DB-Schenker-Gelände)
- 10/16: Beginn Probelauf in Leipzig
- 12/16: Pressekonferenz in Berlin: DB-Konzernspitze gibt Pilotprojekt in Bad Birnbach bekannt
Akteure
- InnoZ, DB-Konzernspitze, Vertreter von Bad Birnbach, kommunale Gremien Bad Birnbach, LRA Rottal-Inn
Einbettungsdimensionen und -prozesse
- Einbettungsprozesse in (interne) Organisations- und Unternehmensumfelder (Marktgemeinde Bad Birnbach und DB)
Vorbereitungsphase: Februar 2017 bis September 2017
„Meilensteine"
- ab 02/17: Workshops mit Schlüsselakteuren, gemeinsames Lernen, kommunale Öffentlichkeitsarbeit und überregionale Kontaktanbahnung (politische Unterstützung generieren)
- 04/17 Erste öffentliche Projektpräsentation in Bad Birnbach
- 04–08/17: Zulassungsprozesse Fahrzeug, Strecke und Linienverkehr
- 04–09/17: Personalakquise und Organisation des Fahrbetriebs
Akteure
- Verbleibende Akteure: Vertreter von Bad Birnbach, kommunale Gremien Bad Birnbach, LRA Rottal-Inn
- Neue Akteure: Öffentlichkeitsarbeit, Akteure aus Politik und Verwaltung auf Bundeslandebene (z. B. Landtagsabgeordnete des Stimmkreises Rottal-Inn, Regierungen von Niederbayern und der Oberpfalz), TÜV Süd, ioki, EasyMile
Einbettungsdimensionen und -prozesse
- Beginnende und rasch voranschreitende Einbettung in Regelungsumfeld und breitere (über) regionale Öffentlichkeit
- Vertiefung der Einbettungsprozesse in interne Organisations- und Unternehmensumfelder
Durchführungsphase: Oktober 2017 bis Dezember 2018
„Meilensteine"
- 10/17: Offizielle Inbetriebnahme mit Pressekonferenz in Bad Birnbach; Regelbetrieb
- 01/18–01/19: Begleitforschung
Akteure
- Verbleibende Akteure: Vertreter von Bad Birnbach, kommunale Gremien Bad Birnbach, LRA Rottal-Inn, Öffentlichkeitsarbeit, TÜV Süd, ioki, EasyMile
- Neue Akteure: Operator, Nutzer und Nicht-Nutzer, Begleitforschung, Delegationen, Beirat des BMVI, (trans-)nationale Öffentlichkeitsarbeit

Tab. 8.1 (Fortsetzung)

Einbettungsdimensionen und -prozesse
- Beginnende Einbettungsprozesse in Nutzerumfelder
- Dadurch auch Vertiefung der Einbettung in breitere Öffentlichkeit und Organisations- und Unternehmensumfelder
- Beginnende transnationale Einbettung durch Öffentlichkeitsarbeit und Diskussion des Wiener Abkommens über den Straßenverkehr

der Suche nach geeigneten Standorten für die Durchführung eines Pilotprojekts zu „autonom fahrenden Kleinbusse im ÖPNV" mit einer informellen Anfrage im Rahmen einer Veranstaltung auf einen Vertreter der Gemeinde Bad Birnbach zugegangen. In der Folge wurde diese Idee erstmals zwischen dem Leiter der Kurverwaltung *(KurVW BaBi)*, den Bürgermeistern von Bad Birnbach *(BM BaBi)* und dem Leiter der Kreisentwicklung des Landratsamts Rottal-Inn *(KEW Ro-I)* informell kommuniziert. Als wichtiger Multiplikator ist also der Kurdirektor und Verantwortliche für die Pressearbeit der Gemeinde Bad Birnbach anzusehen, der die anfängliche Anfrage an die Bürgermeister sowie an Vertreter des Landratsamt Rottal-Inn (v. a. Leiter der Kreisentwicklung) weitergeleitet hat. Alle Akteure zeigten sich begeistert und sehr interessiert, u. a. weil das Thema ÖPNV im ländlichen Raum und besonders im Landkreis Rottal-Inn eine große Herausforderung darstellt. Grund ist, dass der Landkreis einer der streusiedlungsreichsten in Deutschland ist und mit nur „120.000 Einwohnern über weit mehr Haltestellen als München verfügt" (Interview Kreisentwicklung Rottal-Inn, 2018). Dadurch wird die Bereitstellung von ÖPNV zu einer großen logistischen und finanziellen Herausforderung für die Verwaltungsinstanzen. Neuen Mobilitätslösungen für den ÖPNV steht man demnach offen gegenüber. In Bezug auf gesellschaftliche Einbettungsprozesse gab es weder auf kommunaler noch auf Landkreis-Ebene Hürden hinsichtlich der grundsätzlichen Bereitschaft zur Integration in das organisatorische oder institutionelle Umfeld.

Nach einer „Zeit des Wartens" (Interview Kurverwaltung Bad Birnbach, 2018) erfolgte im September 2016 die erste formelle Einladung von Repräsentanten aus Bad Birnbach zu einem in Leipzig auf dem DB-Schenker-Gelände stattfindenden Projekt zu autonom fahrenden Shuttlebussen, das ab Oktober 2016 durchgeführt wurde. Damit erfolgte der erste formelle Schritt, der zur Umsetzung des Pilotprojekts in Bad Birnbach führte.

Im Dezember 2016 kündigte DB-Chef Rüdiger Grube *(DB-Konzernspitze)* auf einer Pressekonferenz zu einem Testbetrieb auf dem Gelände des InnoZ in Berlin das „Pilotprojekt autonom fahrender Kleinbus im ÖPNV in Bad Birnbach" an (Interview RBO, 2018). Das hat mehrere Funktionen und trägt zu einer Einbettung in die Organisationsstrukturen der Gemeinde Bad Birnbach, des Unternehmens DB und der breiten Öffentlichkeit durch die Medienpräsenz bei. Auf kommunaler und regionaler Ebene wurden Prozesse der strukturellen Einbettung in ein Organisationsumfeld (z. B. Infrastrukturen, Zuständigkeiten auf kommunaler Ebene) angeschoben. Beispielsweise fand die erste Gemeinderatssitzung statt, in der das mögliche Projekt thematisiert und in kommunalen *Gremien* kommuniziert wurde.

Zwischen Oktober 2016 und Januar 2017 standen vor allem die interne Kommunikation in Bad Birnbach und innerhalb der DB und ihrer Tochterunternehmen (z. B. Projektkoordination vor Ort) sowie die Kontaktanbahnung und Vereinbarung zur Projektdurchführung in Bad Birnbach im Vordergrund.

Einbettungsprozesse finden in dieser Phase also eher intern im Rahmen des Organisationsumfelds der Gemeinde Bad Birnbach und des Landkreises Rottal-Inn statt. Aber auch innerhalb der DB müssen interne Strukturen für ein solches Projekt geschaffen werden. Grundlegende Zuständigkeiten und Möglichkeiten müssen vor einer Einbettung in eine breitere Gesellschaft oder in ein Nutzerumfeld intern geschaffen werden.

Vorbereitungsphase: Februar 2017 bis Oktober 2017 (Abb. 8.2)

In der Vorbereitungsphase standen, neben Vertretern der *RBO* und dem Hersteller *EasyMile*, die institutionellen Akteure und die Zulassungsverfahren im Mittelpunkt (Regierung von Niederbayern – *Reg NBay*, Regierung der Oberpfalz – *Reg Opf, StMI, StMB, TÜV Süd*). Gerade die RegNBay verfügt in dieser Phase über eine auffallend hohe Zwischenzentralität, die weder davor noch danach gegeben ist (Abb. 8.2). Ab Februar 2017 entstanden Arbeitsgruppen aus Vertretern der RBO, unterschiedlicher Gremien von Bad Birnbach, EasyMile, des Landratsamtes Rottal-Inn, TÜV Süds und Delegationen der zuständigen Ministerien (StMI, StMB), die in gemeinsamen Workshops und Treffen Erfahrungen und Wissen generierten. Auf dieser Grundlage konnten Strukturen, Abläufe und Herausforderungen auch auf (über)regionaler Ebene festgelegt werden.

Während in der Phase davor die interne Kommunikation eine wichtige Rolle spielte, ist ab Februar 2017 die Kommunikation nach außen, also mit Institutionen auf Landes- und Bundesebene, aber auch mit zivilgesellschaftlichen Akteuren auf kommunaler Ebene *(Anwohner)* dominierend. Es lassen sich erste Einbettungsprozesse in eine breitere Öffentlichkeit auf kommunaler Ebene *(ÖA k)* identifizieren. Vor einer offiziellen Projektdurchführung ist es ratsam, das Projekt bereits von der kommunalen Öffentlichkeit legitimieren zu lassen. Dies kann durch Informationsveranstaltungen für *Anwohner* oder spezifische Zielgruppen (z. B. Gastronomen, Landwirte, Schüler) vorangetrieben werden. Auch kommunale *Gremien* (z. B. der Gemeinderat) können solche Vorhaben vorantreiben oder blockieren.

In dieser Phase kann nicht nur von vertiefender Einbettung in das Organisationsumfeld gesprochen werden, sondern auch von Einbettungsprozessen in das Regelungsumfeld und in die breitere regionale und überregionale Gesellschaft. Ziel war es, auf allen gesellschaftlichen und politischen Ebenen, Zustimmung zu erzeugen und so auch die Finanzierbarkeit des Projekts sicherzustellen. So wirkt sich die gesellschaftliche Legitimation offensichtlich auch auf die Finanzierbarkeit aus.

Wiederholt betont wurde die Rolle der Abgeordneten des Bayerischen Landtags für den Stimmkreis Rottal-Inn *(MdL SK Ro-I)*. Sie nahm die Rolle als „Politische Botschafterin fürs Geld" ein (Interview Abgeordnete Stimmkreis Rottal-Inn, 2018) und stellte die Verbindung zu politischen Akteuren und Institutionen auf Bundes- und Landesebene her (z. B. Bayerischer Staatsminister *(StM)* und Staatssekretär *(StS)* im *StMI)*, ohne deren Befürwortung eine Durchführung auf Verwaltungsebene nicht legitimierbar und für die Kommune nicht finanzierbar gewesen wäre. Ihre zentrale Rolle während dieser Projektphase wird auch durch das hohe Maß an Zwischenzentralität im Netzwerk bestätigt (Abb. 8.2). Erst durch die politische Befürwortung konnten Zuständigkeiten, bspw. im Rahmen des Zulassungsprozesses, definiert werden und die Sonderzulassungsverfahren durchgeführt werden.

Der Zulassungsprozess dauerte von April bis August 2017. Dabei erfolgte in einem ersten Schritt eine Vorankündigung für eine Antragsstellung für eine Liniengenehmigung im ÖPNV bei der Regierung von Niederbayern. Voraussetzungen für eine solche Zulassung sind ein zugelassenes Fahrzeug und eine klar definierte Route. Sowohl der automatisierte Kleinbus EZ10 bedurfte einer Sondergenehmigung durch die Regierung der Oberpfalz (bayernweite Zuständigkeit für Sonderzulassungsverfahren), als auch die Strecke, die durch die Behörden in Sonderzulassungsverfahren bearbeitet werden musste. Die eigentliche Fahrzeugzulassung erfolgte mittels der Sondergenehmigung beim Landratsamt Rottal-Inn. Diese Fahrzeugzulassung mit Sondergutachten konnte gemeinsam mit der Streckengenehmigung bei der Regierung von Niederbayern vorgelegt werden, um eine Konzession für eine ÖPNV-Linie zu beantragen (Interview RBO, 2018).

Geprägt war diese Phase von den Herausforderungen, ein bis dato unbekanntes Produkt/Objekt zuzulassen, Abläufe und Prozesse erstmals durchzuführen und Zuständigkeiten zu definieren. Von Hersteller-Seite mussten mehrfach Anpassungen am Produkt vorgenommen werden. Es kam zu diversen Kommunikations- und Interaktionsprozessen, die gekennzeichnet sind durch Lernprozesse und Feedbackschleifen zwischen den unterschiedlichen Akteuren und auch als Co-Konstruktion von Technologie und Umfeld bezeichnet werden können. An der Komplexität des Vorgangs wird deutlich, dass entsprechender unternehmerischer und politscher Wille dahinterstecken muss, um einen solchen Zulassungsprozess durchzuführen.

Ein Schlüsselereignis stellt die erste Projektpräsentation des „autonom fahrenden Kleinbusses im ÖPNV" in Bad Birnbach im April 2017 dar, während der der Bus erstmals in Bad Birnbach vorgeführt wurde und so auch mediale Präsenz erzeugte. „Wenn man sich sicher ist, dass man das irgendwie hinkriegt, dann muss das gleich mal raus an die Öffentlichkeit. Weil, dann finden sie keinen mehr, der offiziell sagen kann, nein das geht nicht" (Interview Kreisentwicklung Rottal-Inn, 2018). Mediale Präsenz hat hier einen gesellschaftlichen Einbettungsprozess unterstützt. Dadurch konnte sich auch die Einbettung in ein Regelungsumfeld verstärken bzw. erst möglich gemacht werden. Durch die offizielle Ankündigung entstand auf diversen Ebenen Handlungsdruck, der dazu beitrug, der öffentlichen Verwaltung die Handlungsmacht zu verleihen, ein bislang unbekanntes Produkt zuzulassen.

Betont wurde in mehreren Interviews, dass das für eine Verwaltung unkonventionelle und beherzte Vorgehen der Gemeinde Bad Birnbach und des Landratsamtes für die schnelle Umsetzung des Projekts in Bad Birnbach förderlich waren (z. B. Interview RBO, 2018; Interview Bürgermeister, 2018; Interview Regierung Niederbayern, 2018). Dazu beigetragen hat auch die Organisationsstruktur der Kreisentwicklung des Landkreises Rottal-Inn, charakterisiert durch kurze Wege und engen inhaltlichen Austausch zwischen den einzelnen Ressorts. Hervorzuheben ist die hybride Rolle des Leiters der Kreisentwicklung, der

Erfahrungen und Wissen aus Arbeit in der freien Wirtschaft und in der öffentlichen Verwaltung vereinen kann.

Zwischen April und September 2017 konnten zudem die gesamte Personalakquise (z. B. *Operator*), die Organisation des Fahrbetriebs, der Unterstellung und der Batteriebetankung abgeschlossen werden. Das heißt, neben der Einbettung in das Regelungsumfeld konnte die Einbettung in das Organisationsumfeld vertieft werden.

Durchführungsphase: Oktober 2017 – Januar 2019 (Abb. 8.2)
Von Oktober 2017, als die offizielle Inbetriebnahme mit Pressekonferenz in Bad Birnbach stattfand, bis heute kann von der Durchführungsphase gesprochen werden. Als neue Akteure sind die durchführenden und beobachtenden Akteure zu nennen. Dazu gehören die *Nutzer* und Nicht-Nutzer, *Anwohner* und die *Operatoren* ebenso wie die Akteure der Begleitforschung, die hier nicht dargestellt sind (Abschn. 8.4.1). Die Operatoren verfügen an dieser Stelle über eine vergleichsweise hohe Zwischenzentralität und wurden auch im Rahmen der Begleitforschung als wichtige Beobachter und Mediatoren befragt (Kap. 5, Kolb et al.), da sie zwischen Nutzern, Marktgemeinde und Unternehmen interagieren.

In koordinierender Funktion verbleiben *RBO* und *ioki* als zentrale Akteure ebenso wie *EasyMile*, die in permanentem Austausch stehen und ihr Produkt entsprechend verbessern und anpassen. Zeitgleich laufen ähnliche Prozesse wie während der Vorbereitungsphase ab, beispielsweise im Hinblick auf den Zulassungsprozess für ein zweites Fahrzeug (Februar 2018) und die Streckenerweiterung (Interview RBO, 2018). Die Kommunikation nach außen nimmt stetig zu und zeigt sich auch in einer zunehmenden Anzahl von *Delegationen* (z. B. anderer Gemeinden, Unternehmen, politischer Vertreter) und Besuchern, die sich für den Bus interessieren, aber ebenso in der Mitwirkung von Vertretern der Gemeinde Bad Birnbach in einem Beirat des Verkehrsministeriums *(Beirat BMVI)* auf Bundesebene. Auch diese Mitarbeit kann Einfluss auf bundesweite oder europaweite Ausarbeitung von Regelungen haben. Das seit Jahrzehnten als Grundlage dienende Wiener Übereinkommen über den Straßenverkehr wird mit diesen Sondergenehmigungen in Frage gestellt. Grundsätzlich kann das Auswirkungen auf eine europäische Gesetzgebung haben und so einen Hinweis auf transnationale Einbettungsprozesse darstellen.

Insgesamt ist diese Phase charakterisiert durch Maßnahmen zur Steigerung der Akzeptanz bei Bevölkerung und Nutzern. Öffentlichkeitsarbeit, Pressetermine, aber auch die Verstetigung getesteter Abläufe und das Generieren von Zuverlässigkeit (z. B. Fahrpläne einhalten, Anbindung des Bahnhofs) tragen zu einer beginnenden gesellschaftlichen Einbettung in Nutzerumfelder und die Gesellschaft im weiteren Sinne bei. Zu letzterem gehören Akteure aus sämtlichen gesellschaftlichen Teilbereichen – sowohl aus Zivilgesellschaft, Politik oder Verwaltung, als auch aus Wirtschaft, Verbänden oder Interessensvertretungen.

In den Hintergrund treten dafür die institutionellen Akteure – vor allem auf Landesebene. Daran wird deutlich, dass diese Akteure zeitlich nur punktuell, aber hochgradig relevante Positionen einnehmen. Ohne deren Unterstützung wäre eine Umsetzung keinesfalls möglich gewesen, da die Einbettung in ein Regelungsumfeld blockiert wäre.

8.5   Zusammenfassung und Ausblick

Am Fallbeispiel des Pilotprojekts in Bad Birnbach können drei charakteristische Projektphasen identifiziert werden, in denen unterschiedliche Aspekte der gesellschaftlichen Einbettung im Vordergrund stehen. Diese Einbettungsdimensionen spiegeln sich auch in den sich über die einzelnen Projektphasen wandelnden Netzwerk- und Akteur-Konfigurationen wider. Während in der Initialphase Prozesse der Einbettung in Unternehmens- und Organisationsumfeld im Vordergrund standen – also Prozesse der internen Einbettung – gewinnen während der Vorbereitungsphase langsam auch Prozesse der externen Einbettung an Bedeutung, allen voran Einbettungsprozesse in eine breitere gesellschaftliche Öffentlichkeit und in ein Regelungsumfeld. Dabei kann durch die Einbettung in eine breite Öffentlichkeit Handlungsdruck zur Umsetzung des in der Öffentlichkeit positiv konnotierten Projekts entstehen und dazu beitragen, die Einbettung in ein Regelungsumfeld zu befürworten. Das gilt auch umgekehrt, die Einbettung in ein Regelungsumfeld, durch Instanzen wie TÜV Süd sowie die Regierungen von Niederbayern und der Oberpfalz, begünstigen das Vertrauen der breiteren Öffentlichkeit und positive Diskurse. Während der Durchführungsphase gewinnen Prozesse der externen Einbettung zunehmend an Dynamik und Reichweite. Dazu gehört die Einbettung in eine breitere gesellschaftliche Öffentlichkeit und in transnationale Umfelder, die durch Öffentlichkeitsarbeit, politische Befürwortung sowie die unmittelbare Erfahrbarkeit der Technologie in Bad Birnbach unterstützt wird. Zeitgleich findet eine zunehmende Verstetigung und Routinisierung der Strukturen und Abläufe in den unternehmens- und organisationsinternen Bereichen statt.

Zusammenfassend lässt sich sagen, dass die Umsetzung des Pilotprojekts in Bad Birnbach nur durch die Befürwortung und Legitimation einer Vielzahl von Akteuren und Mediatoren auf unterschiedlichen Ebenen und aus unterschiedlichen Teilbereichen der Gesellschaft umgesetzt werden konnte. Das bedeutet auch, dass nicht nur die Akzeptanz der Nutzer oder Marktdynamiken über die Umsetzung von Alternativen im Verkehrs- und Mobilitätssektor entscheiden. Besonders die Zustimmung von Akteuren aus Politik und Verwaltung ist wegweisend für die Möglichkeiten alternativer Technologien in diesem Bereich. Gerade die Verbindungen zwischen kommunaler Politik und bayernweiter Landespolitik hatten wesentlichen Einfluss auf die Finanzierbarkeit und die Möglichkeit der Regelung der komplexen Zuständigkeiten. Solche Komplexitäten können auch instrumentalisiert werden, um die Umsetzung von Vorhaben zu erschweren. Dies war aber nicht der Fall im Rahmen des Pilotprojekts in Bad Birnbach. Zudem ist hervorzuheben, dass die Verbindungen zu den relevanten Ministerien auf bayerischer Ebene nur vergleichsweise kurz bestanden, dafür aber von außerordentlicher Relevanz waren. Erst dadurch wurde das Projekt zur Durchführung legitimiert, Zuständigkeiten wurden definiert und die Finanzierung abgesichert. Neben den nur zeitweise als relevant erscheinenden Akteuren gibt es auch einige Akteure, die das Projekt durchgehend begleitet haben und eine wichtige Rolle für die Kontinuität, das Projektmanagement und die Kommunikation nach außen eingenommen haben (u. a. RBO, Kurverwaltung, Kreisentwicklung). Insbesondere die hybriden Akteure, die Erfahrungen und Kontakte in unterschiedlichen gesellschaftlichen Teilbereichen (z. B.

freie Wirtschaft und Verwaltung) haben, haben die zügige Umsetzung des Projekts vorangetrieben.

Grundsätzlich sind „autonom fahrende Kleinbusse" zwar noch weit entfernt von einer gesellschaftlichen Einbettung, die disruptive Auswirkungen auf bestehende soziotechnische Systeme haben könnte – das wird allein daran deutlich, dass der EZ10 in Bad Birnbach eher als (teil-)automatisiertes Fahrzeugsystem anzusehen ist – dennoch finden weitreichende Lernprozesse mit neuen Produkten und Technologien sowie ihren Wechselwirkungen mit gesellschaftlichen Umfeldern statt. Explizit hervorzuheben sind Lern- und Erfahrungsprozesse im Regelungsumfeld, in der breiteren Öffentlichkeit und im Unternehmerumfeld. Aber auch transnational können gesellschaftliche Einbettungsprozesse automatisierter und autonom fahrender Fahrzeugtechnologien in der medialen Berichterstattung beobachtet werden.

Literatur

Appel A (2016) Embeddedness and the (re)making of retail space in the realm of multichannel retailing: the case of Migros Sanal Market in Turkey. Geografiska Annaler Series B – Human geography 98/1:55–69

Coe N, Lee Y (2013) ‚We've learned how to be local': the deepening territorial embeddedness of Samsung-Tesco in South Korea. Journals of Economic Geography 13:327–356

Czernek-Marszałek K (2017) Applying mixed methods in social network research – The case of cooperation in a Polish tourist destination. Journal of Destination Marketing & Management 11:40–52

DB – Deutsche Bahn (2018) Testfeld Bad Birnbach – Erste autonome Buslinie Deutschlands im öffentlichen Straßenraum. URL: https://www.deutschebahn.com/de/Digitalisierung/autonomes_fahren_neu/Testfeld_Bad_Birnbach-1206846 (20.02.2019)

Deuten JJ, Rip A, Jelsma J (1997) Societal embedding and product creation management, Technology Analysis and Strategic Management 9/2:131–148

EasyMile (2018) Our products. URL: http://www.easymile.com/#Products (20.02.2019)

Franke K, Wald A (2006) Möglichkeiten der Triangulation quantitativer und qualitativer Methoden in der Netzwerkanalyse, In: Hollstein B, Straus F (Hrsg) Qualitative Netzwerkanalyse, Konzepte, Methoden, Anwendungen. VS Verlag für Sozialwissenschaften, Wiesbaden, S 153–176

Geels FW, Verhees B (2011) Cultural legitimacy and framing struggles in innovation journeys: A cultural-performative perspective and a case study of Dutch nuclear energy (1945–1986). Technological Forecasting & Societal Change 78:910–930

Granovetter M (1985) Economic action and economic structure: The problem of embeddedness. American Journal of Sociology 91:481–510

Hollstein B (2014) Mixed methods social networks research: An introduction. In: Domínguez S, Hollstein B (Hrsg) Mixed methods social networks research: Design and Applications. Cambridge University Press, New York, S 3–34

Hollstein B (2006) Qualitative Methoden und Netzwerkanalyse – ein Widerspruch? In: Hollstein B, Straus F (Hrsg) Qualitative Netzwerkanalyse, Konzepte, Methoden, Anwendungen. VS Verlag für Sozialwissenschaften, Wiesbaden, S 11–36

Jack S (2010) Approaches to studying networks: Implications and outcomes. Journal of Business Venturing, 25/1:120–137

Jacobsson S, Lauber V (2006) The politics and policy of energy system transformation: explaining the German diffusion of renewable energy technology. Energy Policy 34/3:256–276

Jansen D, Diaz-Bone R (2014) Netzwerkstrukturen als soziales Kapital. In: Weyer J (Hrsg) Soziale Netzwerke. Konzepte und Methoden der sozialwissenschaftlichen Netzwerkforschung. Oldenbourg Verlag, München, S 71–104

Jansen D (2006) Einführung in die Netzwerkanalyse: Grundlagen, Methoden, Forschungsbeispiele, VS Verlag für Sozialwissenschaften, Wiesbaden

Kanger L, Geels FW, Sovacool B, Schot J (2018) Technological diffusion as a process of societal embedding: Lessons from historical automobile transitions for future electric mobility. Transportation Research Part D: Transport and Environment. doi: https://doi.org/10.1016/j.trd.2018.11.012

Lovell H (2008) Discourse and innovation journeys: the case of low energy housing in the UK. Technol Anal Strateg 20/5:613–632

Mylan J, Morris C, Beech E, Geels FW (2018) Rage against the regime: Niche-regime interactions in the societal embedding of plant-based milk. Environ. Innov. Soc. Trans. doi.https://doi.org/10.1016/j.eist.2018.11.001.

Pike A, Lagendijk A, Vale M (2000) Critical reflections on ‚embeddedness' in economic geography: labour market governance in the North East region of England. In: Giunta A, Lagendijk A, Pike A (Hrsg): Restructuring industry and territory: the experience of Europe's regions, TSO, London, S. 59–82

Polanyi K. (1957) The great Transformation – The Political and Economic Origins of Our Time. Beacon Press, Boston Massachusetts

Schnegg M (2010) Strategien und Strukturen. Herausforderung der qualitativen und quantitativen Netzwerkforschung. In: Gamper M, Reschke L (Hrsg) Knoten und Kanten, Soziale Netzwerkanalyse in Wirtschafts- und Migrationsforschung. Transcript, Bielefeld, S 55–75

Empirische Beobachtungen zur Akzeptanz des Pilotprojektes „Autonom fahrender Kleinbus" unter den Bürger*innen von Bad Birnbach

Jürgen Rauh, Alexandra Appel und Maximilian Graßl

In dem Beitrag werden auf der Grundlage einer Haushaltsbefragung in Bad Birnbach Aussagen zur Akzeptanz, Aufgeschlossenheit und Bewertung gegenüber dem Pilotprojekt getroffen. Die Wahrnehmung und Bewertung von Eigenschaften des automatisiert fahrenden Kleinbusses wie auch Präferenzen, Werte sowie Einstellungen von Anwohnern zu autonom fahrenden Fahrzeugen sind dabei von Interesse. Als Analyseschema wird eine Einteilung nach den Akzeptanzdimensionen der Einstellungs-, Handlungs- und Nutzungsebene verwendet. Das Pilotprojekt wird von der Mehrheit der Befragten begrüßt und häufig auch schon aktiv getestet. Hinsichtlich einiger objekt- wie auch subjektbezogener Eigenschaften gibt es z. T. signifikante Unterschiede zwischen Personen, die schon mit dem automatisierten Bus mitgefahren sind, und solchen, die ihn noch nicht getestet haben. In Bezug auf eine zukünftige mögliche Nutzung können projektbezogen drei verschiedene Gruppen von potenziellen Nutzern differenziert werden.

9.1 Hintergrund und Zielsetzung

Die Verkehrs- und Mobilitätssituation in ländlich-peripheren Räumen stellt ein großes und viel diskutiertes gesellschaftliches Problem dar. Neue Angebotsformen und Innovationen im Verkehrsbereich erfahren vorwiegend in urbanen Räumen ihre ersten Anwendungen, während in ländlich-peripheren Räumen die Nachfragedichten zu gering sind, um bei betriebswirtschaftlichen Kosten-Nutzen-Kalkulationen auch nur annähernd Wettbewerbsfä-

J. Rauh (✉) · A. Appel · M. Graßl
Julius-Maximilians-Universität Würzburg, Würzburg, Deutschland
E-Mail: juergen.rauh@uni-wuerzburg.de; alexandra.appel@uni-wuerzburg.de; maximilian.grassl@stud-mail.uni-wuerzburg.de

© Der/die Herausgeber bzw. der/die Autor(en) 2020
A. Riener et al. (Hrsg.), *Autonome Shuttlebusse im ÖPNV*,
https://doi.org/10.1007/978-3-662-59406-3_9

higkeit zu erreichen. Eine Einführung neuer Technologien und Systeme in ländlichen Räumen erfolgt daher gar nicht oder mit großer zeitlicher Verzögerung.

Autonom fahrende Kleinbusse[1] böten jedoch aufgrund möglicher Einsparungen von Personal- und Energiekosten zumindest das Potenzial, um zu einer Problemlösung in der Bedienung mit öffentlichem Personennahverkehr (ÖPNV) des ländlichen Raumes beizutragen. Dieser erwünschte Effekt kann sich dauerhaft aber nur einstellen, wenn auch eine entsprechende Akzeptanz sowie Nachfrage nach autonom fahrenden Bussen durch die in ländlichen Räumen wohnende Bevölkerung besteht.

Das Pilotprojekt „Autonom fahrender Kleinbus" bietet der Begleitforschung die Möglichkeit, die bisherige Bewertung des Projektes sowie das Testen und Ausprobieren durch die Anwohner zu analysieren. Es lassen sich zudem entlang verschiedener Dimensionen der Akzeptanz Hintergründe für eine Annahme oder Ablehnung bezogen auf das Pilotprojekt untersuchen und Erkenntnisse hinsichtlich einer Akzeptanz und potenziellen Nutzung zukünftiger autonomer Bussysteme in ländlichen Räumen gewinnen. Dabei steht weniger die Betrachtung (alltäglicher) Mobilitätsroutinen im Fokus des Interesses, sondern vielmehr Kriterien der objekt- und subjektbezogenen Einstellungen und Handlungen. Die Wahrnehmung und Bewertung von Eigenschaften des autonom fahrenden Kleinbusses wie auch Präferenzen, Werte sowie Einstellungen von Bürgern zu automatisierten Fahrzeugen sowie zum Pilotprojekt selbst sind dabei von Interesse. Letztendlich können so begünstigende wie hemmende Faktoren für potenzielle zukünftige Nutzungen, die über das Pilotprojekt hinausgehen, identifiziert werden.

Einzuordnen ist der Beitrag damit in den weiten Bereich der Technikakzeptanzforschung. Zur Akzeptanz neuer (Verkehrs-)Technologien gibt es aus unterschiedlichen sozial-, wirtschafts- und ingenieurwissenschaftlichen Disziplinen entsprechende Zugänge und Ansätze. Eine gängige begriffliche Differenzierung ist die Unterscheidung nach Akzeptanzobjekt, Akzeptanzsubjekt und Akzeptanzkontext (Lucke 1995, S. 88 f.; Schäfer und Keppler 2013, S. 16; Fraedrich und Lenz 2015, S. 642 f.). Im Folgenden sind als Akzeptanzobjekt das automatisiert fahrende Kleinbussystem in Bad Birnbach, als -subjekt die Bürger von Bad Birnbach[2] und als -kontext die Rahmen- und Ausgangsbedingungen des Projektes zu verstehen.

Eine weitere Art, um Akzeptanz zu differenzieren, ist die Einteilung nach Dimensionen (z. B. Hüsing et al. 2002, S. 23; Schäfer und Keppler 2013; Fraedrich und Lenz 2015, S. 643 f.). Sie bietet die Möglichkeit, objekt- oder kontextbezogene Faktoren, welche Einfluss auf die Akzeptanz nehmen, zu strukturieren und z. B. in Input-, Input-Output-, Rück-

---

[1] Im Folgenden wird an mehreren Stellen der Terminus „autonom fahrender Kleinbus" verwendet, obwohl es sich beim Pilotprojekt in technisch-organisatorischer Hinsicht um ein automatisiertes Kleinbussystem handelt. In der öffentlichen Kommunikation ist jedoch vorwiegend vom autonom fahrenden Kleinbus bzw. Shuttlebus die Rede, sodass auch der Verständlichkeit halber in der Befragung und im Fragebogen dieser Terminus verwendet wurde. Als Kürzel für den automatisierten Kleinbus wird im Analyseteil auch A.B. verwendet.

[2] Touristen und Kurgäste als weitere potenzielle größere Nutzergruppe werden im Folgenden nicht behandelt.

kopplungs- und Phasenmodelle (Schäfer und Keppler 2013, S. 25 ff.) darzustellen. Häufig erfolgt eine Differenzierung nach Einstellungs-, Handlungs- sowie Wert- und Zieldimension (z. B. Kollmann 1998, S. 108; Hüsing et al. 2002, S. 23; Fraedrich und Lenz 2015, S. 643 f.). Schweizer-Ries und Rau (2010, S. 12) differenzieren zwischen einer Bewertungsebene und einer Handlungsebene, die sie auch als aktive Akzeptanz bezeichnen. Die Akzeptanz eines Akzeptanzobjektes „stellt das positive, zeitlich relativ konstante Ergebnis eines an bestimmte Rahmenbedingungen (Kontextfaktoren) geknüpften Bewertungsprozesses durch ein Akzeptanzsubjekt […] dar (=Bewertungsebene). Diese positive Bewertung kann zudem mit einer diesem Bewertungsurteil und dem wahrgenommenen Handlungsrahmen (-möglichkeiten) entsprechenden Handlungsabsicht bis hin zu konkreten unterstützenden Handlungen einhergehen (=Handlungsebene)" (ebd.).

Als Analyseschema für den empirischen Teil soll die Akzeptanz des automatisiert fahrenden Kleinbusses durch die Bürger nach den Dimensionen der Einstellungs-, Handlungs- und Nutzungsebene geschehen (Kollmann 1998; Wisser 2018, S. 48 ff.). Dieser Einteilung liegt das Phasenmodell von Kollmann (1998, S. 113) zugrunde. Dieses lässt sich weiter differenzieren und in Zusammenhang mit der „Entfaltung erwünschter Wirkungen neuer Technologien und Innovationen" (Hüsing et al. 2002, S. 1) bringen (Abb. 9.1). Auf eine technische Neuerung in seiner frühen Entwicklungsphase, wie es beim Pilotprojekt der Fall ist, folgt auf Subjektseite eine kognitive Reaktion. Dieser Wahrnehmung schließt sich eine Bewertung an: Kollmann (2016, S. 411) sieht auf der Einstellungsebene eine Verknüpfung von Wert- und Zielvorstellungen mit der rationalen Handlungsbereitschaft. Die Einstellung gegenüber der neuen Technologie ist ein zentrales Kriterium der Akzeptanz, nicht nur, weil sie in jeder Akzeptanzdefinition Berücksichtigung findet (Schäfer und Keppler 2013, S. 11), sondern weil sie wechselseitig in Bezug mit der Handlungsdimension steht, was Schweizer-Ries und Rau (2010, S. 11) auch in einem zweidimensionalen Modell darstellen. Dieser Bewertungsprozess ist an bestimmte Rah-

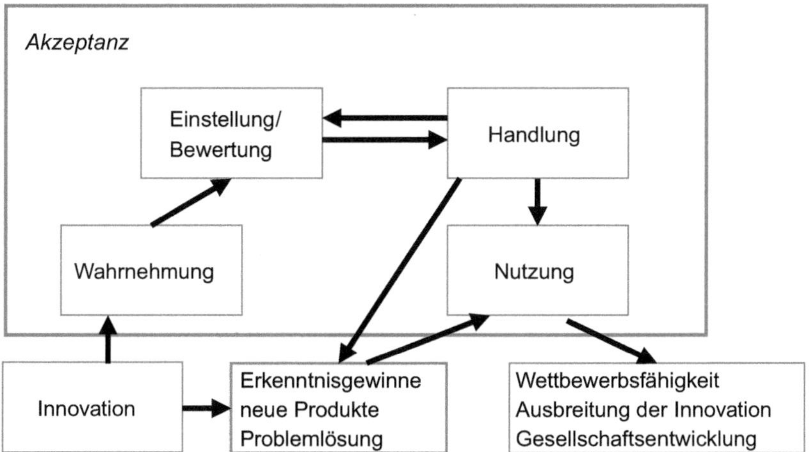

Abb. 9.1 Akzeptanz und Verbreitung neuer Technologien. (Quelle: eigene Darstellung, verändert nach Hüsing et al. [2002, S. 1])

menbedingungen geknüpft (Schweizer-Ries und Rau 2010, S. 12) und demnach auch in Kontexten zu analysieren (Fraedrich und Lenz 2015, S. 644). Haltungen, Wertungen und Einschätzungen der Bürger zum automatisiert fahrenden Kleinbus in Bad Birnbach sowie zu Mobilitätsfragen genereller Art sollen vor allem daraufhin betrachtet werden, wie sie im Zusammenhang mit Befürwortung oder Ablehnung des Pilotprojektes sowie dem aktiven „Ausprobieren" des Kleinbusses stehen (Handlungsebene). Erfahrungen aus dem aktiven Testen des Pilotprojektes können nicht nur Effekte auf die Ausgestaltung und Verbesserung des Produktes „Autonomer Kleinbus", sondern auch auf spätere Nutzungen im Regulärbetrieb haben. Entsprechend ausgereifte Produkte können wettbewerbsfähig sein und räumlich diffundieren.

9.2   Methodisches Vorgehen und Beschreibung der Stichprobe

Die beschriebenen Dimensionen sowie Faktoren von Akzeptanz und Nutzung wurden in einem standardisierten Fragebogen abgebildet, der sich an die Haushalte von Bad Birnbach richtet. Die Fragen fokussieren auf folgende Kategorien:

- Aktuelles Mobilitätsverhalten und Verkehrsmittelnutzung
- Aktive Nutzung des Pilotprojektes „Autonomer Kleinbus in Bad Birnbach"
- Haltung, Einschätzung und Bewertung des autonomen Kleinbusses in Bad Birnbach
- Haltungen, Erwartungen, Meinungen zu autonomem Fahren und autonom fahrenden Bussen generell
- Bedeutungszuweisung zu mobilitätsrelevanten gesellschaftlichen Themen, Werten und Normen (Umweltschutz, Datenschutz, technologische Innovationen, sozialer Gerechtigkeit) sowie zu alternativen Mobilitätskonzepten
- Nutzungsbereitschaft und Offenheit für autonome Kleinbussysteme in der Zukunft

Neben mehreren offenen Fragen wurden drei Fragenblöcke, welche die Bewertungs- und Einstellungsdimension betreffen, unter Verwendung einer 7er-Likert-Skala formuliert. Der Fragebogen wurde im Juli 2018 an alle Haushalte Bad Birnbachs verschickt. 420 Fragebögen wurden von den Anwohnern ausgefüllt, wovon 396 ausgewertet werden konnten (Rücklaufquote: ca. 40 %).

In der alltäglichen Verkehrsmittelnutzung der Befragten dominiert eindeutig der Pkw. Lediglich 5 % der Befragten geben an, über kein eigenes Auto zu verfügen. Im Alltag wird der Pkw von 56 % der Befragten täglich genutzt, während der ÖPNV (Bus, Nahverkehr) von keinem der Befragten als tägliches Verkehrsmittel genannt wird (Abb. 9.2). 78 % der Befragten führen an, den ÖPNV nie als Fortbewegungsmittel zu wählen. Alternative Angebotsformen wie Sharingsysteme oder Rufbus werden sehr selten oder gar nicht im Alltag genutzt. Eine Klassifizierung nach Pkw-affinen Befragten, die den Pkw täglich oder mehrmals die Woche, aber nur selten oder nie den ÖPNV nutzen, sowie ÖV-affinen Befragten, die zumindest monatlich den öffentlichen Verkehr (ÖV) nutzen, soll in den folgenden Analysen für Vergleichszwecke verwendet werden.

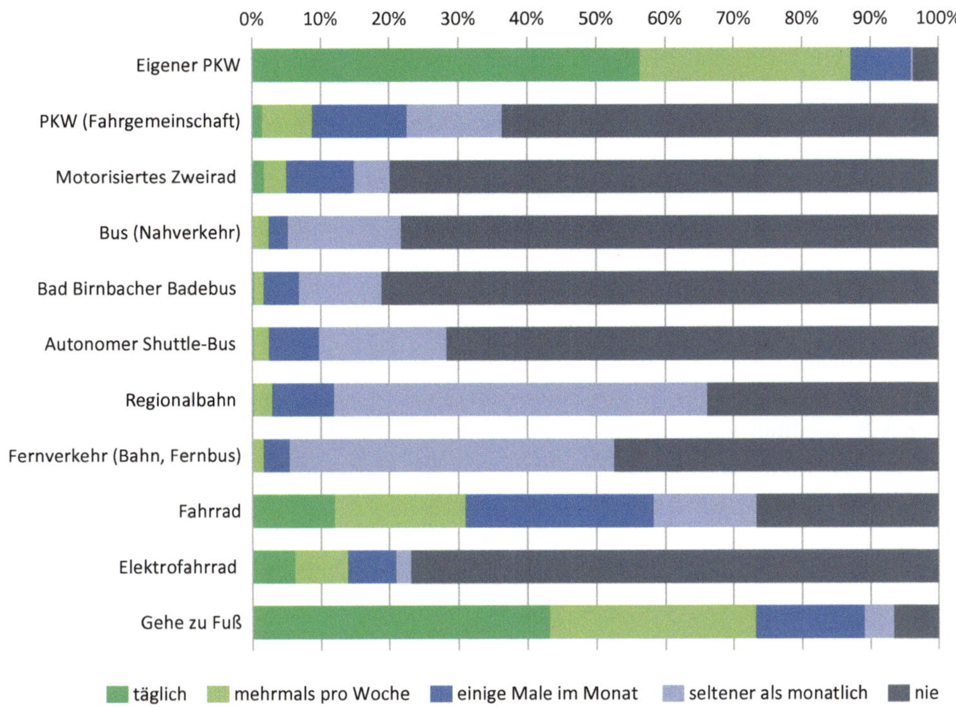

Abb. 9.2 Verkehrsmittelwahl im Alltag nach Intensität. (Quelle: eigene Darstellung)

9.3 Einige empirische Ergebnisse zur Akzeptanz des automatisiert fahrenden Kleinbusses

Die folgenden Auswertungen zu den verschiedenen Akzeptanzdimensionen orientieren sich am Phasenmodell Kollmanns (1998). Allerdings soll im Folgenden zunächst die Handlungsebene in Form der Handlungsakzeptanz des Pilotprojektes besprochen werden, um anschließend Hintergründe und Begründungen dafür auf der Einstellungsebene sowie mögliche Bewertungen für zukünftige Systeme auf der Nutzungsebene darzustellen.

9.3.1 Handlungsdimension

Sauer et al. (2005, S. 3) definieren in Anlehnung an die Überlegungen von Lucke (1995) Akzeptanz als „die positive Einstellung eines Akteurs einem Objekt gegenüber, wobei diese Einstellung mit Handlungskonsequenzen" einhergeht. Wisser (2018, S. 50) sieht in dieser Definition als entscheidend an, dass „Akzeptanz nicht nur anhand der positiven Bewertung, sondern auch zusätzlich anhand einer entsprechenden Handlung bestimmt wird. […] Im Akzeptanzprozess resultiert die positive oder negative Einstellung gegenüber dem Objekt in einer annehmenden oder ablehnenden Handlung." Übertragen auf das Pilotprojekt kann unter der Handlungsdimension zum einen die Bewertung des Projektes als solches, aber zum anderen auch das aktive „Ausprobieren" des automatisiert fahrenden Kleinbusses oder eben auch das Ausbleiben bzw. Ablehnen dieses aktiven Testens verstanden werden.

Das Pilotprojekt in Bad Birnbach wird von 65 % der Befragten begrüßt, während 20 % dem Projekt negativ gegenüberstehen, weitere 15 % zeigen sich unschlüssig (Abb. 9.3). Personen, die regelmäßig im Alltag den ÖV nutzen (ÖV-Affine), stehen dem Projekt positiver (75 % Zustimmung) gegenüber, als die Vergleichsgruppe der fast ausschließlich Pkw-Fahrenden (Pkw-Affine) (64 % Zustimmung).

Diese Bewertung des Gesamtprojektes zeigt sich auch auf der aktiven Handlungsebene in der bisherigen (Nicht-)Nutzung des automatisiert fahrenden Kleinbusses in Bad Birnbach (A.B.) (Abb. 9.4). Unter den Befürwortern des Projektes sind 52 % schon einmal mit dem A.B. gefahren, während von den Ablehnern des Projektes nur 10 % schon einmal mitgefahren sind (Anteil unter den Unschlüssigen: 33 %). Insgesamt hatten 58 % der Befragten den automatisierten Kleinbus in Bad Birnbach zum Zeitpunkt der Befragung noch nicht, 27 % einmal und 14 % mehrfach genutzt. Diese aktive Handlung des Ausprobierens des A.B. durch die Befragten ist stark vom alltäglichen Verkehrsverhalten der Befragten

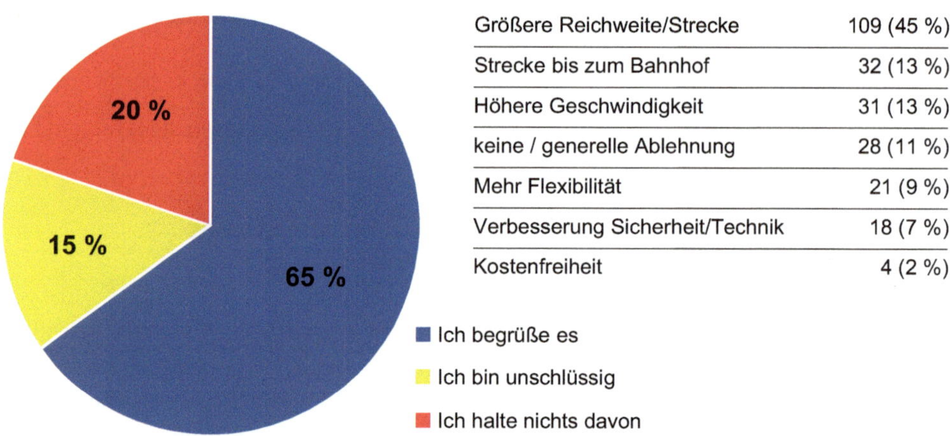

Abb. 9.3 Bewertung des Pilotprojektes und Verbesserungsvorschläge. (Quelle: eigene Darstellung)

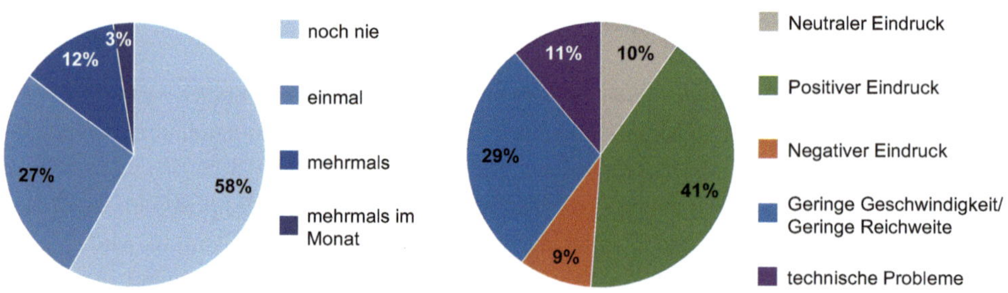

Abb. 9.4 Häufigkeit der Nutzung des automatisiert fahrenden Kleinbusses und Eindrücke der ersten Fahrt. (Quelle: eigene Darstellung)

abhängig. ÖV-Affine sind zu 61 % schon mit dem A.B. gefahren, während unter den Pkw-Affinen dieser Anteil lediglich 35 % ausmacht. Auch hinsichtlich der Intensität der im Alltag genutzten Verkehrsmittel existieren statistisch signifikante Unterschiede der A.B.-Nutzung (t-Test Mittelwertvergleich; Kontingenzkoeffizienten). Positiv auf die Nutzung des automatisierten Kleinbusses wirken die Merkmale Häufigkeit der Bahn- und Bus-Nutzung (jeweils $\alpha = 0{,}01$) und des zu Fuß-Gehens ($\alpha = 0{,}05$), während die alltägliche Pkw-Nutzung negativ mit der Nutzung des automatisierten Kleinbusses korreliert ($\alpha = 0{,}01$). Stark positiv korreliert auch die Nutzung des A.B. mit dem Alter der Befragten ($\alpha = 0{,}01$).

Die Eindrücke der „Tester" von ihrer ersten Fahrt sind (in Antworten auf eine offene Frage) bei den meisten positiv (41 %), während 29 % die geringe Reichweite und Geschwindigkeit kritisieren und 11 % von technischen Schwierigkeiten berichten, wie dem unerwarteten Halten des Busses oder dem nicht barrierefreien Zustieg. 9 % haben einen nicht weiter spezifizierten negativen Eindruck.

Gründe für die Mitfahrt sind vor allem Neugier (58 % der Nennungen) und technisches Interesse (26 %), 29 Befragte (13 % der Nennungen) finden die Strecke für ihre Ziele passend. Befragte, die den A.B. (noch) nicht ausprobierten, geben an, dass ihnen die Strecke zu kurz sei (38 % der Nennungen), der A.B. zu langsam ist (25 %) oder sie den öffentlichen Personennahverkehr ohnehin generell nicht nutzen würden (13 %). Unter Bedingungen, die erfüllt sein müssten, damit sie den A.B. nutzen würden, nennen die meisten, dass die Reichweite bzw. Strecke vergrößert werden sollte, der Anschluss des Bahnhofes erfolgen und die Geschwindigkeit erhöht werden müsste. Auch Aspekte wie mehr Flexibilität, Kostenfreiheit und die Verbesserung der Sicherheit und Technik werden genannt (Abb. 9.3).

9.3.2 Einstellungsdimension

Die Einstellungsdimension umfasst einem Akzeptanzobjekt gegenüber „Haltungen, Wertungen, Einschätzungen usw." (Fraedrich und Lenz 2015, S. 643). Eine positive Haltung, Einschätzung oder Bewertung ist im Verständnis von Handlungsabsichten und -bereitschaft die Voraussetzung für Handlungen (Schäfer und Keppler 2013, S. 11 f., Fraedrich und Lenz 2015, S. 644). Lucke (1995, S. 82) spricht im Kontext der Einstellungsdimension von „latenter Akzeptanzbereitschaft".

Für die analytischen Betrachtungen der Einstellungsebene kann man in Anlehnung an Fraedrich und Lenz (2015, S. 649 f.) ein Zwei-Ebenen-Kategorienschema verwenden, das diese für eine qualitative Inhaltsanalyse von Medien zur Akzeptanz von autonomem Fahren einsetzen. Übertragen auf die vorliegende Haushaltsbefragung ergibt sich folgende Kategorisierung von Haltungen, Wertungen und Einschätzungen der Befragten:

- Die objektbezogene, eher sachliche Ebene beinhaltet die wahrgenommenen Eigenschaften der Technologie, deren Entwicklungsmöglichkeiten und Potenziale.
- Auf einer subjektbezogenen, eher emotionalen Ebene werden Aussagen in direkten Bezug zur eigenen Person gesetzt und beinhalten Einstellungen, Bewertungen und Motivationen zum konkreten Akzeptanzobjekt (ebd.).

Der Aspekt der Subjektbezogenheit kann sich jedoch auch stärker auf Bewertungen allgemeiner, weniger auf das konkrete Objekt bezogener Kriterien rund um Mobilität sowie zu gesellschaftlichen Normen beziehen.

- Deshalb soll die Kategorie „Mobilitätsrelevante Bewertungen" zusätzlich verwendet werden. Sie beinhaltet allgemeinere Bedeutungszuweisungen der Befragten zu mobilitätsrelevanten gesellschaftlichen Themen, Werten und Normen (Umweltschutz, Datenschutz, technologische Innovationen, soziale Gerechtigkeit) sowie zu alternativen Mobilitätskonzepten.

Diesem Schema folgend wurden in der Haushaltsbefragung objekt-, subjekt- und mobilitätsbezogene Einstellungsfragen gestellt. Einige der Fragen sind nicht immer eindeutig zuordenbar und können sich inhaltlich in verschiedenen Kategorien wiederfinden, jedoch wurde, um Dopplungen zu vermeiden, in den graphischen Darstellungen eine fixe Zuordnung getroffen. In Abb. 9.5, 9.6 und 9.7 wird differenziert zwischen Pkw- und ÖV-affinen Befragten sowie zwischen Personen, die bereits mit dem automatisierten Kleinbus mitgefahren sind („Tester") oder nicht („Nicht-Tester").

Hinsichtlich der *objektbezogenen Eigenschaften* gibt es größere Einstellungs- und Meinungsunterschiede zwischen „Testern" und „Nicht-Tester" als zwischen den Pkw- und ÖV-Affinen. Generell wird der A.B. vor allem als *einfach in der Benutzung* charakterisiert (Abb. 9.5). Dies artikulieren diejenigen, die den A.B. schon genutzt haben, statistisch signifikant häufiger als solche, die keine praktische Erfahrung mit dem A.B. haben. Weniger groß ist der Unterschied zwischen den ÖV- und Pkw-affinen Personen. Insgesamt schlechter bewertet werden die *Vertrauenswürdigkeit* und die *Zuverlässigkeit*. Auch bei diesen beiden Kriterien zeigen sich vor allem zwischen „Testern" und „Nicht-Testern" die größten Unterschiede. Starke Zustimmung erfährt die Aussage, dass der A.B. gerade für weniger mobile und ältere Bevölkerungsgruppen eine *Chance für Mobilität* bietet. Auseinander gehen die Meinungen bei den Vergleichsgruppen auch hinsichtlich des Potenzials des A.B., die Mobilität im ländlichen Raum zu sichern. Eher skeptisch fallen die Wertungen bzgl. des *Substitutionspotenzials* der A.B. für konventionelle ÖPNV-Systeme und *sicherheitserhöhende Effekte* für den Verkehr durch autonome Fahrzeuge aus. Auch in Rufbussysteme, in die der A.B. eingebunden werden könnte, werden keine hohen Erwartungen gesetzt.

In den Antworten zu den offenen Fragen spiegeln sich teilweise sehr verschiedene Haltungen und Einschätzungen zum automatisiert fahrenden Kleinbus wider (Tab. 9.1). So werden gegen autonom fahrende Busse vor allem technologische (unausgereifte Technik, zu geringe Geschwindigkeit) sowie die Sicherheit betreffende Bedenken vorgebracht, aber auch soziale (befürchteter Arbeitsplatzabbau) und finanzielle Kriterien werden genannt. Umgekehrt finden sich positive Einschätzungen in den Bereichen Ökologie, Sicherheit, Wirtschaft (finanzielle wie auch innovationsbezogene) und Soziales (Mobilität für Senioren, etc.; Unterhaltung).

Die hohe *individuelle subjektbezogene* Zustimmung spiegelt sich in der Aussage wider, dass die Idee des A.B. gefällt (Abb. 9.6). Das *Vertrauen* in den A.B. ist relativ groß, jedoch wird die *Nützlichkeit* für die jeweiligen Befragten sehr unterschiedlich bewertet. Hierbei unterscheiden sich die Aussagen der Vergleichsgruppen hoch signifikant ($\alpha = 0{,}01$). Vor allem die „Nicht-Tester" bewerten Vertrauen und Nützlichkeit deutlich negativer als die

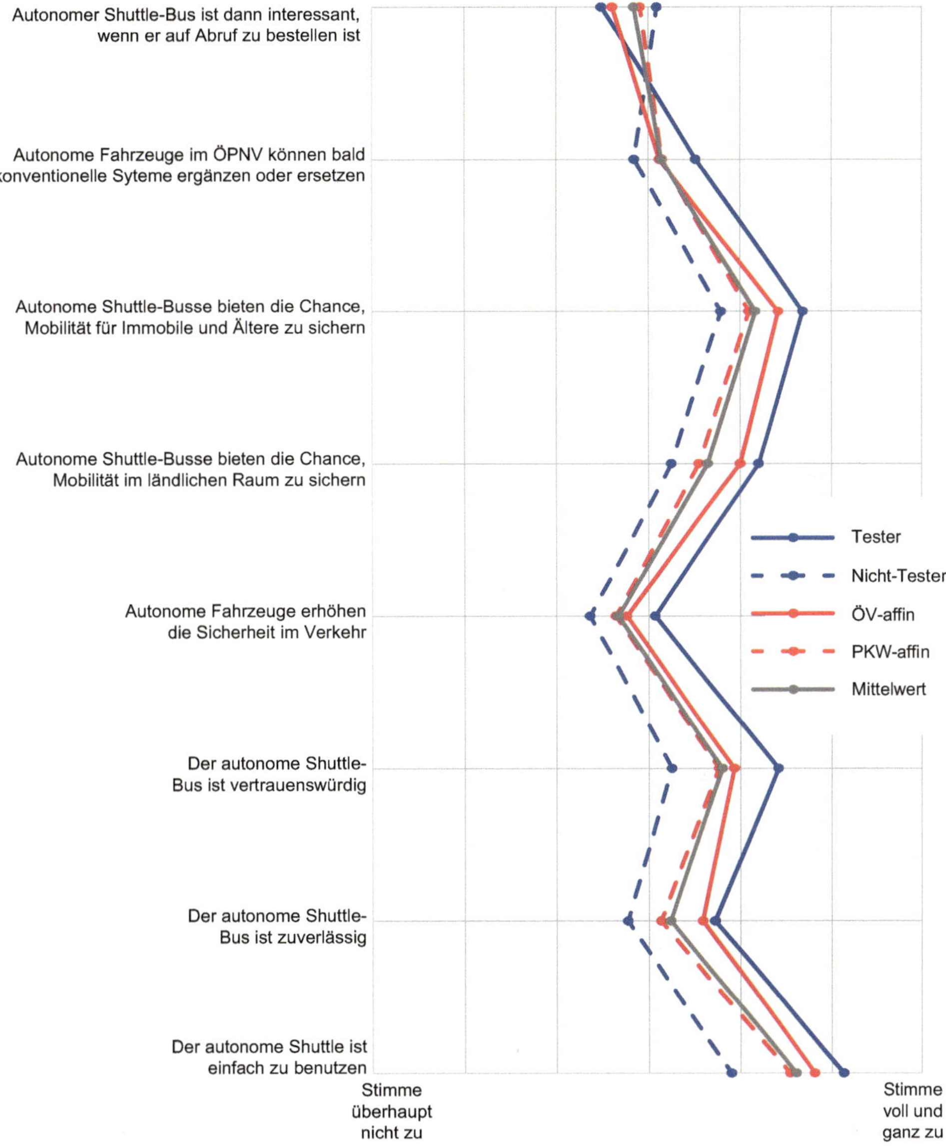

Abb. 9.5 Beurteilung objektbezogener Aussagen. (Quelle: eigene Darstellung)

anderen Gruppen. Die ÖV-Affinen und vor allem die „Tester" schätzen vor allem das *Potenzial* der A.B. für sich selbst als sehr nützlich ein. Auch den *Komfortgewinn*, dass Fahrten für andere Tätigkeiten wie Arbeiten oder Lesen verwendet werden können, wird von den ÖV-Affinen höher geschätzt ($\alpha = 0{,}01$). Weniger als 32 % der Befragten hegen *Sicherheitsbedenken* oder finden es gar unangenehm, einem A.B. zu begegnen (21 %). Für die meisten Befragten wird der A.B. aber erst dann interessant, wenn das *Bedienungsgebiet erweitert* wird. Zudem erwartet die Mehrheit keine Verbesserung der eigenen Produktivität.

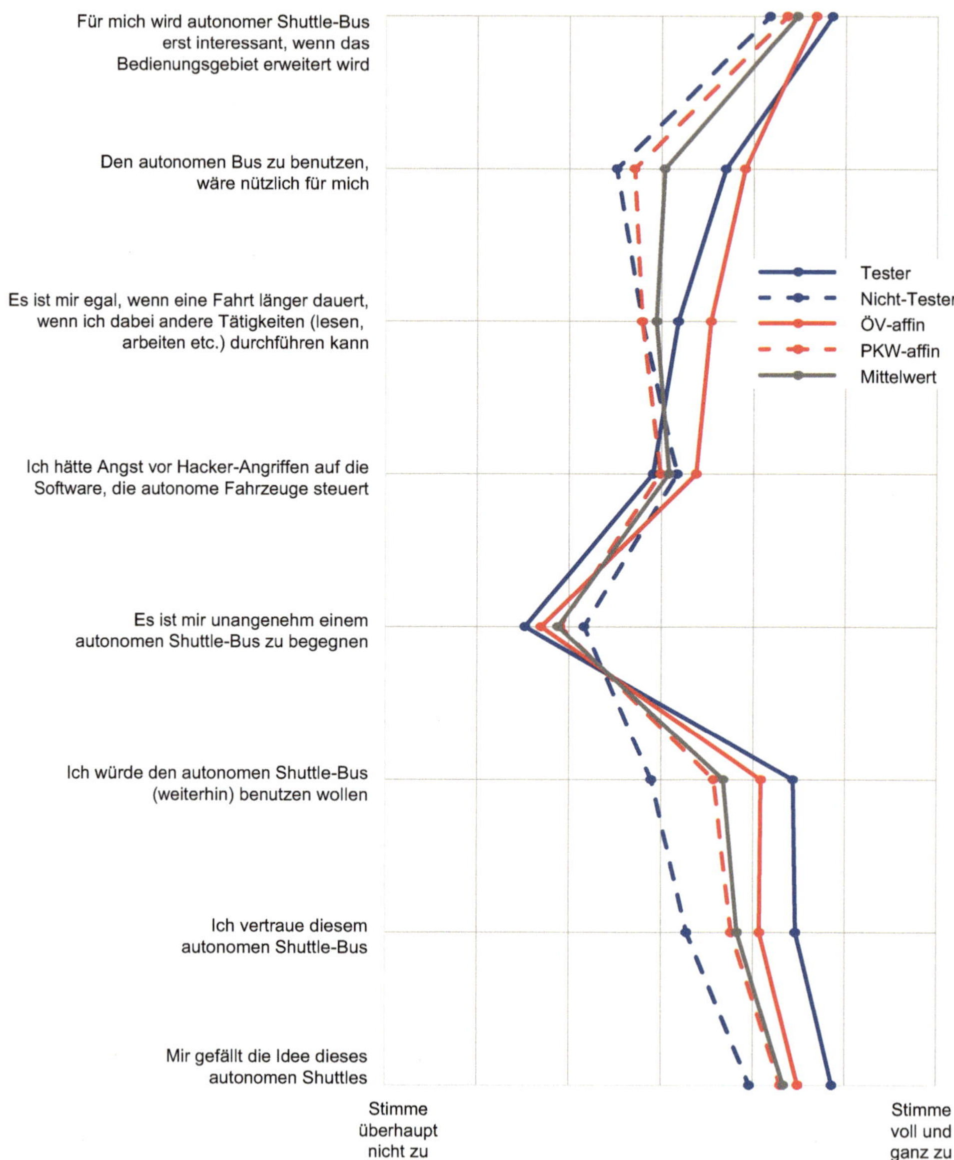

Abb. 9.6 Beurteilung subjektbezogener Aussagen zum A.B. (Quelle: eigene Darstellung)

Diese Bewertung des spezifischen Projektes in Bad Birnbach und zu autonomem Fahren generell kann um *die Einstellung zu Themen der Mobilität im Allgemeinen* erweitert werden (Abb. 9.7). In dieser vorwiegend auf Werthaltungen abzielenden Kategorie sind die Unterschiede zwischen den Vergleichsgruppen relativ gering. Die höchste Zustimmung erhielten die Aussagen „*Umweltschutz* ist mir wichtig", „Ein eigener *Pkw erhöht meine Flexibilität*" sowie „Ich bin offen für *neue Verkehrstechnologien*". Bei der Bewertung der Flexibilitätssteigerung durch einen eigenen Pkw ergeben sich statistisch signifikante Un-

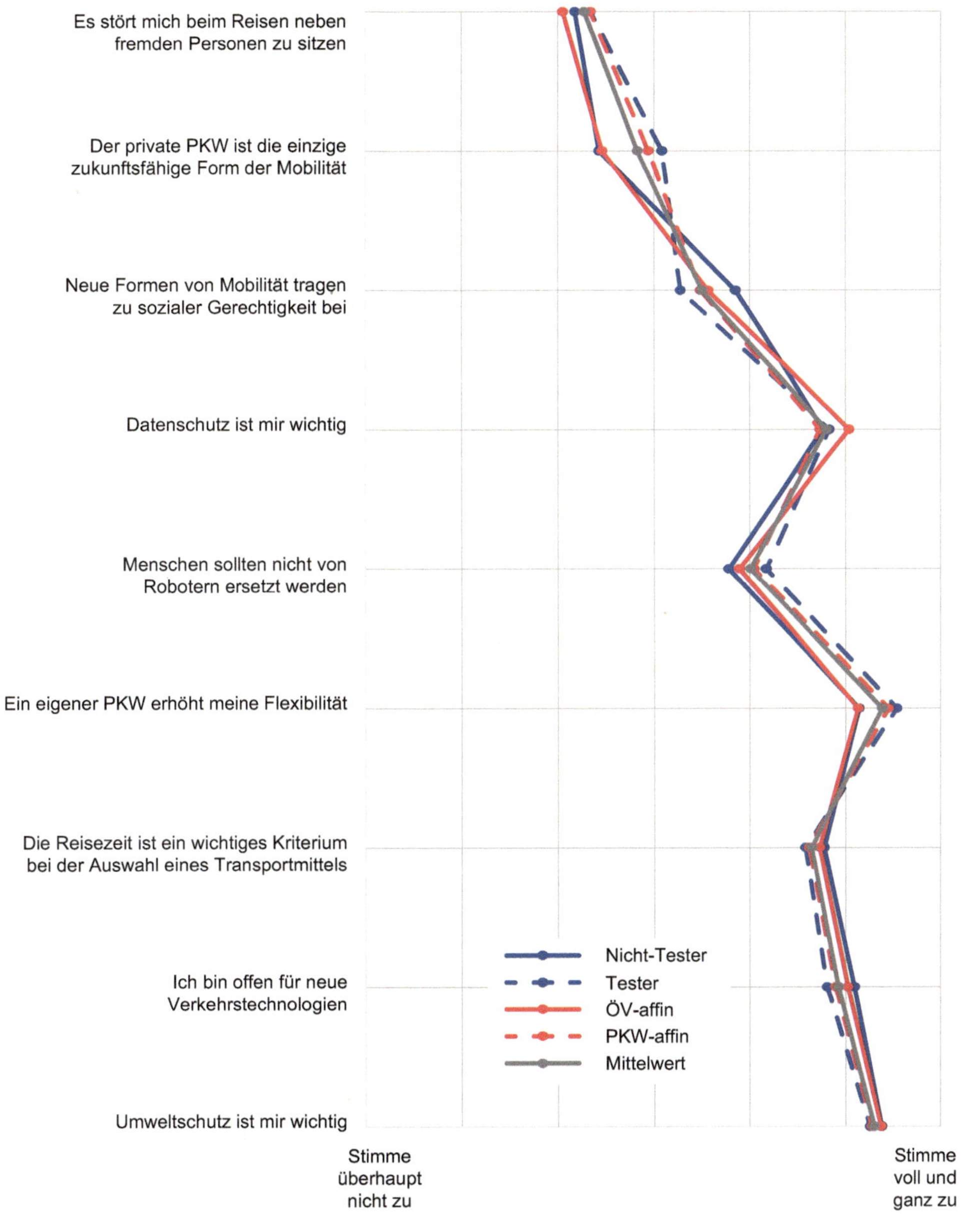

Abb. 9.7 Beurteilung subjektbezogener Aussagen zu Themen der Mobilität. (Quelle: eigene Darstellung)

terschiede zwischen „Testern" und „ÖV-Affinen" einerseits und „Nicht-Testern" und „Pkw-Affinen" andererseits (T-Test auf Mittelwertgleichheit: $\alpha = 0{,}05$). Analoges gilt (allerdings mit insgesamt deutlich niedriger Zustimmungsrate) für die Bewertung einer *Pkw-orientierten Zukunft der Mobilität* („Der private Pkw ist die einzig zukunftsfähige Form der Mobilität"). Am deutlichsten unterscheiden sich die Beurteilungen zwischen den

Tab. 9.1 Artikulierte Gründe für und gegen automatisiert fahrende Kleinbusse. (Quelle: eigene Darstellung)

Gründe für automatisiert fahrende Busse		Gründe gegen automatisiert fahrende Busse	
Umweltschutz	38 (30 %)	Mangelnde Sicherheit/ unausgereifte Technik	63 (33 %)
Erhöhung Flexibilität	30 (24 %)	Angebot uninteressant	39 (20 %)
Kosteneinsparung	24 (19 %)	Zu geringe Geschwindigkeit	34 (18 %)
Mobilität für alle (Senioren, Behinderte etc.)	22 (17 %)	Arbeitsplatzabbau	26 (13 %)
Technische Weiterentwicklung	9 (7 %)	Kosten	19 (10 %)
Unterhaltung	3 (2 %)	Generelle Ablehnung	12 (6 %)

beiden Gruppen „Tester" und „Nicht-Tester" hinsichtlich der Aussage „Neue Formen von Mobilität tragen zu *sozialer Gerechtigkeit* bei".

9.3.3 Nutzungsdimension

Auf die Einstellungs- und Handlungsebenen folgt im Phasenmodell von Kollmann (1998, S. 113) die Nutzungsebene, bei der eine erfolgte Handlung (wie z. B. in anderen Kontexten der Produktkauf oder die Produktübernahme) in eine konkrete aufgabenbezogene bzw. problemorientierte Nutzung umgesetzt wird. „Die geplante Nutzungsintensität wird real umgesetzt oder den realen Gegebenheiten angepasst" (Kollmann 2016, S. 411).

Übertragen auf den A.B. ist diese Ebene als konkrete Nutzung im Alltag und die Nutzung des A.B. in Mobilitätsroutinen zu interpretieren. Davon ist der A.B. allerdings noch ein gutes Stück entfernt. Insofern lässt sich diese Dimension nicht konkret messen, sondern bestenfalls können Nutzungsintentionen abgeschätzt werden. Solche Abschätzungen sollen im Folgenden aufgrund der Befragungsergebnisse vorgenommen werden. Dies geschieht, um einen groben Orientierungsrahmen für Nutzungspotenziale zu erhalten, gleichwohl sind mit einer derartigen Vorgehensweise einige Probleme verbunden.

Es sollen zunächst die objekt- und subjektbezogenen Einstellungsfragen aufgegriffen werden, die auf zukunftsgerichtete Aussagen abzielen. Eine zukünftige Nutzungsoption wurde mit der Frage untersucht, ob der A.B. benutzt werden würde, sollte er weiterhin angeboten werden. 22 % artikulierten sich dazu eher negativ, 29 % indifferent und 49 % positiv.[3] Erwartungsgemäß gibt es signifikante Unterschiede zwischen Befragten mit und ohne bisherige aktive Handlungserfahrung (Abb. 9.8). Diejenigen, die in Bad Birnbach schon mit dem A.B. gefahren sind, würden ihn großteils weiterbenutzen wollen (64 %), während dieser Anteil bei denjenigen, die noch keine Fahrt mit dem A.B. unternommen haben, bei lediglich 35 % liegt. Allerdings wurde dazu eine Reihe von Bedingungen in offenen Antworten genannt. Insbesondere ein größeres Bediengebiet und in Bad Birnbach speziell die

---

[3] Die 7er-Likert-Skala wurde dazu in eine 3er-Skala transformiert (stimme überhaupt nicht zu, stimme nicht zu = Ablehnung; stimme eher nicht zu, weder noch, stimme eher zu = indifferent; stimme zu, stimme voll und ganz zu = Zustimmung).

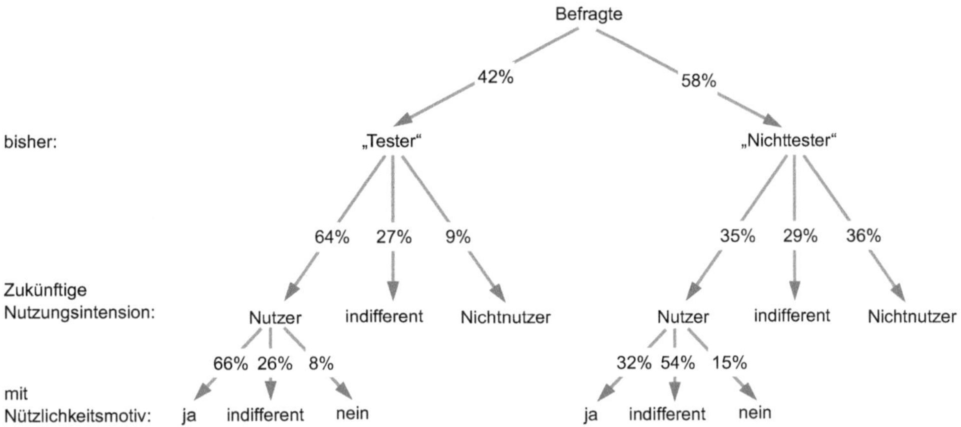

Abb. 9.8 Statistische Ableitung von Nutzungspotenzialen für den automatisiert fahrenden Kleinbus in Bad Birnbach aus der Befragung. (Quelle: eigene Darstellung)

Anbindung des Bahnhofs, aber auch eine höhere Fahrgeschwindigkeit, mehr Flexibilität und technische Reife wurden explizit mehrfach genannt. Auch die Einstufung des A.B. als für das Subjekt nützliches Verkehrsmittel ist relevant, da damit konkrete Mobilitätszwecke der Befragten, die über das bloße Testen hinausgehen, adressiert werden. Bezieht man diese Frage mit ein, so lassen sich grobe Nutzungspotenziale für den automatisiert fahrenden Kleinbus in Bad Birnbach ermitteln. Es zeigt sich, dass der Anteil der Befragten, die neben einer Nutzungsintention auch den A.B. zukünftig für sich als nützlich einschätzen, bei den „Testern" signifikant höher ist als bei den „Nicht-Testern". Aus Abb. 9.8 lässt sich ablesen, dass von 100 Befragten 42 den A.B. ausprobierten, von diesen zeigten 27 (64 %) eine weitere Nutzungsintention und aus dieser Gruppe wiederum verblieben 18 Personen (66 %), die für sich im A.B. ein zukünftig nützliches Verkehrsmittel sehen. Aus der Gruppe der Nicht-Tester ließen sich entsprechend sechs Personen mit Nutzungsintention und positiver Nützlichkeitsbewertung selektieren. Diese deskriptiv aus den Befragungsdaten gewonnenen Informationen sollten nur als grobe Annäherungen an ein zukünftiges Nutzungspotenzial verstanden werden. Für exaktere Betrachtungen müsste das Produkt erst noch weitere technologische und organisatorische Weiterentwicklungen erfahren.

Um zukünftige potenzielle Nutzer des A.B. in Bad Birnbach nicht nur statistisch zu identifizieren, sondern auch in potenzielle Nutzergruppen zu typisieren, wurde weiterhin eine Clusteranalyse durchgeführt. Als Variablen finden auf die Zukunft gerichtete Aussagen der Befragten zu autonom fahrenden Bussen und zu Verkehrstechnologien wie auch zur Vertrauenswürdigkeit des A.B. Eingang in die Clusteranalyse (Ward-Methode) (Tab. 9.2).

Es wurden damit drei Gruppen identifiziert (Abb. 9.9). Eine Gruppe (Cluster 1) erreicht sehr hohe Zustimmungswerte bei den Items, die den autonomen Shuttle-Bus als mobilitätssichernde Zukunftstechnologie bezeichnen („Autonome Shuttle-Busse bieten die Chance, Mobilität im ländlichen Raum zu sichern") und dabei große Offenheit für neue Verkehrstechnologien der Zukunft zeigen, die auch ohne privaten Pkw denkbar wären. Für die persönliche Nutzung eines autonom fahrenden Kleinbusses wäre entsprechender Bedarf vorhanden.

Tab. 9.2 Variablen der Clusteranalyse (Skala 1: „stimme überhaupt nicht zu", ... 7: „stimme voll und ganz zu"). (Quelle: eigene Darstellung)

	Mittelwert auf 7er-Skala.	Std.-Abweichung
Den autonomen Bus zu benutzen, wäre nützlich für mich	4,0346	2,02244
Ich würde den autonomen Shuttle-Bus (weiterhin) benutzen wollen	4,6759	2,09253
Mobilität der Zukunft besteht aus autonomen Fahrzeugen	4,3497	1,90703
Autonome Shuttle-Busse bieten die Chance, Mobilität im ländlichen Raum zu sichern	4,6541	1,90276
Autonome Fahrzeuge im ÖPNV können in wenigen Jahren konventionelle Systeme ergänzen oder sogar ersetzen	4,1445	1,89512
Ich bin offen für neue Verkehrstechnologien	5,9257	1,14064
Der private Pkw ist die einzige zukunftsfähige Form der Mobilität	3,8305	1,80537
Der autonome Shuttle-Bus ist vertrauenswürdig	4,8074	1,91646

Die zweite Gruppe (Cluster 2) sieht dagegen autonome Fahrzeuge generell sowie auch autonom fahrende Busse nicht als Zukunftstechnologie für die Mobilität im ländlichen Raum an. Auch stufen sie die Benutzung des A.B., den sie als wenig vertrauenswürdig erachten, nicht als besonders nützlich ein. Der private Pkw wird von vielen als die einzige zukunftsfähige Form der Mobilität gesehen.

Die Befragten aus Cluster 3 sehen (sogar noch etwas intensiver als die Gruppe 1) in autonomen Fahrzeugen und Bussen eine Zukunftstechnologie, die Ergänzungs- und Substitutionspotenzial zu konventionellen Systemen im ÖPNV hat. Jedoch für sich selbst wird zumindest zum jetzigen Stand der Entwicklung keine sinnhafte Nutzung von A.B.s gesehen.

Für weitere Studien wären vertiefende Kategorisierungen der Items nützlich. So erbrachte eine Hauptkomponentenanalyse, ausgehend von 31 Variablen aus der Befragung zu den objekt- und subjektbezogenen Einstellungen und Bewertungen, sieben Hauptkomponenten, welche für die Bildung eines Kategorienschemas in zukünftigen Erhebungen hilfreich sein könnten (Abb. 9.10). Haushaltsbefragungen haben aber (wie jede empirische Erhebungsmethode) neben spezifischen Stärken auch Schwächen. So richtete sich der Fragebogen zwar an alle Haushalte und deren Mitglieder in Bad Birnbach, jedoch ist ein Bias zugunsten von Befragten, die dem automatisiert fahrenden Kleinbus positiv gegenüberstehen, nicht unwahrscheinlich.

9.4 Fazit

Eine Akzeptanzforschung zu einer sich erst in den Kinderschuhen befindlichen Technologie, wie den autonom fahrenden Bussen, kann hilfreich sein für die weitere technologische und organisatorische Weiterentwicklung des Systems sowie für entsprechende politische Entscheidungen. Es gibt jedoch auch einiges kritisch zu reflektieren.

Abb. 9.9 Bildung von Clustertypen auf Basis der Einstellungsfragen. (Quelle: eigene Darstellung)

So wurden mehrfach von den Befragten Bedenken artikuliert, dass das Testgebiet in Bad Birnbach zu klein sei, um konkrete Aussagen über die Zukunftsfähigkeit von autonomen Bussen in ländlichen Räumen generell treffen zu können. Auch sei die Technologie im Vergleich zu konventionellen Systemen noch nicht wettbewerbsfähig (zu niedrige Geschwindigkeit, vereinzelte technische Probleme im Betrieb). Aspekte wie Sicherheit, Zu-

Offenheit/Begeisterung

- Den autonomen Shuttle-Bus zu benutzen, ist ein erfreuliches Erlebnis
- Der autonome Shuttle ist einfach zu benutzen
- Der autonome Shuttle-Bus ist sinnvoll
- Der autonome Shuttle-Bus ist vertrauenswürdig
- Ich würde den autonomen Shuttle-Bus (weiterhin) benutzen wollen
- Autonome Shuttle-Busse bieten die Chance, Mobilität für immobile und ältere Menschen zu sichern
- Autonome Shuttle-Busse bieten die Chance, Mobilität im ländlichen Raum zu sichern
- Autonome Fahrzeuge im öffentlichen Personennahverkehr können in wenigen Jahren konventionelle Systeme ergänzen oder sogar ersetzen

Neue (grüne) Technologien

- Umweltschutz ist mir wichtig
- Ich bin offen für neue Verkehrstechnologien

Konjunktiv der Nutzung

- Den autonomen Bus zu benutzen, wäre nützlich für mich
- Für mich wird der Shuttle-Bus erst dann interessant, wenn das Bedienungsgebiet erweitert wird
- Die Benutzung des autonomen Shuttles würde meine Produktivität verbessern

Sicherheitsbedenken

- Ich habe Sicherheitsbedenken bei autonomen Shuttle-Bussen
- Ich hätte Angst vor Hacker-Angriffen auf die Software, die autonome Fahrzeuge steuert

Nutzungsvorbehalte

- Der private PKW ist die einzige zukunftsfähige Form der Mobilität
- Für mich wird der autonome Shuttle-Bus erst dann interessant, wenn ich ihn auf Abruf zu mir bestellen kann
- Es stört mich beim Reisen unmittelbar neben fremden Personen zu sitzen

Technikvorbehalte

- Datenschutz ist mir wichtig
- Menschen sollten nicht von Robotern ersetzt werden

Bedürfnis nach Flexibilität

- Ein eigener PKW erhöht meine Flexibilität
- Die Reisezeit ist ein wichtiges Kriterium bei der Auswahl eines Transportmittels

Abb. 9.10 Hauptkomponenten aus Einstellungs- und Bewertungsfragen. (Quelle: eigene Darstellung)

verlässigkeit, Erlebnischarakter und Komfort konnten zwar gut anhand des Pilotprojekts bewertet werden und auch in Zusammenhang mit eigenen subjektbezogenen Werten, Einstellungen und Haltungen zum Objekt selbst sowie zu allgemeineren Mobilitätsaspekten gebracht werden. Jedoch sind die von Grunwald (2005, S. 55 f.) formulierten Probleme und Kritikpunkte an der Akzeptanzforschung auch für das vorliegende Beispiel von Relevanz: „Es kann immer nur die jeweils gegenwärtige Akzeptanzsituation empirisch erfasst und in der betreffenden technikrelevanten Entscheidung berücksichtigt werden (auch das ist methodisch schon schwierig genug)." Weil Technikakzeptanz auch zeitlich stark schwanken kann und damit instabil ist, ist Planungssicherheit weder für Investoren noch für Technikkonsumenten gegeben (Grunwald 2000, 2005, S. 56). Weitere empirische Akzeptanzanalysen anhand verschiedener Pilot- und Einsatzprojekte von automatisiert fahrenden Bussen sowie Panelstudien über längere Zeiträume anhand eines Projektes wären zukünftig erforderlich.

Auch dürften Probleme wie das von Grunwald (2005, S. 56) thematisierte Aggregationsproblem nur ansatzweise lösbar sein. Dieses besagt, dass individuelle Präferenzen hinsichtlich der Technikakzeptanz in einer pluralistischen, von Wertekonflikten durchzogenen Gesellschaft kaum zu einem konsistenten Gesamtbild zusammenzufügen sind. Um dieses Aggregationsproblem abzumildern, müssten möglichst vielfältige Meinungen und Einstellungen eingeholt werden. Dies ist mit der Berücksichtigung unterschiedlicher Akteurs- und Nutzergruppen und derer Perspektiven im gesamten Begleitforschungsprojekt durchaus angestrebt worden und spiegelt sich in der hier zugrunde liegenden Auffassung wider, dass die raum-zeitliche Ausbreitung einer verkehrstechnischen Innovation im Kontext einer gesellschaftlichen Einbettung geschieht, welche wiederum aus verschiedenen Dimensionen besteht (Kanger et al. 2018; Kap. 8, Appel et al.). Die Akzeptanz und Nutzung des autonom fahrenden Busses durch die Bewohner unter Berücksichtigung von deren Kontexten ist hier zwar nur ansatzweise erfolgt. Gerade die Gegenüberstellung der Aussagen von Nutzern und Nicht-Nutzern und deren sehr unterschiedlichen Meinungen und Bewertungen von mobilitätsbezogenen Themen ergeben jedoch ein sehr differenziertes Bild zur Bedeutung von personenbezogenen Kontexten.

Die hier im Speziellen auf die Haushalte fokussierte Herangehensweise einer schriftlichen Haushaltsbefragung ist ein sinnvoller Weg. Sie erbrachte auch zahlreiche Einsichten in die unterschiedlich sich nach Gruppen differenzierenden Dimensionen von Akzeptanz. Methodisch haben sich die vielfältigen Einstellungsfragen als aussagekräftig erwiesen.

Literatur

Fraedrich E, Lenz B (2015) Gesellschaftliche und individuelle Akzeptanz des autonomen Fahrens. In: Maurer M, Gerdes JC, Lenz B, Winner H (Hrsg) Autonomes Fahren. Technische, rechtliche und gesellschaftliche Aspekte. Berlin/Heidelberg, S 639–660
Grunwald A (2000) Technology Policy Between Long-Term Planning Requirements and Short-Ranged Acceptance Problems. In: Grin J, Grunwald A (Hrsg) Vision assessment: shaping technology in 21st century society. Heidelberg, S 99–148

Grunwald A (2005) Zur Rolle von Akzeptanz und Akzeptabilität von Technik bei der Bewältigung von Technikkonflikten. In: Technikfolgeabschätzung – Theorie und Praxis, 14/3, S 54–60

Hüsing B, Bierhals R, Bührlen B, Friedewald M, Kimpeler S, Menrad K, Wengel J, Zimmer R, Zoche P (2002) Technikakzeptanz und Nachfragemuster als Standortvorteil. Karlsruhe

Kanger L, Geels FW, Sovacool B, Schot J (2018) Technological diffusion as a process of societal embedding: Lessons from historical automobile transitions for future electric mobility. Transportation Research Part D: Transport and Environment. doi: https://doi.org/10.1016/j.trd.2018.11.012

Kollmann T (1998) Akzeptanz innovativer Nutzungsgüter und -systeme. Wiesbaden

Kollmann T (2016) E-Entrepreneurship. Grundlage der Unternehmensgründung in der Digitalen Wirtschaft. Wiesbaden, 6. Aufl

Lucke D (1995) Akzeptanz: Legitimität in der „Abstimmungsgesellschaft". Opladen

Sauer A, Luz F, Suda M, Weiland U (2005) Steigerung der Akzeptanz von FFH-Gebieten (=BfN-Skripten 144). URL (11.02.2019): http://www.bfn.de/fileadmin/MDB/documents/skript144.pdf

Schäfer M, Keppler D (2013) Modelle der technikorientierten Akzeptanzforschung. Überblick und Reflexion am Beispiel eines Forschungsprojekts zur Implementierung innovativer technischer Energieeffizienz-Maßnahmen. Zentrum Technik und Gesellschaft: discussion paper Nr. 34/2013

Schweizer-Ries P, Rau I (2010) Aktivität und Teilhabe – Akzeptanz Erneuerbarer Energien durch Beteiligung steigern. Projektabschlussbericht

Wisser K (2018) Gebäudeautomation in Wohngebäuden (Smart Home). Wiesbaden

Teil VI

Teilaspekt: Übertragbarkeit

Modell zur Übertragbarkeit der Ergebnisse aus der Feldstudie auf größere Regionen

Berücksichtigung aktueller technischer und organisatorischer Rahmenbedingungen beim Einsatz autonomer Shuttlebusse

Jane Wuth und Wolfgang Dorner

Heutzutage sind automatisierte Shuttlebusse noch eher selten im öffentlichen Straßenverkehr zu finden. Feldstudien sind daher unumgänglich, um eine Analyse der existierenden Möglichkeiten und nötigen technischen Maßnahmen zur Integration dieser Fahrzeuge in den öffentlichen Personennahverkehr (ÖPNV) zu erproben. Da es sowohl technisch als auch rechtlich noch Einschränkungen der Nutzung automatisierter Fahrzeuge gibt, stellt sich die Frage, ob potenzielle Routen, die diesen Rahmenbedingungen gerecht werden, automatisiert ermittelt werden können. Allerdings ist die Erstellung eines Modells zur Identifikation von Strecken für automatisierte Fahrzeuge unter den gegebenen rechtlichen Randbedingungen noch nicht näher betrachtet worden. Die hier verwendeten Parameter sind auf Grundlage der Ergebnisse einer Studie in Bad Birnbach, Bayern entstanden. Im Vergleichsraum Bayern wurden ca. 100 Strecken identifiziert, auf welchen man einen automatisierten Shuttlebus im derzeitigen technisch-rechtlichen Rahmen weiter testen könnte. Die sich stetig weiterentwickelnde Technologie und die teils unvollständige Attribuierung der verwendeten Daten (offizielle Verkehrsdaten ATKIS, OpenStreetMap aus dem Jahr 2018) erfordern eine Überprüfung der Ergebnisse vor Ort sowie eine laufende Fortschreibung des Modells.

10.1 Einleitung

Seit 2016 werden erste Erprobungen mit automatisierten Bussen im öffentlichen Personennahverkehr (ÖPNV) durchgeführt. Besonders hervorzuheben ist dabei eine Studie in Sitten, Schweiz, wo eine Strecke von 1,5 km durch die Altstadt und Fußgängerzone führt.

J. Wuth · W. Dorner (⊠)
Technische Hochschule Deggendorf, Deggendorf, Deutschland
E-Mail: jane.wuth@th-deg.de; wolfgang.dorner@th-deg.de

© Der/die Herausgeber bzw. der/die Autor(en) 2020
A. Riener et al. (Hrsg.), *Autonome Shuttlebusse im ÖPNV*,
https://doi.org/10.1007/978-3-662-59406-3_10

Angesichts der Vielzahl an positiven Rückmeldungen soll das Projekt auf zwei weitere Schweizer Städte ausgeweitet werden (Postauto Schweiz 2017). Seit 2018 werden vermehrt andernorts automatisierte Shuttlebusse getestet. Dazu gehören auch Strecken in Metropolregionen wie Helsinki oder Paris (Mogg 2017). Der automatisierte Bus in Bad Birnbach war der erste seiner Art in Deutschland. Gerade die lange Dauer des Testbetriebs machen die erhobenen Daten einzigartig. Aufgrund der Erfahrungen, welche in den vorhergehenden Kapiteln detailliert beschrieben wurden, werden hier nun die Übertragbarkeit der Erkenntnisse aus der Studie in Bad Birnbach auf andere Regionen Bayerns und die Kriterien zur automatisierten Auswahl solcher Strecken analysiert. Mit ihren Herausforderungen, wie Straßenunterführungen oder wechselnde Umgebungen, ermöglicht es die Route in Bad Birnbach, die gesammelten Informationen anzuwenden, um ähnliche Strecken zu identifizieren und gleichzeitig solche mit neuen Arten von Hindernissen zu finden. Somit können Erfahrungen aus Bad Birnbach übertragen und gleichzeitig die Weiterentwicklung der Verfahren forciert werden. Das Ziel der Streckenfindung liegt darin, eine für den Bus befahrbare Route zu finden, aber gleichzeitig ggf. den Schwierigkeitsgrad zu steigern. Nur so kann die noch relativ neue Technologie weiterentwickelt und an die Straßenverhältnisse angepasst werden.

Trotz der wachsenden Zahl an Teststrecken, auf denen automatisierte Busse getestet werden, stecken die rechtlichen und technischen Rahmenbedingungen noch in ihren Kinderschuhen. Das Wiener Übereinkommen im Straßenverkehr von 1968 ist noch heute Basis der allgemeinen Verkehrsgesetze und durch die damals herrschenden Umstände noch nicht an neue Technologien angepasst. Daher ist die eigentliche Straßenzulassung automatisierter Fahrzeuge beschränkt und Versuche im öffentlichen Nahverkehr somit stark eingeschränkt. Viele technische Möglichkeiten des Busses können deswegen nicht erprobt werden.

Dieser Beitrag ist besonders auf die Fragestellung fokussiert, wie technische, rechtliche und auch organisatorische Bedingungen den Einsatz automatisierter Shuttlebusse räumlich einschränken können. Dazu entsteht die Frage, wie Ergebnisse aus einer Modellregion wie Bad Birnbach übertragen werden können und wo ein Einsatz automatisierter Shuttlebusse in Bayern noch denkbar wäre. Denkt man über die Routenplanung und Einsetzbarkeit von Shuttlebussen sowie ihre organisatorischen Einschränkungen nach, ergibt sich die Frage, wie man solche Fahrzeuge alternativ einsetzen könnte und wie sich dieser Einsatz unter sich verändernden Rahmenbedingungen weiterentwickeln lässt.

Ziel des Vorhabens ist damit, die Ergebnisse der vorangegangenen Kapitel aufzugreifen und die Übertragbarkeit des Konzepts eines automatisierten Shuttlebusses sowie dessen Einsatz in neuen Regionen zu analysieren.

Der Beitrag gliedert sich wie folgt: Das nächste Kapitel fasst die derzeitige Lage der Pilotprojekte mit automatisierten Shuttles, deren Einschränkungen und Potenziale, sowie die allgemeine Literatur um automatisierte Fahrzeuge zusammen. Im darauffolgenden Kapitel werden der Modellansatz und das verwendete Material vorgestellt, um anschließend die Ergebnisse anhand von Karten zu präsentieren. Abschließend werden die Ergebnisse und Möglichkeiten der Übertragbarkeit diskutiert sowie ein Ausblick auf eine Fortschreibung des Ansatzes gegeben.

10.2   Literatur

In Sitten in der Schweiz fährt seit 2016 ein automatisiertes Shuttle im öffentlichen Personennahverkehr. Dieser nutzt allerdings keine öffentlichen Straßen, sondern bedient die Fußgängerzonen und Altstadtgebiete. Die Strecke hat eine Gesamtlänge von 1,5 km, welche nach dem ersten Jahr in den städtischen Personennahverkehr vollwertig miteinbezogen werden sollte (Postauto Schweiz 2017). In Deutschland ist der Shuttlebus in Bad Birnbach der erste seiner Art mit einer gültigen Straßenzulassung. Ein vergleichbares Projekt ist beispielsweise TaBuLa in Hamburg, ein Testzentrum für automatisierte Busse im Kreis Herzogtum Lauenburg (TaBuLa 2018). Hier sollen erstmals automatisierte Busse (ebenfalls mit Operator, wie in Bad Birnbach) in der zweiten Jahreshälfte 2019 mit Fahrgästen fahren. In Wien, Österreich wurde das Kooperationsprojekt „auto.Bus-Seestadt" initiiert. (L o. J.). Der automatisierte Kleinbus wird seit 6. Juni 2019 auf öffentlichen Straßen im Personennahverkehr eingesetzt (Wiener Linien 2019). Im Land Kärnten, ebenfalls in Österreich, wurde im Juni 2018, erstmals ein automatisierter Bus für eine kurze Pilotphase auf den öffentlichen Straßen genutzt und auch in Helsinki und Paris (Mogg 2017) sind seit 2017 automatisierte Busse zu Versuchszwecken im Einsatz.

Projekte, die keine Straßenzulassung erhalten, weichen oft auf private Gelände wie beispielsweise den Campus Charité Mitte in Berlin (Neumann 2017) aus. Durch die beschränkten Zulassungsmöglichkeiten für automatisierte Fahrzeuge zum Schutz der regulären Verkehrsteilnehmer sind private größere Gelände gute Ausweichstrecken, um weiter an der Technologie arbeiten zu können.

Die steigende Zahl an Feldstudien zu automatisierten Shuttlebussen zeigt, dass derzeit die Literatur und Datensammlung zu diesem Thema noch sehr limitiert ist. Andererseits ist es ein Zeichen dafür, dass diese noch sehr neue Technologie bald marktreif wird und es nicht mehr lange dauern wird, bis der automatisierte Shuttlebus gleichberechtigt zu anderen Technologien im öffentlichen Personennahverkehr agieren kann. Was allerdings noch an die neuen Veränderungen angepasst werden muss, sind betroffene Normen und rechtliche Randbedingungen für automatisierte Fahrzeuge.

Mitte des Jahres 2018 hat die deutsche Bundesregierung einen Bericht zum rechtlichen Rahmen des automatisierten Fahrens auf deutschen Verkehrsstraßen veröffentlicht (wiss. Dienste Deutscher Bundestag 2018). In diesem wird die Rechtslage auf die fünf Stufen des autonomen Fahrens angewendet. Im Fall eines automatisierten Shuttles ist das Ziel, dass das Fahrzeug komplett ohne Fahrzeugführer auskommen kann, somit Stufe 5, die Vollautomatisierung (siehe Kap. 5), erreicht wird. Die derzeitige rechtliche Lage sieht allerdings vor, dass in jedem Fall ein Fahrzeugführer im Shuttle anwesend ist, der jederzeit eingreifen können muss, sollte das Fahrzeug Situationen falsch einschätzen. Zusätzlich sind autonome Lenkanlagen noch vollständig verboten, wenn das Fahrzeug eine Geschwindigkeit von über 12 km/h erreicht. Dies ist allerdings notwendig, wenn man einen automatisierten Shuttlebus ohne Fahrzeugführer einführen möchte. Das Wiener Übereinkommen zwischen den Mitgliedsstaaten der Vereinten Nationen (VN) aus dem Jahr 1968, das noch heute Grundlage aller Verkehrsgesetze in Deutschland ist, wurde Mitte des

Jahres 2016 modifiziert. Nachdem das Straßenverkehrsgesetz in Deutschland 2017 nun auch für automatisiertes Fahren angepasst wurde, ist der Grundstein für die rechtliche Zulassung automatisierter Shuttlebusse gelegt. Es wurde festgelegt, dass in Fahrzeugen Automatisierungstechniken verwendet werden dürfen, solange diese vom Fahrzeugführer jederzeit übersteuert werden können.

10.3   Modelle für Routenberechnung und Planung im ÖPNV

Das Thema Routenplanung selbst kann von unterschiedlichsten Seiten beleuchtet werden. Eine der Grundlagen im vorliegenden Fall ist das Vehicle-Routing-Problem (VRP), um die effiziente Nutzung eines oder mehrerer Fahrzeuge zur Abholung von Gütern oder Personen an mehreren Stationen zu berechnen. Die Literatur und die Anzahl an Unterarten des VRPs ist immens, dreht sich allerdings vorwiegend um den Transport von Gütern und weniger um Personentransporte (Koç et al. 2016; Braekers et al. 2016).

Die Organisation des öffentlichen Personennahverkehrs unterliegt verschiedenen Organisationen auf unterschiedlichen räumlichen Gliederungsebenen. Daher hat jedes Verkehrsnetz ein eigenes System als Grundlage, es wird auf die örtlichen Gegebenheiten geachtet und das Liniennetz größtenteils manuell erstellt. Strukturierungen des ÖPNV durch Modelle, welche regionsübergreifend anwendbar sind, sind dementsprechend rar (Meignan et al. 2007). In jeder Stadt oder Region gibt es verschiedene Herausforderungen, die individuelle Lösungen benötigen. Überregionale Modelle sind aufgrund der auftretenden Komplexität, selten zu finden.

Möchte man das Routing für den ÖPNV mit automatisierten Fahrzeugen modellieren, kommt hinzu, dass ohne den Fahrzeugführer geplant werden muss. Die Grundvoraussetzung für vollständig automatisiertes Fahren (also ohne jegliche Interaktion des Fahrzeugführers) ist nämlich, dass die Fahrzeuge Routeninformationen erhalten und verarbeiten können, ohne dass dies durch manuelle Tätigkeiten am Fahrzeug einzustellen ist. Deswegen beschäftigt sich ein großer Bereich um automatisierte Fahrzeuge mit dem Thema Routenplanung.

Meistens geht es allerdings darum, den Individualverkehr zu optimieren, und zu modellieren, wie einzelne Strecken zwischen zwei Punkten angefahren werden können. Zu den Ansätzen der Optimierung des Individualverkehrs zählen beispielsweise auch der Austausch von Daten zwischen automatisierten Fahrzeugen und somit das Wegfallen von Ampeln und anderen Wartezeiten (Chu et al. 2017) oder die Reservierung von ganzen Fahrbahnen rein für automatisierte Fahrzeuge (Talebpour et al. 2017).

Spichkova et al. (2015) präsentieren ein Modell, mit welchem intelligente Routen im ÖPNV generiert werden können. Dieses Modell beschreibt, wie für das automatisierte Fahrzeug zwischen verschiedenen Haltestellen eine Route erstellt wird. Damit kann das Fahrzeug ohne menschliche Interaktion die zu befahrene Strecke je nach Anfragen der Mitfahrer planen. Hierbei wird im Modell vorgesehen, dass fixe Haltestellen existieren und auch nur diese angefahren werden können, allerdings nur nach Buchung durch einen potenziellen Fahrgast. Überflüssige Halte werden dadurch vermieden. Nachteilig an diesem Modell ist die sehr zukunftsorientierte technologische und rechtliche Ausrichtung. Heutige Randbedingungen, wie Restriktionen bei der Streckenwahl, finden bei Spichkova et al. (2015) keine Berücksichtigung.

Bleibt man in der zukünftigen Planung des öffentlichen Personennahverkehrs, gibt es unterschiedliche Strukturmodelle. Csiszár und Zarkeshev (2017) unterscheiden in der Planung von Bushaltestellen und Routen zwischen zwei Ansätzen. Der erste Ansatz erklärt, dass man die derzeitige Straßeninfrastruktur beibehalten sollte und Busse durch automatisierte Fahrzeuge leicht ersetzen kann. Dabei wird in den Vordergrund gestellt, dass nur konventionelle Fahrzeuge Unfälle mit automatisierten Bussen verursachen könnten. Deswegen wäre anzustreben, den kompletten Straßenverkehr durch automatisierte Fahrzeuge zu ersetzen und die Infrastruktur wie heute bestehen zu lassen.

Der zweite Ansatz nach Csiszár and Zarkeshev (2017) basiert auf der Methode des Automated Demand-Responsive Transportation Service (ADRTS), welcher individuelle Routen und Haltepunkte je nach Anfrage anfährt. Hierbei gibt es somit zwar teilweise fixe Haltestellen, allerdings sind diese nur bei Bedarf anzufahren. Notwendig für ein funktionierendes Transportsystem dieser Art ist die Kommunikation zwischen automatisiertem Bus und den anderen der Flotte angehörigen Fahrzeugen, sowie dem Fahrgast.

Geht es an die Überlegungen der optimalen Nutzung automatisierter Fahrzeuge im öffentlichen Verkehr, wird vermehrt auf die Entwicklung automatisierter Car-Sharing-Modelle gesetzt, also der Reduktion des Besitzes von privaten Pkws und der Expansion des Car-Sharings durch automatisierte Fahrzeuge (Cyganski 2015; Lenz and Fraedrich 2015; Heilig et al. 2017). Heilig et al. (2017) haben hierfür ein Modell unter eher radikalen Annahmen entwickelt. Sie gehen von einer Welt ganz ohne private Fahrzeuge aus, um dann die Nachfrage von und Abdeckung durch autonomous mobility on demand (AMOB), also autonome Fahrzeuge auf Nachfrage, zu errechnen. Ihre Resultate zeigen, dass der AMOB-Service zwar den Großteil der Nachfrage abdecken kann, die Nutzung von Fahrrad- oder Fußwegen und öffentlichem Nahverkehr steigt aber gleichzeitig. Diese Theorie basiert auf sehr weitreichenden Annahmen, wie der Inexistenz privater Autos und einer entsprechend entwickelten Gesetzeslage und technologischem Fortschritt. Dia and Javanshour (2017) gehen in ihrer Modellierung ebenfalls von einem AMOB-Service aus, allerdings sind sie etwas näher an der derzeitigen Realität, da sie drei verschiedene Szenarien vergleichen; eines ohne autonome Fahrzeuge, und zwei mit zusätzlichen privaten und öffentlichen autonomen Shuttles sowie unterschiedlichen Wartezeiten. In ihren Ergebnissen verdeutlichen sie, dass die zwei Szenarien mit autonomen Fahrzeugen weniger Verkehr produzieren und weniger Parkplätze benötigen. Im Vergleich dazu gehen Lenz and Fraedrich (2015) davon aus, dass durch autonomes Fahren, die Möglichkeiten des Car-Sharings zum einen vielfältiger werden und zum anderen die Angebote des heutigen ÖPNV vervollständigen. Es könnte beispielsweise das Fahrzeug entweder als Vehicle-On-Demand genutzt werden oder um den öffentlichen Verkehr zu flexibilisieren. Hierbei sind die einzelnen Theorien sehr ähnlich zueinander und unterscheiden sich meistens nur in Details.

Bisher veröffentlichte Studien weisen eine relativ große Lücke zwischen dem heutigen Einsatz von herkömmlichen öffentlichen Fahrzeugen des Personennahverkehrs und dem zukünftigen Einsatz von autonomen Shuttles auf. Wenig erforscht wurde, wie unter den heutigen Umständen autonome Fahrzeuge im ÖPNV genutzt werden können. Bis dato wird in der Regel von einem voll autonomen Fahrzeug ausgegangen, sowie einem gesetzlich wenig regulierten Markt- und Verkehrssystem. In der Realität sind autonome Fahrzeuge allerdings sowohl technisch als auch rechtlich in ihren Einsatzmöglichkeiten noch sehr beschränkt. Es stellt sich damit die Frage, wo bereits heute ein Einsatz möglich ist und die aktuellen rechtlichen und technischen Restriktionen nicht relevant sind bzw. heutige Standards eingehalten werden können.

10.4   Material und Methode

Die verhältnismäßig lange Dauer der Studie in Bad Birnbach ermöglichte es, neben technischen Faktoren des Einsatzes eines automatisierten Busses auch die reale Erfahrung von Fahrgästen zu untersuchen (siehe Kap. 6 und 9). Dies bietet besondere Möglichkeiten, aus den Ergebnissen der Studie die relevanten Faktoren und Parameter für eine Übertragbarkeit auf andere Regionen zu identifizieren und weiterzuverarbeiten. Dadurch kann der Einsatz des automatisierten Busses auf heutige Möglichkeiten und Bedürfnisse angepasst werden. Die Übertragbarkeit der Ergebnisse bezieht sich zum einen auf die (zugelassenen) Fähigkeiten und die technischen Eigenschaften des Shuttles und zum anderen darauf, wie man den Shuttlebus in Zukunft noch besser an die derzeit herrschenden technischen Randbedingungen und artikulierten Bedarfe anpassen kann. Das Übertragen der Ergebnisse aus der Feldstudie hat also zum Ziel, mögliche weitere Routen für automatisierte Fahrzeuge zu identifizieren.

Ganz nach der *requirements-error-taxonomy*-Theorie von Anu et al. (2016) soll eine neue Route für das automatisierte Shuttle zwar befahrbar sein, aber gleichzeitig auch gezielt neue Herausforderungen beinhalten, an denen die Technik überprüft und ggf. verbessert werden kann.

Die hier angestrebte Analyse ist auf den Vergleichsraum Bayern beschränkt. Bayern besteht aus unterschiedlich strukturierten Städten und weitflächigen ländlichen Räumen, wodurch sehr verschiedene Straßenverhältnisse, Siedlungsgrößen und Siedlungsstrukturen sowie Topographien existieren. Dadurch kann das Routing-Verfahren zur Identifikation unterschiedlicher Strecken unter Berücksichtigung örtlicher Gegebenheiten entwickelt und getestet werden. Gleichzeitig wird durch die Begrenzung auf Bayern eine zwar große, aber noch zu verarbeitende Menge an Daten genutzt.

Die Eingangsparameter sowie Grundlagen des Modells wurden zuerst auf Basis von drei Experteninterviews sowie Berichten der anderen Teilprojekte (Kap. 3–9) gestützt. In einem zweiten Schritt werden diese Randbedingungen auf räumliche Parameter übertragen. Einige der beeinflussenden Faktoren sind dennoch nur teilweise anwendbar und auf Grundlage räumlicher Analysen bearbeitbar, da Informationen, wie beispielsweise die Verkehrsdichte von Radfahrern auf der Straße, nicht flächendeckend dokumentiert sind.

Die in der Studie identifizierten relevanten Parameter sind:

Straßenbreite: Das Fahrzeug selbst hat eine Breite von knapp 2 m. Dazu kommt der Sicherheitsradius, der auf allen Seiten des Shuttles jeweils 150 cm beträgt. Einschränkungen dieses Lichtraumprofils verursachen eine Geschwindigkeitsreduktion bzw. Gegenstände innerhalb eines Sicherheitsradius von 30 cm führen zu einem Stopp des Shuttles. Liegt die Fahrbahnbreite also unter 5 m, kann es dazu kommen, dass beispielsweise entgegenkommende Fahrzeuge in den Sicherheitsbereich des Shuttlebusses geraten und so zur Reduktion der Fahrgeschwindigkeit führen.

Deckenhöhe bei Tunneln: Mit seinen 2,75 m Höhe und dem 150 cm großen Sicherheitsradius kann das Shuttle nur Tunnels oder andere Unterführungen durchfahren, wenn diese eine minimale Deckenhöhe von 4,3 m haben.

Straßensteigung: Der Shuttlebus hat eine maximale Geschwindigkeit von 40 km/h und eine Fahrgeschwindigkeit von 20 km/h. Aufgrund dieser eingeschränkten Leistungswerte sind gewisse Straßensteigungen für ihn noch nicht zu bewältigen. In den Interviews und als Grundlage für die Planung der Strecke in Bad Birnbach wurde eine Steigung von nicht mehr als 5 % gewählt.

Distanz: Durch die relativ langsame Geschwindigkeit des Fahrzeugs ist es noch unrentabel, eine Strecke von über 5 km Länge anzubieten, da die Fahrgäste von Start bis Ziel länger als eine Stunde im Bus mitfahren würden. Gleichzeitig ist die Batterie des Shuttles aufzuladen, was zu Unmut bei den Fahrgästen führen kann, sollte der Bus auf der Strecke zwischenladen müssen. Folglich ist im Modell der maximale Aktionsradius, ausgehend vom Startpunkt, bei der Wahl potenzieller Strecken, auf 3 km festgelegt und die Streckenlänge auf 4,5–5,5 km beschränkt. Die Streckenlänge sowie der Radius um den Startpunkt sind im Modell als frei wählbare Parameter definiert worden, werden aber für diese Studie auf die genannten Entfernungen eingestellt.

Beeinflussende Umgebungsfaktoren: Weitere Faktoren, die die Straßenauswahl für die Streckenberechnungen minimieren, sind die Menge an Fußgängern und Fahrradfahrern auf den es für die Positionsbestimmung des Shuttles von großer Wichtigkeit, genügend Referenzpunkte zu haben. Wie in Kap. 5 beschrieben, mussten in Bad Birnbach an einem Teil der Strecke, welcher durch eine Wiese führte, eine Beschilderung mit Extra-Referenzpunkten angebracht werden, damit der Bus seine Ortsbestimmung durchführen konnte. Es wird vermutet, dass spiegelnde Flächen (wie beispielsweise von der Sonne beschienene Schaufenster) die Ortsbestimmung für das Fahrzeug erschweren oder die Sensoren beeinträchtigt. Außerdem sind Nebel, Wasserdampf (Therme), Regen, Flimmern der Luft, etc. Faktoren, die die Sensoren hindern, die Umgebung klar zu identifizieren, was erneut zum Stillstand des Shuttles führen kann.

Start-Zielpunkte: Diese Parameter sind zentrale Elemente der Streckenbestimmung. Mögliche Start- und Zielpunkte hängen dabei eng mit potenziellen Nutzergruppen zusammen. Die geringe Geschwindigkeit des Busses lässt erwarten, dass besonders Menschen, die selbst auf kurzen Gehstrecken Schwierigkeiten haben, eine relevante Nutzergruppe darstellen. Start- und Zielorte hängen damit stark mit dem aktuellen und gewünschten Mobilitätsverhalten dieser Nutzer zusammen. Die gewählten Orte werden im nächsten Kapitel detailliert erläutert.

Die verwendeten Geobasisdaten sind ATKIS-Daten (Amtliche Topographisch-Kartographische Informationssystem-Daten) der Bayerischen Landesvermessungsverwaltung und OpenStreetMap (OSM) Daten. OSM Daten gehören der Gruppe der Volunteered Geographic Information (VGI) an und sind kostenfreie Datensätze, welche von Nutzern der Plattform auf freiwilliger Basis erhoben und editiert werden (OpenStreetMap o. J.). Da kein groß angelegter Verifizierungsprozess hinter der Datenbeschaffung liegt, sind OSM Daten teilweise unvollständig, doppelt erfasst oder falsch klassifiziert (Valdes et al. 2019). Da diese Daten jedoch für die Start- und Endpunkte der Strecke sowie auf dem Weg liegende Points of Interest (POIs) genutzt werden, ist die Dopplung der Daten eher zu vernachlässigen. Die Klassifizierungsfehler bzw. das Fehlen gewisser POIs sind bekannte OSM-Probleme, welche bei geeigneter Berücksichtigung im Modell und durch die Breite der erfassten Information kompensiert werden.

Die verwendeten ATKIS-Daten hingegen sind aus dem amtlichen Digitalen Basis-Landschaftsmodell entnommen und von der Bayerischen Vermessungsverwaltung zur Verfügung gestellt (Landesamt für Digitalisierung, Breitband und Vermessung o. J.). In diesem Datensatz sollten keine Fehler oder fehlenden Straßenabschnitte vorkommen.

Das Modell selbst wird im Geoinformationssystem ArcGIS Pro abgebildet, und auch die Berechnungen werden dort durchgeführt. Es basiert auf den beschriebenen geographisch referenzierten Daten, mit denen Netzwerke modelliert und Routen geplant werden können. Hierfür müssen die genutzten Datensätze gefiltert, auf den zu betrachtenden Bereich reduziert und dann miteinander verbunden werden.

10.4.1 Auswahl des Straßennetzes

Um ein geeignetes Modell zu erstellen, sind die Inputdaten von großer Bedeutung. Zur Streckenanalyse wurden ATKIS-Verkehrsdaten herangezogen (Landesamt für Digitalisierung, Breitband und Vermessung o. J.). Da das Fahrzeug auf öffentlichen Straßen fahren soll, sind private Straßen und Straßen mit Zufahrtsbeschränkungen, wie beispielsweise vom Typ Bahnverkehr oder Flugverkehrsanlage, ausgeklammert worden. Nach Analysen der einzelnen Objektarten wurden die zugehörigen Polylinien-Datensätze Straßenachse und Fahrbahnachse zur Streckenfindung herangezogen.

Die ausgewählten Objektarten wurden unter Berücksichtigung der oben definierten Parameter weiter eingegrenzt. Tab. 10.1 präsentiert einen Überblick der gewählten Daten.

Nach einer Analyse des Datensatzes BauwerkImVerkehrsbereich ist ersichtlich, dass die dort beinhalteten Informationen als Barrieren für die Streckenberechnung zu nutzen sind. Dort enthalten sind zum Beispiel Tunnel, Stege oder unterschiedliche Brückentypen, welche teilweise zu niedrig, zu schmal oder für Fahrzeuge allgemein unpassierbar sind. Daher sind alle Streckenabschnitte, die für den automatisierten Bus befahrbar wären, aus dem Datensatz eliminiert und die für den automatisierten Bus unbefahrbaren Bauwerke, wie beispielsweise Fahrradbrücken, beibehalten worden. In der Modellierung wird der bereinigte Datensatz, der nur noch unpassierbare Stellen für das Shuttle beinhaltet eingesetzt, um aufgrund dessen solche Strecken zu umgehen.

Tab. 10.1 Auswahl der Straßendaten (eigene Darstellung)

Objektart	Eliminierte Objekte	Gelöschte Elemente	Erhalten
Straßenachse	- Fernverkehr - Fahrstreifenanzahl > 4 - Bezeichnung: Autobahn, Bundesstraße, Staatsstraße	843.695	681.938
Fahrbahnachse	- Fahrstreifenanzahl > 4 - Bezeichnung: Autobahn, Bundesstraße, Staatsstraße	7406	13.744
BauwerkImVerkehrsbereich	Behaltene Objekte: - Steg	47.865	7641

Die vorliegenden Datensätze beinhalten nicht alle geometrischen Merkmale, die notwendig sind, um aufgrund der o. g. Parameter eine vollständige Analyse durchzuführen. Park- und Halteflächen im Verkehrsraum sowie Verkehrsdichten werden in keinem der vorliegenden Datensätze ausgewiesen und können daher im vorliegenden Modell nicht berücksichtigt werden. Als Konsequenz befinden sich im Datensatz einige Straßenabschnitte, welche für den automatisierten Bus voraussichtlich nicht befahrbar sind.

10.4.2 Auswahl der Points of Interest

Die Auswahl der relevanten Start- und Zielorte wurde mithilfe von OSM-Daten durchgeführt.

Um eine Auslastung des automatisierten Busses zu erreichen, müssen die richtigen potenziellen Fahrgäste angesprochen und höher frequentierte Orte als Start- oder Zielpunkte ausgewählt werden.

Als Grundlage für die Auswahl der Start- und Endpunkte der Route werden wegen der maximalen Fahrgeschwindigkeit von 20 km/h sowie auf Grundlage der Ergebnisse beschrieben in Kapitel (6) eher ältere Menschen als Hauptnutzer identifiziert. Gleichzeitig werden auch Touristen als potenzielle Fahrgäste einbezogen, da der automatisierte Bus auf der einen Seite einen positiven Einfluss auf das Image der Stadt hat, und auf der anderen Seite Touristen meist mehr Zeit für eine solche „Attraktion", wie es der automatisierte Bus durch seine Seltenheit derzeit noch ist, haben.

Dementsprechend wurden zentrale Omnibusbahnhöfe oder Hauptbahnhöfe als Startpunkte ausgewählt. Diese eignen sich insbesondere dafür, da sie am ehesten für Menschen zu erreichen sind, die außerhalb des Stadtgebietes wohnen, und dort gleichzeitig eine Ladeinfrastruktur für den Bus leicht mit eingebaut werden kann. Gleichzeitig ist der Effekt auf die Transportabdeckung, besonders für Menschen mit leichter Gehbehinderung, an einem sowieso schon vorhandenen Verkehrsknotenpunkt sehr hoch.

Als Endpunkte der Route wurden, der gleichen Logik folgend, öffentliche Orte, wie z. B. Krankenhäuser, Schlösser, Botschaften und Zoos ausgewählt. Zusätzlich könnte man Altenheime oder Einkaufszentren in weitere Analysen einbeziehen. Allerdings werden, wie oben beschrieben, OSM-Daten für die Points of Interest bzw. Transportpunkte genutzt.

In diesen gibt es keine Kategorie, welche selektiv Altenheime in Betracht zieht, und die Kategorie „Mall", welche Einkaufszentren beschreibt, ist nicht verlässlich.

Weiterhin wurden aus den ATKIS-Objektarten „Fahrbahnachse" und „Straßenachse" die gekennzeichneten Fußgängerzonen extrahiert und als separate Points of Interest angelegt.

10.4.3 Modellierung

Um das Modell berechnen zu können, mussten, wie oben beschrieben, zuerst die relevanten Daten aus den vorhandenen Datensätzen extrahiert werden. Dazu wurde mithilfe des GIS-Programms ArcGIS Pro, durch die vorgegebene Attribuierung der Daten, der Teil des Datensatzes isoliert, welcher für die Routenberechnung nach obigen Kriterien relevant ist.

Es wurde vor der Erstellung des Routenmodells festgelegt, dass sich die vom automatisierten Bus zu befahrene Strecke in einem Radius von 3 km zum Startpunkt bewegen soll. Dementsprechend wurde um jeden selektierten Startpunkt ein Puffer von 3 km gelegt und nur die Daten für die Analyse selektiert, welche sich in diesem Radius befanden. Alle Daten, die außerhalb dieses Radius lagen, wurden eliminiert. Bei Überschneidungen mehrerer Radien mussten resultierende fehlerhafte Extraktionen nachträglich selektiert werden. Abschließend wurde der ATKIS-Vektordatensatz Verkehr in einen routingfähigen Datensatz als Netz konvertiert.

Die Netzwerkfähigkeit des Datensatzes befähigt das Programm, mögliche Routen zwischen unterschiedlichen Start- und Endpunkten zu analysieren und Routenparameter zu berechnen. Danach konnten auf unterschiedliche Arten Routen erstellt und ausgewählt werden. Da die Länge der Route im Routing-Algorithmus nicht beeinflussbar ist, wurde nachträglich eine Streckenselektion vorgenommen. Hierzu wurden nur diejenigen Strecken ausgewählt, die eine Gesamtstreckenlänge von 4,5–5,5 km haben.

10.5 Ergebnisse

In ganz Bayern wurden insgesamt 124 Strecken ermittelt, welche auf Grundlage der hier genutzten Daten für den automatisierten Bus eine mögliche Route darstellen könnten. Abb. 10.1 spiegelt die verwendete Datengrundlage wider. Bei der Datenselektion sind 1270 Bahnhöfe als mögliche Startpunkte ausgewählt, 1129 Zielorte der Kategorien Schloss, Krankenhaus, Botschaft und Zoo selektiert und 695.682 Straßenabschnitte für das Netzwerk verwendet worden. Zusätzlich wurden 7641 Barrieren in Form von Bauwerken im Verkehrsbereich in die Modellierung mit aufgenommen. Insgesamt wurden initial 2109 Strecken durch das Modell identifiziert. Durch die Reduktion der passenden Strecken auf die Routenlänge von 4,5–5,5 km ergibt dies eine finale Anzahl von 124 Routen.

Wie in Abb. 10.1 erkennbar, ist um die einzelnen Bahnhöfe der 3 km Radius gelegt, in welchem sich die gewählte Route befinden soll. Durch die Größe des insgesamt betrachteten

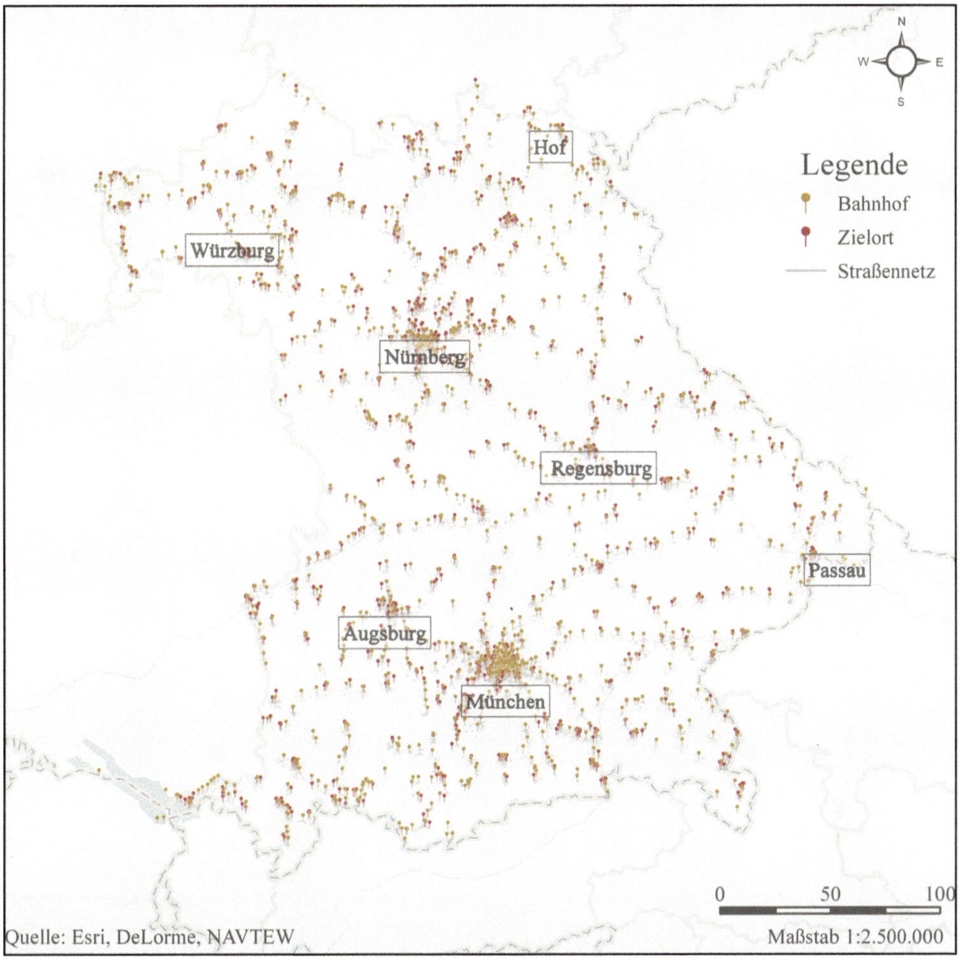

Abb. 10.1 Ausgewählte Straßen und Zielorte im Radius von 3 km um die Bahnhöfe als Startorte in Bayern

Gebiets sind die genauen Radien und ihre unterschiedlichen Strukturen schwer erkennbar. Vergleicht man die Metropolregionen wie München oder Nürnberg mit den eher ländlichen Regionen zwischen diesen Städten, erkennt man die Herausforderung der Überschneidung von Radien unterschiedlicher Startorte. Je besiedelter das betrachtete Gebiet ist, desto mehr Bahnhöfe gibt es.

Dies ist leicht am Beispiel von Abb. 10.2 zu erkennen. Die 5 km lange Route vom Bahnhof Gersthofen bis zum Krankenhaus Josefinum im Norden von Augsburg wird dort dargestellt.

Bei einer Gesamtlänge von 5 km verläuft die Strecke sehr gerade und fast ohne Abbiegen oder Kurven vom Bahnhof zum Krankenhaus. Der vorgegebene Aktionsradius des Busses von 3 km wird deutlich überschritten, da direkt an der Strecke ein weiterer Bahn-

Abb. 10.2 Route vom
Bahnhof Gersthofen

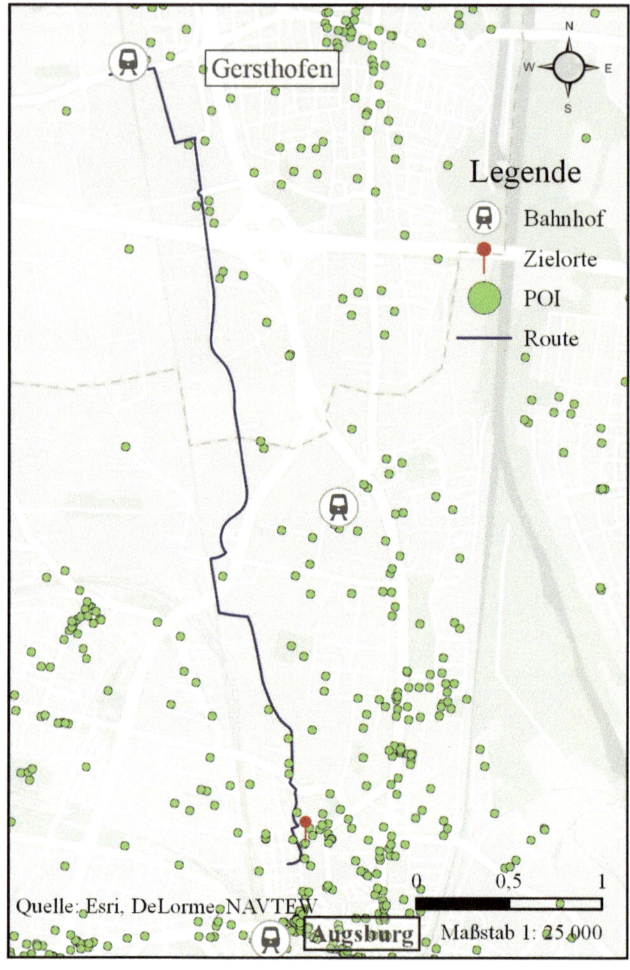

hof gelegen ist. Damit ist das verfügbare Streckennetz im Modell eigentlich das Netz von
zwei sich überschneidenden Radien als Einzugsgebiete zweier Bahnhöfe.

Durch eine nachfolgende Auswahl der Routen auf Strecken mit einer Gesamtlänge von
unter 5,5 km konnten solche Situationen, die ggf. zu fehlerhaften, weil zu langen Routen
führen, erkannt und berücksichtigt werden.

Vergleicht man Abb. 10.2 mit der Beispielroute in Abb. 10.3, erkennt man viele Unterschiede. Auch hier überlagerten sich die Radien Bischofswiesen und Bahnhof Berchtesgaden. Allerdings ist die Route hier kurviger. Außerdem werden vom Bahnhof Bischofswiesen gleich zwei Strecken mit verschiedenen Endhaltestellen vorgeschlagen. Aus diesen
zwei Routen könnte man dementsprechend eine im Kreis führende Fahrstrecke erstellen,
indem man beide Ziele miteinander verbindet. Allerdings führt ein Teil der Route über eine
Gemeindeverbindungsstraße, welche mit einer Geschwindigkeit von bis zu 100 km/h be-
fahren werden darf. Der automatisierte Bus mit seiner eher geringen Fahrgeschwindigkeit

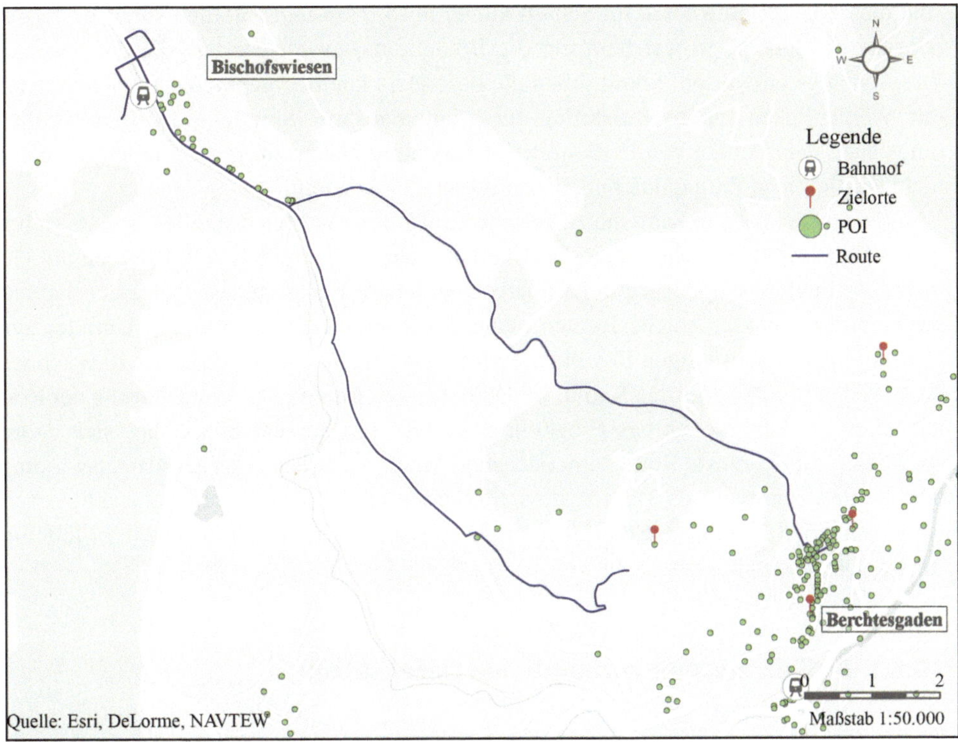

Abb. 10.3   Zwei mögliche Routen von Bischofswiesen nach Berchtesgaden

ist somit dort eher schwierig einzusetzen. Dass ein Teil der Route über eine theoretisch schlecht befahrbare Straße führt, liegt daran, dass, wie oben beschrieben, viele Straßenabschnitte nicht vollständig attribuiert sind. Das hat zur Folge, dass gewisse Straßen nicht automatisiert eliminiert werden konnten.

10.6   Diskussion

Wie in den Ergebnissen erklärt, überschneiden sich einige der 3-km-Radien besonders in urbanen Gebieten, was zu Routen führen kann, die über mehr als einen Einzugskreis hinweg führen. Besonders in den Metropolregionen ist dieses Problem markant, viele Bahnhöfe liegen näher als 3 km zusammen, sodass sich die Radien stark überschneiden. Hier stellt sich die Herausforderung einer Routenoptimierung, die zum Beispiel mehrere mögliche Startpunkte als Teil einer Route einbezieht.

Im Kontrast dazu, sind in den ländlichen Gebieten in Bahnhofsnähe keine der ausgewählten Points of Interest, welche als Endhalt fungieren könnten, zu finden. Dies führt dazu, dass besonders in den wenig besiedelten, weitläufigen Gegenden, keine Route ermittelt werden konnte. Wenn sich ein passender Endhalt in dem 3-km-Radius befindet, sind die berechneten Routen im Schnitt kürzer als 4,5 km und entfallen somit im letzten Schritt des Modells, in welchem nur die Routen ausgewählt werden, die die passende Streckenlänge aufweisen. Somit fallen die besonders ländlich geprägten Regionen durch ihre Weitläufigkeit für die Befahrung durch automatisierte Shuttles weg. Dies ist allerdings auch dem Fehlen von POIs in den verfügbaren Datensätzen geschuldet, die damit nicht als mögliche Zielpunkte berücksichtigt werden konnten.

Ein anderes Problem kann die zu geringe Größe eines Dorfes darstellen, sodass sich in einem Einzugsradius mehr als ein Dorf befindet und sich somit eine Teilstrecke auf Gemeindeverbindungsstraßen befindet. Durch die derzeit nur geringe zugelassene Fahrgeschwindigkeit müssen solche Routen manuell entfernt werden, da sie zu Unfällen und Unmut in der ortsansässigen Bevölkerung führen könnten. Des Weiteren ist zu erkennen, dass Routen oftmals über den Radius der 3 km hinweg führen. Die Modellierung der Routen ist an die Fähigkeiten des Programms ArcGIS Pro gebunden, welches sich darauf spezifiziert, die kürzeste Route zum nächsten Zielort zu finden. Das hat als Auswirkung, dass Routen innerhalb des 3-km-Radius, im Schnitt kürzer als die vorgegebene Streckenlänge von 4,5–5,5 km sind. Somit wurden diese Strecken im letzten Schritt der Modellierung automatisch eliminiert.

10.6.1 Risiken aus den vorhandenen Datensätzen

Durch fehlende Attribuierungen bei offiziellen Datensätzen, sowie fehlende oder doppelte Daten in öffentlichen VGI-Datensätzen, können falsche oder unvollständige Informationen aus der Modellierung entstehen.

Die hier für das Straßennetz verwendeten Daten sind offizielle staatliche Daten. Diese werden kontinuierlich aktualisiert und auf die derzeitigen Straßenbedingungen angepasst. Allerdings sind gewisse Attributinformationen nicht vollständig vorhanden. Dies führt zu Problemen bei automatisierten Auswahlprozessen und Verarbeitungsschritten, wie sie für Modellierungen wie in diesem Kapitel beschrieben nötig sind.

Eine Möglichkeit zur Behebung solcher fehlenden Informationen ist die Aggregation verschiedener Quellen zu einer neuen Datenbasis. Nimmt man Straßendatensätze, sind diese allerdings zumeist nicht öffentlich bzw. frei zugänglich. Zusätzlich gibt es die OSM-Straßendaten, diese sind allerdings nur räumlich mit den ATKIS-Daten aggregierbar, da keine individuellen Attribute pro Straße existieren, welche die zwei Datensätze verbindbar machen würden. In diesem Fall brachte diese Aggregation der Datensätze mehr Fehler als hilfreiche Informationen hervor, weshalb von der Lösung abgesehen werden musste.

Betrachtet man die Start- und Zielorte der Routen, sind auch hier Mängel zu erkennen. OSM-Daten sind oftmals nicht auf dem neusten Stand, was dazu führen kann, dass Bahnhöfe nicht mehr in Betrieb sind, bestimmte Points of Interest nicht mehr existieren oder durch andere ersetzt wurden. Somit kann auch hier eine Fehlerquelle entstanden sein. Die Datensätze für Straßen beinhalten auch nicht alle geometrischen Informationen der

Straßen, die sich mit den technischen Restriktionen des Fahrzeugs zu entsprechenden Parametern für die Auswahl hätten entwickeln lassen.

10.6.2 Übertragbarkeit

Betrachtet man die derzeitige Literatur, gibt es keine verifizierten Modelle, mit denen man Netzplanungen für den öffentlichen Personennahverkehr über einen größeren Raum automatisiert erstellen und die optimalen Routen erhalten kann. Dies liegt zum einen an der Organisation des öffentlichen Nahverkehrs in Deutschland, welcher von Gemeinde zu Gemeinde zumeist individuell geplant und teilweise auch durchgeführt wird. Zum anderen liegt es aber auch an der sehr spezifischen Struktur einer jeden Region. Informationen zum allgemeinen Verkehrsaufkommen oder der Verkehrsfrequenz von Radfahrern stehen nicht als Basisdaten zur Verfügung und können daher auch nicht in Modellen verwendet werden. Die Wahl bestimmter Strecken kann somit stark von besonderen Ortskenntnissen der Planer abhängen. Faktoren wie Frequenz und Nutzungshäufigkeit bestehender Routen, Schülerverkehre oder Sonderverkehre für Veranstaltungen konnten im Modell ebenfalls nicht berücksichtigt werden, da diese Daten nicht vorliegen. Die letzten Bedingungen kann man bei der allgemeinen Routenplanung außer Acht lassen, da es hier im ersten Schritt darum ging, Strecken zu finden, welche eine sinnvolle Route ergeben – unabhängig von der Nutzungsfrequenz. Für eine weitere Verbesserung des Modells wird sich allerdings die Frage stellen, wie Verkehrsaufkommen, die Dichte der Radfahrer oder Parkplätze am Straßenrand in ein Modell einbezogen werden können.

Die Eliminierung von Straßen mit zulässigen Höchstgeschwindigkeiten über 50 km/h anhand des Straßentyps (Autobahn, Bundesstraße) und den anderen oben aufgeführten Attributen führt noch nicht zu einem vollständigen Ausschluss. Aufgrund der fehlenden Attribuierung einiger Straßenabschnitte, sind immer noch Strecken im Netzwerkdatensatz enthalten, welche nicht zu den vorgegebenen Parametern passen. Hier kann in zukünftigen Analysen angesetzt werden. Zusätzliche Datenquellen, alternative Erhebungsverfahren und neue Ansätze zur Verschneidung von Daten aus unterschiedlichen Datenquellen werden notwendig sein, um zu noch präziseren Aussagen zu kommen. Die derzeitige Datenlage lässt eine engere automatisierte Auswahl an Straßen auf einem so großen, heterogenen Gebiet nicht zu.

10.6.3 Normierung im Straßenbau und Randbedingungen

Bisherige Standards der Planung eines Verkehrssystems für den öffentlichen Personennahverkehr berücksichtigen noch nicht die Möglichkeiten und Fähigkeiten automatisierter oder autonomer Fahrzeuge. Damit bietet sich auch auf Ebene der Normierung z. B. für die bauliche Ausstattung von Verkehrsstraßen Verbesserungspotenzial. Aus Gründen der Verkehrssicherheit wird momentan eine direkte An- und Abfahrt aus Haltestellen ohne

Rangieren oder Rückwärtsfahrt angestrebt. Aufgrund der Sensorausstattung muss bei vielen automatisierten Fahrzeugen keine Unterscheidung zwischen vorne und hinten bzw. Vor- und Rückwärtsfahrt gemacht werden. Damit wären aus baulicher Sicht auch Haltestellen in Anlehnung an Kopfbahnhöfe denkbar und somit ein Ausbau an Orten möglich, die bis dato nicht oder nur schwer bedient werden können. Auch der Aufbau von Busbahnhöfen könnte damit vereinfacht werden und der Flächenverbrauch für den Verkehr reduziert werden. Länge und Achsstände beim vorliegenden Fahrzeug sowie die Lenkung über Vorder- und Hinterachse führen zu veränderten Schleppkurven bzw. einer Verringerung der Überstreichung von Wartebereichen für Passagiere bei Ein- und Ausfahrt des Fahrzeugs in einer Busbucht. Bei einer gezielten Abstimmung von Fahrzeuggeometrie und Lenkverhalten sowie baulicher Planung von Busbuchten und Haltestellen ergäben sich auch hier Vorteile für Platzbedarf und Verkehrssicherheit.

Umgekehrt gibt es Anzeichen, dass aus Sicht der Verkehrssicherheit bzw. der gefühlten Sicherheit von Wartenden eine stärkere Kennzeichnung des Haltestellenbereichs erforderlich wird, um den Aufenthaltsraum von Personen vom Anfahrts-/Abfahrtsbereich klar abzugrenzen. Dies könnte dazu beitragen, das Risiko von Behinderungen bei Zu- und Abfahrt des automatisierten Fahrzeuges an Haltestellen durch Wartende im Zufahrtsbereich zu reduzieren. Gleichzeitig könnten Unsicherheiten von Wartenden bei der Anfahrt des automatisierten Fahrzeuges reduziert werden.

In Anlehnung an die in der Literatur beschriebenen Konzepte eines Car-Sharing-Systems mit automatisierten Pkws bietet auch das hier beschriebene Konzept eines automatisierten Shuttles neue Möglichkeiten bei der Flexibilisierung des ÖPNV-Netzes und damit einer stärker an die potenziellen bzw. fluktuierenden Bedarfe angepassten Linienführung, im Vergleich zum heute starren Haltestellen- und Taktsystem. Hierzu muss die gesetzliche Regulierung des ÖPNV, wie z. B. die Bindung an Haltestellen, sowohl rechtlich als auch organisatorisch näher untersucht und ggf. an die neuen Möglichkeiten und Bedarfe angepasst werden.

10.7 Schlussfolgerungen und Ausblick

Derzeitige wissenschaftliche Studien bieten einen großen Spielraum an Ideen und Vorstellungen, wie automatisierte Fahrzeuge den öffentlichen Personennahverkehr verändern und verbessern könnten. Allerdings sind diese Szenarien auf zukünftige technische und rechtliche Möglichkeiten ausgerichtet und heute noch nicht implementierbar. Weder die rechtlichen noch die technischen Bedingungen der heutigen Gesellschaft lassen Modelle wie AMOB zu. Resultierend muss die Lücke zwischen Zukunftsszenarien und dem Jetzt modelliert werden, um großflächige Einsatzpotenziale zu identifizieren und die Gesellschaft an die Nutzung automatisierter Fahrzeuge zu gewöhnen.

In diesem Kapitel wurde die Übertragbarkeit der Ergebnisse aus der Studie in Bad Birnbach überprüft. Resultate zeigen, dass im Untersuchungsgebiet Bayern viele Strecken durch die räumliche Modellierung der Parameter automatisiert in GIS identifiziert werden konnten. Diese Strecken stellen potenzielle neue Routen für automatisierte Shuttles unter den derzeitigen rechtlichen und technischen Randbedingungen dar. Aufgrund der vorhandenen Datenbasis konnten allerdings nicht alle zuvor identifizierten Parameter in die Modellierung mit aufgenommen werden, da bestimmte Attribute fehlen oder unvollständig sind. Die Qualität der Basisdaten stellt damit eine wichtige Grundlage für die weitere Expansion des Systems automatisierter Busse dar, solange rechtlich und technisch ein flächendeckender Einsatz eingeschränkt ist. Die Modellierung von möglichen Routen für die Anwendung automatisierter Shuttles im ÖPNV steht noch am Anfang der Forschung. Die Grundlage zur Parameterbestimmung, welche durch die langfristige Studie in Bad Birnbach gesammelt werden konnte, bietet ein großes Potenzial für weitere Modellierungsansätze. Parallel gilt es nun, neben der Erprobung der Fahrzeugkonzepte auf weiteren Strecken, neue Verfahren zu testen, um die Informationen über Straßenraum vollständiger und umfänglicher zu erfassen und damit auch die Grundlage für eine bessere Übertragbarkeit zu schaffen.

Literatur

Anu V, Walia G, Hu W, et al (2016) Effectiveness of Human Error Taxonomy during Requirements Inspection: An Empirical Investigation. pp 531–536

Braekers K, Ramaekers K, Van Nieuwenhuyse I (2016) The vehicle routing problem: State of the art classification and review. Computers & Industrial Engineering 99:300–313. https://doi.org/10.1016/j.cie.2015.12.007

Chu KF, Lam AYS, Li VOK (2017) Dynamic lane reversal routing and scheduling for connected autonomous vehicles. In: 2017 International Smart Cities Conference (ISC2). pp 1–6

Csiszár C, Zarkeshev A (2017) Demand-capacity coordination method in autonomous public transportation. Transportation Research Procedia 27:784–790. https://doi.org/10.1016/j.trpro.2017.12.109

Cyganski R (2015) Autonome Fahrzeuge und autonomes Fahren aus Sicht der Nachfragemodellierung. In: Maurer M, Gerdes JC, Lenz B, Winner H (Hrsg) Autonomes Fahren. Springer Berlin Heidelberg, Berlin, Heidelberg, pp 241–263

Dia H, Javanshour F (2017) Autonomous Shared Mobility-On-Demand: Melbourne Pilot Simulation Study. Transportation Research Procedia 22:285–296. https://doi.org/10.1016/j.trpro.2017.03.035

Heilig M, Hilgert T, Mallig N, et al (2017) Potentials of Autonomous Vehicles in a Changing Private Transportation System – a Case Study in the Stuttgart Region. Transportation Research Procedia 26:13–21. https://doi.org/10.1016/j.trpro.2017.07.004

Koç Ç, Bektaş T, Jabali O, Laporte G (2016) Thirty years of heterogeneous vehicle routing. European Journal of Operational Research 249:1–21. https://doi.org/10.1016/j.ejor.2015.07.020

Landesamt für Digitalisierung, Breitband und Vermessung (o. J.) Geobasisdaten für Wirtschaft und Verwaltung. https://www.ldbv.bayern.de/vermessung/alkis.html, Zugriffsdatum 20. Oktober 2019.

Lenz B, Fraedrich E (2015) Neue Mobilitätskonzepte und autonomes Fahren: Potenziale der Veränderung. In: Maurer M, Gerdes JC, Lenz B, Winner H (Hrsg) Autonomes Fahren. Springer Berlin Heidelberg, Berlin, Heidelberg, pp 175–195

Meignan D, Simonin O, Koukam A (2007) Simulation and evaluation of urban bus-networks using a multiagent model. Simulation Modelling Practice and Theory 15:659–671

Mogg T (2017) Driverless buses arrive in Paris. https://www.digitaltrends.com/cars/paris-driver-less-buses/, Zugriffsdatum 20. Oktober 2019.

Neumann P (2017) Mit Tempo 20 – Autonome Busse rollen ab 2018 durch Mitte. In: Berliner Zeitung. https://www.berliner-zeitung.de/berlin/mit-tempo-20-autonome-busse-rollen-ab-2018-durch-mitte-28096592, Zugriffsdatum 20. Oktober 2019.

OpenStreetMap (o. J.) OpenStreetMap – Deutschland. https://www.openstreetmap.de/, Zugriffsdatum 20. Oktober 2019.

Postauto Schweiz Medienmitteilung vom 22. Juni 2017. In: Smartshuttles feiern ihren ersten Geburtstag. https://www.postauto.ch/de/news/smartshuttles-feiern-ihren-ersten-geburtstag, Zugriffsdatum 20. Oktober 2019.

Spichkova M, Simic M, Schmidt H (2015) Formal Model for Intelligent Route Planning. Procedia Computer Science 60:1299–1308. https://doi.org/10.1016/j.procs.2015.08.196

TaBuLa (2018) Automatisiert verkehrende Busse im Kreis Herzogtum Lauenburg. In: TaBuLa-Autonomes Fahren. https://vhhbus.de/tabula-autonomes-fahren/, Zugriffsdatum 20. Oktober 2019

Talebpour A, Mahmassani HS, Elfar A (2017) Investigating the Effects of Reserved Lanes for Autonomous Vehicles on Congestion and Travel Time Reliability. Transportation Research Record: Journal of the Transportation Research Board 2622:1–12. https://doi.org/10.3141/2622-01

Valdes J, Wuth J, Zink R, et al (2019) Extracting relevant Points of Interest from Open Street Map to support E-Mobility Infrastructure Models. Bavarian Journal of Applied Sciences 4:

Wiener Linien (2019) auto.Bus – Seestadt: Autonome Autobuslinie für Wien. https://www.wienerlinien.at/eportal3/ep/programView.do/pageTypeId/66528/programId/4400625/channelId/-4400522, Zugriffsdatum 20. Oktober 2019.

wiss. Dienste Deutscher Bundestag (2018) Autonomes und automatisiertes Fahren auf der Straße – rechtlicher Rahmen

Teil VII

Schlussbetrachtungen

Markus Derer

Ziel dieses Forschungsprojektes war die Entwicklung einer wissenschaftlich fundierten Perspektive hinsichtlich des Einsatzes eines automatisierten Shuttlebusses im Öffentlichen Personennahverkehr (ÖPNV). Die Untersuchungen im Rahmen der Begleitforschung orientierten sich dabei stets an der übergeordneten Forschungsfrage:

„Kann durch die Einführung eines selbstfahrenden/autonomen Shuttles eine Ergänzung des heutigen ÖPNV geschaffen werden oder kann dadurch eine neue Form des ÖPNV geschaffen werden, die bisherige Strukturen ablösen wird?"

Im Rahmen des Pilotbetriebs der DB Regio Bus in Kooperation mit dem Landkreis Rottal-Inn, dem Fahrzeughersteller EasyMile, dem TÜV Süd und der Marktgemeinde in Bad Birnbach gingen die Untersuchungen technologischen, technischen, gesellschaftlichen sowie verkehrsplanerischen Fragestellungen nach.

Die Einwohner und Gäste des Kurorts Bad Birnbach haben seit Oktober 2017 die Möglichkeit, den zu diesem Zeitpunkt neu eingeführten automatisierten Shuttlebus im öffentlichen Regelbetrieb kennenzulernen und zu testen. Daher ist es zunächst von Interesse, ob und wie sich die Mobilitätswahrnehmung der ortsansässigen Bevölkerung dadurch verändert haben könnte. Im Rahmen der von der DB Regio Bus durchgeführten Haushaltsbefragung (Kap. 3, Baniewicz und Neff) konnten hier seit der Einführung des Shuttlebusses keine signifikanten Veränderungen registriert werden. Zum einen ist ein Grund in der überwältigenden Nutzergruppe zu vermuten. Vom zusätzlichen Mobilitätsangebot können Badetouristen – die die überregional bekannte Therme besuchen – am meisten profitieren. Dementsprechend erfährt der Pilotbetrieb die größte Nachfrage durch Touristen und Besucher der Gemeinde Bad Birnbach. Zum anderen vollzieht sich ein Wandel im Mobilitätsverhalten über einen langfristigen Horizont, der die angesetzte Projektlaufzeit vermut-

M. Derer (✉)
Technische Hochschule Ingolstadt, Ingolstadt, Deutschland
E-Mail: markus.derer@thi.de

© Der/die Herausgeber bzw. der/die Autor(en) 2020
A. Riener et al. (Hrsg.), *Autonome Shuttlebusse im ÖPNV*,
https://doi.org/10.1007/978-3-662-59406-3_11

lich übertrifft. Grundsätzlich hat der Pilotbetrieb aber dazu geführt, dass sich die Bevölkerung mit ihrer eigenen Mobilität und ihrem Mobilitätsverhalten stärker auseinandersetzt und offen für neue Angebote ist.

Eine nachhaltige und attraktivitätssteigernde Integration neuer Mobilitätsangebote, unabhängig von zugrunde liegender Technologie oder Neuartigkeit des Angebots an sich, kann u. a. durch eine ausreichende Nutzung durch Mobilitätsnachfrager realisiert werden. Um das zu erreichen, müssen Innovationen ihren Mobilitätsnachfragern einen spürbaren Mehrwert bieten können. Dieser Fragestellung ging die Deutsche Bahn in Bad Birnbach auf den Grund und analysierte die Veränderungen in der Konnektivität des Bad Birnbacher Verkehrsnetzes (Kap. 4, Jürgens). Die Konnektivität eines Verkehrsnetzes beschreibt dessen Erschließungs- und Verbindungsqualität. Im Zuge der Untersuchung konnte herausgefunden werden, dass der automatisierte Shuttlebus eine Möglichkeit zur Lösung des Erste/Letzte-Meile-Problems, insbesondere in ländlichen Räumen, darstellen kann. Der Pilotbetrieb hat bereits im ersten Jahr einen positiven Einfluss auf die Erreichbarkeit des gesamten Ortes. Des Weiteren ist abzusehen, dass die nächsten Evolutionsstufen des automatisierten Shuttlebusses das Potenzial der Konnektivität des Bad Birnbacher Verkehrsnetzes weiter steigern werden.

Tatsächlich schöpft der automatisierte Shuttlebus sein technisches Potenzial noch nicht aus. Neben dem jetzigen Entwicklungsstand definieren hohe Zulassungsauflagen und entsprechende restriktive Bedingungen systemische Grenzen. Das Forschungszentrum für integrale Fahrzeugsicherheit der Technischen Hochschule Ingolstadt (CARISSMA) kommt im Rahmen seiner Analysen (Kap. 5, Kolb et al.) zu dem Schluss, dass der automatisierte Shuttlebus im aktuellen Zustand für die Teilnahme an einem regulären Serienbetrieb im Öffentlichen Personennahverkehr noch nicht bereit ist. Zu fehlenden Voraussetzungen für eine sichere Teilnahme am örtlichen Mischverkehr kommen herausfordernde Witterungsverhältnisse wie Schneefall, Regen und Nebel hinzu. Allgemein ist die verbaute Sensorik nicht in der Lage, ein ganzheitliches Umfeld mit allen relevanten Informationen konsistent darzustellen, auszuwerten und automatisiert in allen Situationen die richtige Fahrstrategie des Shuttlebusses zu realisieren. Um allen möglichen Herausforderungen, die ein Serienbetrieb mit sich bringt, sicher und zielführend begegnen zu können, benötigt der Shuttlebus folglich eine wesentlich umfangreichere bzw. besser abgestimmte Sensorik. Des Weiteren müssen sicherheitskritische Merkmale weiterhin vorrangig behandelt werden, auch wenn diese in den ersten Entwicklungsstadien Komforteinbußen für die zu befördernden Passagiere zur Folge haben werden. Aus technologischer Sicht hat der anspruchsvolle Zulassungsprozess des TÜVs seinen Zweck erfüllt, da ein bislang unfallfreier Betrieb gewährleistet werden konnte.

Wie wichtig ein restriktiver und ausgereifter Zulassungsprozess hinsichtlich neuer Funktionalitäten im Bereich des autonomen Fahrens ist, zeigen auch die Ergebnisse der Untersuchungen zur gesellschaftlichen Akzeptanz in der Interaktion mit dem Shuttlebus.

Die von der Technischen Hochschule Ingolstadt durchgeführten Studien (Kap. 6 und 7, Wintersberger et al.) zeigen nicht nur einen unmittelbaren Zusammenhang zwischen der artikulierten Akzeptanz und einem Interesse an der Thematik. Knapp zwei Drittel sprachen der Technologie bereits zu Beginn ein großes Vertrauen aus, mitunter mit Hinweis auf das verlässliche deutsche Zulassungssystem für motorisierte Fahrzeuge. Des Weiteren hat sich die niedrige Geschwindigkeit, die im Rahmen des Pilotbetriebs sukzessiv erhöht wird, als zielführende Erprobungsstrategie erwiesen. Durch die ausbleibenden Aktionsdynamiken, die eine höhere Betriebsgeschwindigkeit insbesondere in Kurven zur Folge gehabt hätten, konnten sich die Probanden im Erstkontakt an den automatisierten Shuttlebus gewöhnen und vertrauensbildende Erfahrungen machen. Aus diesem Grunde ist ein Fortführen dieser Strategie auch in weiteren Pilotbetrieben zu empfehlen, da sie eine initiale Akzeptanz fördert und eine nachhaltige Vertrauensbasis zwischen dem Menschen und der Maschine darstellt. Gleichermaßen war zu beobachten, dass jüngere Probanden generell ihrem Zeitempfinden eine höhere Relevanz zuschrieben. Für alle Teilnehmer lässt sich sagen, dass hinsichtlich der Betriebsgeschwindigkeit auf die sinnvolle Integration des Shuttlebusses zu achten ist, d. h. die Strecke muss im Vergleich zum bestehenden Mobilitätsangebot vorteilhaft gewählt sein. Eine Teilnahme-Incentivierung erscheint in diesem Kontext sinnvoll, sodass möglichst viele Menschen Erfahrungen durch Benutzen sammeln können. Im potenziellen Serienbetrieb ist dennoch eine höhere Betriebsgeschwindigkeit empfehlenswert, um eine komplementäre und daher nachfragefähige Wirkung zum bestehenden Gesamtsystem ÖPNV realisieren zu können. Ein langfristig niedrig angesetzter Geschwindigkeitsbereich könnte den durchschnittlichen Verkehrsablauf jedoch beeinträchtigen und der automatisierte Shuttlebus an Attraktivität und Reputation verlieren. Diese Faktoren gilt es auch in der Kommunikation des Shuttlebusses mit dem übrigen Verkehrsgeschehen zu beachten. So fühlte sich beispielsweise ein Drittel der Probanden nicht ausreichend informiert, sodass sporadisch Ungewissheit über die nächsten Aktionen des Shuttlebusses herrschte. Die klassischen Merkmale wie Blinken oder Hupen, die die nächsten Aktionen von Verkehrsteilnehmern nach außen hin kommunizieren, sollten demnach auch bei automatisierten Shuttlebussen – herstellerunabhängig und für alle standardisiert – beibehalten werden.

Diese Erkenntnisse konnten im Rahmen einer Studiendurchführung zu Tage gefördert werden. Insbesondere in einem Kurort wie Bad Birnbach, der jährlich über 110.000 Bade- und Kurbesucher empfängt, ist zu beachten, inwieweit die Antworten der befragten Probanden Aufschluss auf die Grundgesamtheit in Deutschland schließen lassen. Beispielsweise haben junge Menschen, die unter anderem als Schüler die ortsansässige Physiotherapie-Schule besuchen, eine andere Wahrnehmung des Shuttlebusses artikuliert als nicht-einheimische Touristen. Um in diesem Kontext die gewonnenen Erkenntnisse bestätigen zu können, sind weitere Untersuchungen mit definierten Zielgruppen in ähnlichen Pilotbetrieben erforderlich.

Wie bereits erwähnt, entscheiden nicht nur Akzeptanz und Nachfrage der Bevölkerung über Erfolg und Misserfolg neuer Technologien. Vielmehr entstehen Wechselwirkungen zwischen zahlreichen Akteur(gruppe)n aus unterschiedlichen gesellschaftlichen Teilbereichen (Politik, Verwaltung, Privatwirtschaft, Zivilgesellschaft) und dem Artefakt der neuen Technologie, die als gesellschaftliche Einbettungsprozesse beschrieben werden können. D. h. nicht nur die Technologie passt sich den Nachfrage- oder Marktmustern an, sondern auch die Umwelt, also bspw. Infrastrukturen, rechtliche Rahmenwerke, Zuständigkeiten oder öffentliche Meinungen/Diskurse, passen sich den Innovationen an und können so zu einer gesellschaftlichen Legitimation oder ggf. Blockade von Neuerungen beitragen. Die Julius-Maximilians-Universität Würzburg setzte sich mit diesem Bereich auseinander (Kap. 8, Appel et al.). Auf Basis der durchgeführten Untersuchungen kann gezeigt werden, dass die Befürwortung und proaktive Unterstützung durch beteiligte Akteure aus Politik, Gesetzgebung, Bevölkerung und Privatwirtschaft als Gesamtheit eine zwingende Voraussetzung für die erfolgreiche Umsetzung des Pilotbetriebs darstellt und erst dadurch die Finanzierung des Projekts sowie die Organisation von Zuständigkeiten gewährleistet werden konnten. Hinsichtlich der gesellschaftlichen Einbettungsprozesse wurde gezeigt, dass Phasen der internen Einbettung in unternehmerische und organisatorische Umfelder gefolgt wurden von Phasen der externen Einbettung in ein Regelungsumfeld und eine breitere Öffentlichkeit. Auch wenn bislang nicht von einer disruptiven Einbettung autonomer Kleinbusse in gesellschaftliche Kontexte gesprochen werden kann, konnten zahlreiche Erfahrungen über die Wechselwirkungen der Technologie mit den unterschiedlichen gesellschaftlichen Teilbereichen gesammelt werden. Zukunftsprognosen hinsichtlich des langfristigen Einsatzzwecks des automatisierten Shuttlebusses können demnach aber nicht verbindlich formuliert werden, da gesellschaftliche Diskurse und Erfahrungen noch nicht gefestigt sind.

Auf Grundlage einer weiterführenden Haushaltsbefragung (Kap. 9, Rauh et al.) werden Gründe dafür im Innovationsgrad, in fehlender Erfahrung und fehlendem Kontakt mit dem automatisierten Shuttlebus als nutzbarem Verkehrsmittel vermutet. Beispielsweise argumentierten Befragte, dass das Testgebiet in Bad Birnbach zu klein sei und daher lediglich eingeschränkte Aussagekraft hinsichtlich möglicher Entwicklungen in der Zukunft besäße. Neben Zuverlässigkeit und Sicherheit konnte auch der Faktor Erlebnischarakter gut abgefragt und eingeschätzt werden. Trotzdem erscheint den Befragten die Wettbewerbsfähigkeit des automatisierten Shuttlebusses im Vergleich zu anderen konventionellen Verkehrsmitteln eingeschränkt. Diese Einschätzung ist mitunter auf die niedrige Einsatzgeschwindigkeit und vereinzelte Probleme während des Betriebs zurückzuführen. Im Rahmen dieses Projekts konnte ausschließlich die gegenwärtige Akzeptanzsituation identifiziert werden, die keinen validen Rückschluss auf die Gesamtheit zulässt. Aus diesem Grund ist eine Fortführung dieser Form von Akzeptanzuntersuchungen begleitend zu vergleichbar gearteten Pilotprojekten empfehlenswert. Die Aussagekraft und Vielfältigkeit individueller Präferenzen steigt mit der Zahl an durchgeführten Untersuchungen zur gesellschaftlichen Akzeptanz von automatisierten Shuttlebussen als öffentlichem Mobilitätsangebot.

Die Technische Hochschule Deggendorf nutzte die im Zuge des Pilotbetriebs gewonnenen Parameter, um die Übertragbarkeit des Shuttlebus-Betriebs in andere Regionen zu untersuchen (Kap. 10, Wuth und Dorner). Dabei wurden statische Faktoren wie Straßensteigung und Deckenhöhe von Tunnelunterführungen, aber auch dynamische Parameter wie Fußgänger und andere Verkehrsteilnehmer berücksichtigt. Ziel war dabei eine möglichst vollständige Erfassung des Straßenraums. Auf Grundlage der Datenanalyse dieser Faktoren wurden

124 Strecken identifiziert, die allein im Bundesland Bayern potenzielle Routen für den Einsatz des automatisierten Shuttlebusses darstellen können. Eine vollständige und detaillierte Abbildung des Straßenraums ist momentan und größtenteils jedoch nicht frei zugänglich. Verfügbare Geobasisdaten besitzen in der Regel nicht die erforderliche und durchgängige Datenqualität, die für ein verwertbares virtuelles Datenmodell unabdingbar ist.

Die Übertragbarkeit kann indes der Impuls für einen essenziellen Brückenschlag von unserem Hier und Jetzt in die manchmal unwirklich erscheinenden Zukunftsszenarien sein. Visionen bilden zwar eine wichtige Grundlage, die als Orientierungshilfe dienen kann. Sie sagen in der Regel aber nichts über den Weg aus, der zu ihnen führt. Mit der Übertragbarkeit wurden neue Einsatzfelder für einen Regelbetrieb des automatisierten Shuttlebusses identifiziert. Diese sind mit der Möglichkeit gleichzustellen, sich weitergehend mit dem Einsatz des Shuttlebusses auseinanderzusetzen und weitere Erkenntnisse gewinnen zu können.

Die Erkenntnisse der einzelnen Forschungsgruppen stellen dabei kleine, aber wesentliche und erfolgsentscheidende Schritte auf dem Weg zu einem nachhaltigen und langfristig zukunftsfähigen Mobilitätskonzept dar. Im Fokus der wissenschaftlichen Untersuchungen lag dabei die gesamtheitliche Betrachtung von Kunde, Produkt, Mobilitätsdienstleister und gesellschaftlichen Kontexten.

Die Konvergenz zwischen dem Menschen, der Technik und der Bedienungsform ist dabei zwingende Voraussetzung für einen erfolgreichen ÖPNV. Von ihr hängt letzten Endes auch die Technologiedurchdringung des Autonomen Fahrens ab. Die Forschungsbereiche des hier vorgestellten Sammelbandes zeigen die Vielfalt und Bandbreite an Fragestellungen, die ein Betrieb eines automatisierten Shuttlebusses mit sich bringt. Ob und wie schnell sich das Autonome Fahren als bewährte Form der Fortbewegung etablieren wird, kann aus heutiger Sicht aber nicht zuverlässig bestimmt werden.